普通高等职业教育数学精品教材

应用高等数学

主　编　阮淑萍
主　审　姜淑莲

华中科技大学出版社
中国·武汉

内 容 提 要

本书是应用高等数学的基础教材，是为适应高职中职单招学生数学学习而编写的教材。根据学生的特点，本书主要内容包括部分中学数学内容，如集合与函数、三角函数、二次曲线等内容，同时包括一元函数微积分学以及常微分方程初步、矩阵与行列式初步等内容。

本书以"贴近学生，贴近实际，贴近专业"为指导思想，真正体现"以应用为目的，以必需够用为度"的原则。在体系上突出数学课程的循序渐进，由浅入深的特点；在内容上删除了理论证明，强调应用和计算；教材内容选取上兼顾理工专业和经管专业。

本书可作为高等职业院校、高等专科学校及各类成人专科学校的通用教材。

图书在版编目(CIP)数据

应用高等数学/阮淑萍主编. —武汉：华中科技大学出版社，2015.7(2023.9 重印)
普通高等职业教育数学精品教材
ISBN 978-7-5680-1137-2

Ⅰ.①应… Ⅱ.①阮… Ⅲ.①高等数学-高等职业教育-教材 Ⅳ.O13

中国版本图书馆 CIP 数据核字(2015)第 185833 号

应用高等数学 阮淑萍 主编

策划编辑：周芬娜
责任编辑：周芬娜
封面设计：原色设计
责任校对：李 琴
责任监印：周治超
出版发行：华中科技大学出版社(中国·武汉)
武昌喻家山 邮编：430074 电话：(027)81321913
录 排：武汉市洪山区佳年华文印部
印 刷：武汉科源印刷设计有限公司
开 本：710mm×1000mm 1/16
印 张：13
字 数：263 千字
版 次：2023 年 9 月第 1 版第 5 次印刷
定 价：29.00 元

前　言

为了推动高职高专数学课程教学改革，加强教材建设，武汉船舶职业技术学院数学教研室全体教师在多年从事高职教学实践和经验的基础上，经过努力，编写了这本《应用高等数学》。

在编写过程中，我们力求做到以加强应用为目的，以“必需、够用”为原则，针对中职生的特点，对教学内容予以不同程度的精简与优化。对定理、性质等以解释清楚为度，不追求理论上的严密性与系统性，删去了不必要的逻辑推导，强化了基本概念的教学，淡化了数学运算技巧的训练，突出了实际应用能力的培养。

全书内容共分为十章，每节后附有习题。本书第1章（集合与函数），第2章（任意角的三角函数）由阮淑萍编写；第3章（加法定理及其推论）由韩新社编写；第4章（反三角函数与简单三角方程），第5章（直线与二次曲线）由王文平编写；第6章（数列及函数极限）由姜淑莲编写；第7章（导数与微分及其应用），第8章（积分及其应用）由朱双荣编写；第9章（微分方程及其应用），第10章（行列式与矩阵）由杨薇编写。

本书由阮淑萍担任主编，姜淑莲担任主审。

由于编者水平有限，本书难免有疏漏之处，敬请广大读者不吝赐教，以便再版时修改，使本书日臻完善。

编　者

2015年6月

目　录

第 1 章　集合与函数

集合论是现代数学的基础，它的基本知识已被运用于数学的各个领域。函数是数学中的一个极其重要的概念，是学习高等数学、应用数学和其他科学技术必不可少的基础，是研究某一变化过程中，各个量之间依赖关系的数学模型。

1.1　集合的概念

1.1.1　集合的意义

首先观察下面的例子：

(1) 某校一年级的全体学生；

(2) 太阳系的八大行星。

像这样，把一些对象集在一起构成的整体叫做**集合**，简称**集**。而将集合中的各个对象叫做这个集合的**元素**。

例如，上面例子中的(1) 是由这个学校一年级全体学生组成的集合，一年级的每一个学生都是这个集合的一个元素；(2) 是由“水星、金星、地球、火星、木星、土星、天王星、海王星”组成的集合，其中的每一颗行星都是这个集合的一个元素。

集合中的元素具有确定性、互异性、无序性。

习惯上，我们用大写字母 $A,B,C,\cdots$ 表示集合，而用小写字母 $a,b,c,\cdots$ 表示集合的元素。如果 a 是集合 A 的元素，就记作“$a\in A$”，读作“a 属于 A”；如果 a 不是集合 A 的元素，就记作“$a\notin A$”或“$a\,\overline{\in}\,A$”，读作“a 不属于 A”。

由数组成的集合叫做**数集**。我们已经学过的数集有自然数集、整数集、有理数集和实数集。它们通常用表 1-1 所示的记号来表示。

表 1-1

名称	自然数集	整数集	有理数集	实数集
记号	**N**	**Z**	**Q**	**R**

如果上述数集中的元素只限于正数，就在集合记号的右上角标以“+”号；如果数集中的元素都是负数，就在集合记号的右上角标以“－”号，例如，正整数集用 $\mathbf{Z}^{+}$ 表示，负实数集用 $\mathbf{R}^{-}$ 表示。

只含有一个元素的集合叫做**单元素集**。例如，方程 $x+1=0$ 的解集$\{-1\}$就是

单元素集；集合$\{x|x+1=1\}$也是单元素集$\{0\}$，它只含有一个元素“0”。

不含有任何元素的集合叫做**空集**，记为$\varnothing$。例如，方程$x^2+1=0$在实数范围内的解集就是空集。

为叙述方便起见，我们把至少含有一个元素的集合叫做**非空集**。

如果集合只包含有限个元素，这样的集合叫做**有限集合**。如果集合包含无限多个元素，这样的集合叫做**无限集合**。

本书所讨论的数集，如无特殊说明，都是指由实数组成的集合。本书对集合中的元素x可取实数的说明“$x\in \mathbf{R}$”均可省略不写。

1.1.2　集合的表示法

1. 列举法

就是把属于某个集合的元素一一列举出来，写在花括号{ }内，每个元素仅写一次，不考虑顺序。

例如，所有小于5的自然数组成的集合可以表示为$A=\{1,2,3,4\}$或$\{4,3,1,2\}$等。由于集合中每个元素只能写一次，因此不能表示为$\{1,2,1,3,4,3\}$等。

当集合的元素很多，不需要或不可能一一列出时，也可只写出几个元素，其他的用省略号表示。例如，小于100的自然数集可表示为$\{1,2,3,\cdots,99\}$；正偶数集可表示为$\{2,4,6,\cdots,2n,\cdots\}$。

2. 描述法

就是把属于某个集合的元素所具有的特定性质描述出来，写在花括号{ }内。例如：

(1) 某图书馆的藏书所组成的集合可表示为

{某图书馆的藏书}。

(2) 不等式$x-4>0$所有解的集合可表示为

$$\{x|x-4>0\}\quad 或\quad \{x:x-4>0\}。$$

括号内“|”或“:”的左边表示集合所包含元素的一般形式，右边表示集合中元素所具有的特定性质。

以上所述列举法和描述法是集合的两种不同表示法，实际运用时究竟选用哪种表示法，要看具体问题而定。

由点组成的集合叫做**点集**。因为实数与数轴上的点是一一对应的，有序实数对与直角坐标平面内的点也是一一对应的，所以我们可以用数轴上的点所组成的点集来表示数集，用直角坐标平面内的点所组成的点集来表示有序实数对所组成的集合。

例1　用点集表示下面的集合：

(1) $\{x|0\leqslant x<2\}$；　　(2) $\{(x,y)|0\leqslant x<1,0<y\leqslant 1\}$。

解　(1) 集合$\{x|0\leqslant x<2\}$是一个数集，它可以用数轴上满足条件$0\leqslant x<2$的所

有点所组成的点集来表示。由图 1-1 容易看出，这个点集包含了线段 MN 上除点 N 外的所有的点。

(2) 集合 $\{(x,y)\mid 0\leqslant x<1, 0<y\leqslant 1\}$ 是有序实数对所组成的集合，它可以用直角坐标平面内同时满足条件 $0\leqslant x<1$ 及 $0<y\leqslant 1$ 的所有点所组成的点集来表示。由图 1-2 容易看出，这个点集包含了边长为 1 的正方形内部和边界 $\overline{OM}$(除 O 外)，$\overline{MP}$(除 P 外)上的点，而边界 $\overline{ON}$ 和 $\overline{NP}$ 上的点不包含在这个点集中。

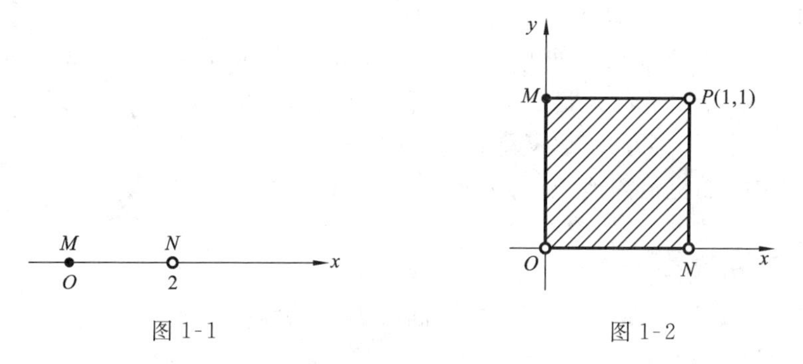

图 1-1　　图 1-2

满足方程(组)或不等式(组)的所有解组成的集合叫做方程(组)或不等式(组)的解集。

例 2　写出以下各方程(组)和不等式(组)的解集：

(1) $\begin{cases}4x^2-y^2=15,\\ x-2y=0;\end{cases}$　　(2) $x^2-3x+2<0$。

解　(1) 解方程组 $\begin{cases}4x^2-y^2=15,\\ x-2y=0,\end{cases}$ 得

$$\begin{cases}x_1=2,\\ y_1=1,\end{cases}\quad \begin{cases}x_2=-2,\\ y_2=-1。\end{cases}$$

所以此方程组的解集为 $\{(2,1),(-2,-1)\}$。

(2) 解不等式 $x^2-3x+2<0$，得出 $(x-1)(x-2)<0$，即

$$\begin{cases}x-1>0,\\ x-2<0,\end{cases}\quad 或 \quad \begin{cases}x-1<0,\\ x-2>0,\end{cases}$$

其中 $\begin{cases}x-1>0\\ x-2<0\end{cases}$ 的解为 $1<x<2$；$\begin{cases}x-1<0\\ x-2>0\end{cases}$ 无解。

所以此不等式的解集为 $\{x\mid 1<x<2\}$。

1.1.3　集合之间的关系

1. 集合的包含关系

如果集合 A 的任何一个元素都是集合 B 的元素，则集合 A 叫做集合 B 的**子集**，

记为

$$A \subseteq B \quad 或 \quad B \supseteq A。$$

读作“A包含于B”或“B包含A”。

如果集合A是集合B的子集，且集合B中至少有一个元素不属于集合A，则集合A叫做集合B的**真子集**，记为

$$A \subset B \quad 或 \quad B \supset A。\quad 显然 \quad A \subseteq A \quad \varnothing \subseteq A。$$

例如，$\{1,2,3\} \subset \{1,2,3,4\}$

为了形象地说明集合之间的包含关系，通常用圆(或任何封闭曲线围成的图形)表示集合，而用圆中的点表示该集合的元素。这样的图形称为文氏(Venn)图。图1-3表示集合A是集合B的子集，更恰当地说，它表示了集合A是集合B的真子集。

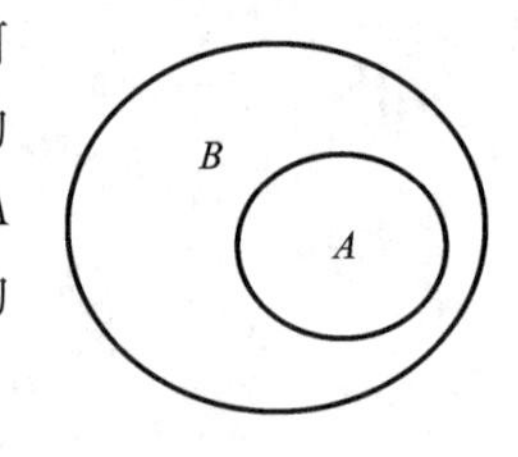

图1-3

2. 集合的相等关系

对于两个集合A和B，如果$A \subseteq B$，同时$B \subseteq A$，则称集合A和集合B相等，记为

$$A = B。$$

两个集合相等就表示这两个集合的元素完全相同。例如，

$$\{1,2,3,4\} = \{4,2,3,1\}, \quad \{x \mid x^2 - 4 = 0\} = \{-2,2\}。$$

1.1.4 集合的运算

1. 并集

把至少属于A、B之一的所有元素组成的集合叫做A与B的**并集**，记为$A \cup B$，读作“A并B”，即

$$A \cup B = \{x \mid x \in A 或 x \in B\}。$$

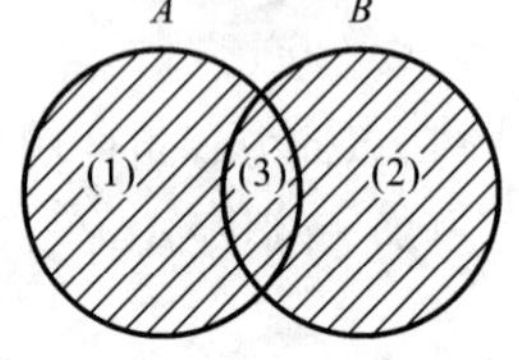

图1-4

由并集的定义和图1-4可知，集合A和B都是它们的并集$A \cup B$的子集，即

$$A \subseteq A \cup B, \quad B \subseteq A \cup B。$$

对于任意一个集合A，显然有$A \cup A = A$，$A \cup \varnothing = A$。求并集的运算称为**并运算**。

例3 设$A=\{1,2\}$，$B=\{-1,0,1\}$，$C=\{-2,0,2\}$。求：

(1) $(A \cup B) \cup C$；　　(2) $A \cup (B \cup C)$。

解 因为

$$A \cup B = \{1,2\} \cup \{-1,0,1\} = \{-1,0,1,2\},$$

$$B \cup C = \{-1,0,1\} \cup \{-2,0,2\} = \{-2,-1,0,1,2\},$$

所以

(1) $(A \cup B) \cup C = \{-1,0,1,2\} \cup \{-2,0,2\} = \{-2,-1,0,1,2\}$；

(2) $A\cup(B\cup C)=\{1,2\}\cup\{-2,-1,0,1,2\}=\{-2,-1,0,1,2\}$。

可以看出并运算满足交换律和结合律，即

交换律：设 A、B 为两个集合，则

$$A\cup B=B\cup A。$$

结合律：设 A、B、C 是三个集合，则

$$(A\cup B)\cup C=A\cup(B\cup C)=A\cup B\cup C。$$

2. 交集

把属于 A 且属于 B 的所有元素所组成的集合叫做 A 与 B 的**交集**，记为 $A\cap B$，读作"A 交 B"，即

$$A\cap B=\{x\mid x\in A\text{ 且 }x\in B\}。$$

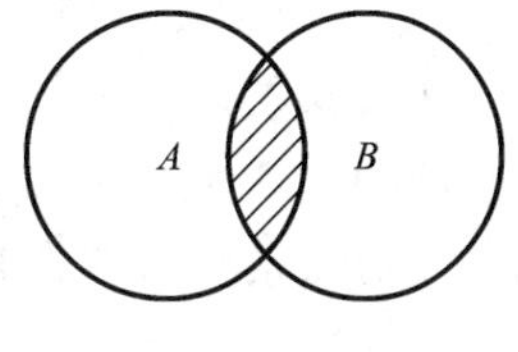

图 1-5

图 1-5 中的阴影部分表示了集合 A 与 B 的交集 $A\cap B$。由交集的定义和图 1-5 可知，$A\cap B\subseteq A$；$A\cap B\subseteq B$。对任意一个集合，显然有 $A\cap A=A$，$A\cap\varnothing=\varnothing$。求交集的运算称为**交运算**。

例 4　设 $A=\{12$ 的正约数$\}$，$B=\{18$ 的正约数$\}$，$C=\{$不大于 5 的自然数$\}$。求：

(1) $(A\cap B)\cap C$；　　(2) $A\cap(B\cap C)$。

解　因为

$$A=\{1,2,3,4,6,12\},$$
$$B=\{1,2,3,6,9,18\},$$
$$C=\{1,2,3,4,5\},$$

所以

(1) $(A\cap B)\cap C=\{1,2,3,6\}\cap\{1,2,3,4,5\}=\{1,2,3\}$；

(2) $A\cap(B\cap C)=\{1,2,3,4,6,12\}\cap\{1,2,3\}=\{1,2,3\}$。

可以看出交运算满足交换律和结合律，即

交换律：设 A、B 是两个集合，则

$$A\cap B=B\cap A。$$

结合律：设 A、B、C 是三个集合，则

$$(A\cap B)\cap C=A\cap(B\cap C)=A\cap B\cap C。$$

我们已经知道并集与交集的运算满足交换律和结合律，现再给出并、交运算的两个分配律如下：

分配律：设 A、B、C 为三个集合，则

(1) $A\cup(B\cap C)=(A\cup B)\cap(A\cup C)$；

(2) $A\cap(B\cup C)=(A\cap B)\cup(A\cap C)$。

3. 全集和补集

我们在研究一些数集时常常在某个给定的集合里进行讨论。例如，方程 $x^2-2=0$ 的解集，在实数集 $\mathbf{R}$ 里是$\{-\sqrt{2},\sqrt{2}\}$，显然，$\{-\sqrt{2},\sqrt{2}\}$是 $\mathbf{R}$ 的子集。

在研究某些集合时，这些集合常常都是一个给定集合的子集，这个给定的集合叫做**全集**，记为 Ω。也就是说，全集包含了我们此时所研究的集合的全部元素。

上面例子中，全集 $\Omega=\mathbf{R}$。

设集合 A 是全集 Ω 的子集，则根据全集的定义可知 $A\cup\Omega=\Omega, A\cap\Omega=A$。

在图 1-6 中，长方形表示全集 Ω，圆表示它的子集 A。我们把 Ω 中所有不属于集合 A 的元素组成的集合叫做 A 的补集，记为 $\overline{A}$，读作“A 补”，即

$$\overline{A}=\{x\mid x\in\Omega \text{ 且 } x\notin A\}。$$

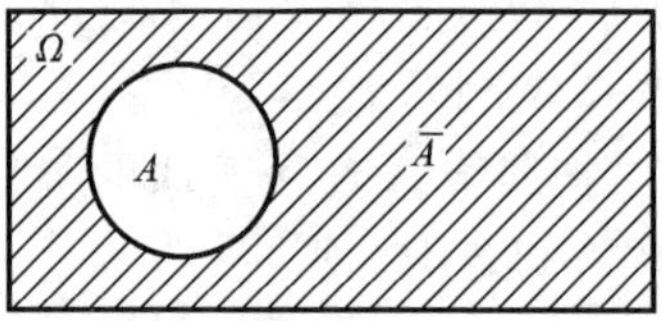

图 1-6 长方形中的阴影部分就表示 A 的补集 $\overline{A}$。

图 1-6

由补集的定义可知：

$$A\cap\overline{A}=\Omega,\quad A\cap\overline{A}=\varnothing,\quad \overline{\Omega}=\varnothing,\quad \overline{\varnothing}=\Omega。$$

求补集的运算叫做**补运算**。

如果把 $\overline{A}$ 的补集记为 $\overline{\overline{A}}$，则有 $\overline{\overline{A}}=A$。

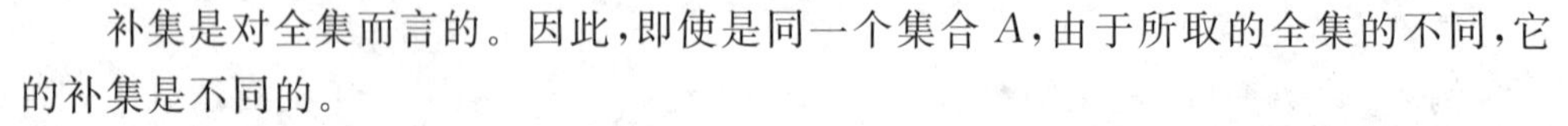

补集是对全集而言的。因此，即使是同一个集合 A，由于所取的全集的不同，它的补集是不同的。

例如，如果 $\Omega=\{1,2,3,4,5,6\}$，$A=\{1,3,5\}$，则 $\overline{A}=\{2,4,6\}$。如果 $\Omega=\{1,3,5,7,9\}$，$A=\{1,3,5\}$，则 $\overline{A}=\{7,9\}$。

例 5 设 $\Omega=\{1,2,3,4,5,6,7,8,9,10\}$，$A=\{1,3,5\}$，$B=\{2,4,6\}$。求证：

(1) $\overline{A\cup B}=\overline{A}\cap\overline{B}$；　(2) $\overline{A\cap B}=\overline{A}\cup\overline{B}$。

证 (1) 因为

$$A\cup B=\{1,2,3,4,5,6\},$$

所以

$$\overline{A\cup B}=\{7,8,9,10\}。$$

又因为

$$\overline{A}=\{2,4,6,7,8,9,10\},\quad \overline{B}=\{1,3,5,7,8,9,10\},$$

所以

$$\overline{A}\cap\overline{B}=\{7,8,9,10\},$$

因此

$$\overline{A\cup B}=\overline{A}\cap\overline{B}。$$

(2) 因为

$$A\cap B=\varnothing,$$

所以

$$\overline{A\cap B}=\overline{\varnothing}=\Omega。$$

又因为

$$\overline{A}\cup\overline{B}=\{1,2,3,4,5,6,7,8,9,10\}=\Omega,$$

因此

$$\overline{A \cap B}=\overline{A} \cup \overline{B}。$$

上例所证的两个不等式对于任意给定的集合 A 和 B 也是成立的。即

(1) $\overline{A \cup B}=\overline{A} \cap \overline{B}$,

(2) $\overline{A \cap B}=\overline{A} \cup \overline{B}$。

上述等式(1)与(2)是补运算与并、交运算之间的重要联系,它们叫做德·摩根(De Morgan)公式,也称为**反演律**。等式(1)可简称为"并的补等于补的交";等式(2)可简称为"交的补等于补的并"。

习　题　1.1

1. $A=\{x \mid x+1>0\}$, $B=\{x \mid x-1<3\}$,求 $A \cap B$, $A \cup B$。
2. 已知 $\Omega=\{1,2,3,4,5,6,7,8,9,10\}$, $A=\{3,6,7,8,10\}$, $B=\{1,2,4,5,9\}$。求 $\overline{A \cap B}$, $\overline{A \cup B}$。
3. 设 $\Omega=\{x \mid -2<x<6, x \in \mathbf{Z}\}$, $M=\{x \mid 0<x<4, x \in \mathbf{Z}\}$,求 $\overline{M}$。
4. 如图 1-7 所示,A 与 B 表示集合,用 A 与 B 之间的运算关系表示图中的阴影部分:

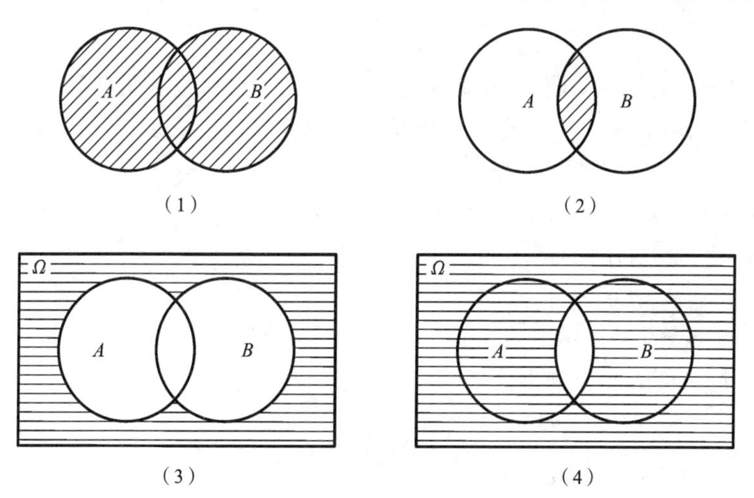

图 1-7

1.2　函　　数

1.2.1　区间的概念

介于两个实数之间的所有实数的集合叫做**区间**。这两个实数叫做区间的端点。设 a, b 为任意两个实数,且 $a<b$。规定:

(1) 满足不等式 $a\leqslant x\leqslant b$ 的所有实数 x 的集合 $\{x|a\leqslant x\leqslant b\}$ 叫做**闭区间**，记为 $[a,b]$；

(2) 满足不等式 $a<x<b$ 的所有实数 x 的集合 $\{x|a<x<b\}$ 叫做**开区间**，记为 (a,b)；

(3) 满足不等式 $a<x\leqslant b$ 的所有实数 x 的集合 $\{x|a<x\leqslant b\}$ 叫做**左开区间**，记为 $(a,b]$；

(4) 满足不等式 $a\leqslant x<b$ 的所有实数 x 的集合 $\{x|a\leqslant x<b\}$ 叫做**右开区间**，记为 $[a,b)$。

在数轴上，这些区间都可以用一条以 a 和 b 为端点的线段来表示。端点间的距离叫做**区间的长**。如图 1-8 所示，在图上，区间闭的那一端标以实心点，开的一端标以空心点。

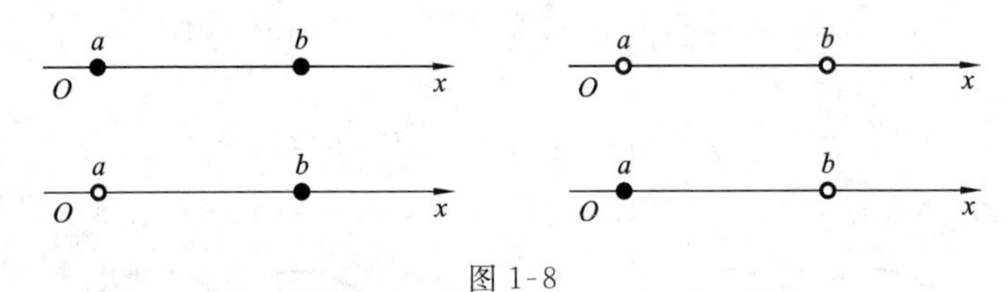

图 1-8

区间的长为有限时，叫做**有限区间**。以上四种区间都是有限区间。区间的长为无限时，叫做**无限区间**。关于无限区间，有如下的规定：

(1) $[a,+\infty)$ 表示集合 $\{x|x\geqslant a\}$；

(2) $(a,+\infty)$ 表示集合 $\{x|x>a\}$；

(3) $(-\infty,b]$ 表示集合 $\{x|x\leqslant b\}$；

(4) $(-\infty,b)$ 表示集合 $\{x|x<b\}$；

(5) $(-\infty,+\infty)$ 表示实数集 $\mathbf{R}$。

例 6 用区间表示下列不等式(组)的解集：

(1) $\begin{cases}5x-4>3(x-4),\\ \frac{1}{2}x+2\leqslant 4-\frac{3}{2}x;\end{cases}$ (2) $x^2+2x+2>0$。

解 (1) 原不等式组可化为 $\begin{cases}x>-4,\\ x\leqslant 1。\end{cases}$ 所以该不等式组的解集为 $\{x|-4<x\leqslant 1\}$，用区间表示为 $(-4,1]$。

(2) 原不等式可化为 $(x+1)^2+1>0$。所以该不等式的解集为 $\mathbf{R}$，用区间表示为 $(-\infty,+\infty)$。

1.2.2 函数的概念

在某一变化过程中可以取不同数值的量叫做**变量**，而始终保持相同数值的量叫做常量。

定义 1.1　设 x 和 y 是两个变量，D 是一个非空数集。如果对于每个数 $x\in D$，按照某个对应关系，变量 y 都有唯一确定的值和它对应，那么 y 就叫做定义在数集 D 上 x 的函数。记作 $y=f(x)$。其中 x 叫做自变量，和 x 的值相对应的 y 的值，叫做函数值。数集 D 叫做函数的定义域，当 x 取遍 D 中的一切数值时，对应的函数值的集合叫做函数的值域，函数的值域一般用 M 表示。

函数的记号除 $f(x)$ 外，我们还常用 $F(x)$，$Q(x)$，$\varphi(x)$ 等记号来表示。特别在同一个问题中讨论几个不同的函数关系时，为了区别清楚起见，就要用不同的函数记号来表示这些函数。

当自变量 x 在定义域 D 内取定值 x_0 时，函数 $f(x)$ 的对应值可记为 $f(x_0)$。

例 7　设 $\varphi(x)=\dfrac{|x-1|}{x^2-1}$。求 $\varphi(0)$，$\varphi(3)$ 及 $\varphi(a)$。

解　$\varphi(0)=\dfrac{|-1|}{-1}=-1$。

$\varphi(3)=\dfrac{|3-1|}{9-1}=\dfrac{1}{4}$。

$\varphi(a)=\dfrac{|a-1|}{a^2-1}=\dfrac{1}{a+1}$，

当 $a>1$ 时，$\varphi(a)=\dfrac{a-1}{a^2-1}=\dfrac{1}{a+1}$；

当 $a<1$ 且 $a\neq-1$ 时，$\varphi(a)=\dfrac{-(a-1)}{a^2-1}=-\dfrac{1}{a+1}$。

由函数的定义可以知道，当函数的定义域和函数的对应关系确定以后，这个函数就完全确定。因此，常把函数的定义域和函数的对应关系叫做确定函数的两个要素。两个函数只有当它们的定义域和对应关系完全相同时，这两个函数才认为是相同的。例如，函数 $y=x$ 和 $y=\sqrt{x^2}$。它们的定义域虽然都是实数集 **R**，但是因为

$$y=\sqrt{x^2}=|x|=\begin{cases}x, & x\geqslant 0,\\ -x, & x<0;\end{cases}$$

所以这两个函数是不同的。

又如，函数 $y=x$ 与 $y=\sqrt[3]{x^3}$，它们的对应关系和定义域都分别相同，所以它们是相同的函数。

1.2.3　函数定义域的求法

在实际问题中，函数的定义域是根据所研究的问题的实际意义来确定的。

对于用数学式子（即解析式）来表示的函数，如果不考虑问题的实际意义，那么函数的定义域就是指能使这个式子有意义的所有实数的集合。

例 8 求下列函数的定义域：

(1) $y=\dfrac{x^2-1}{x^2-x-6}$；

(2) $y=\sqrt{x}+\sqrt{-x}$；

(3) $y=\sqrt{4-x^2}+\dfrac{1}{2x+1}$。

解 (1) 对于函数 $y=\dfrac{x^2-1}{x^2-x-6}$，由于右端分式的分母不能为零，所以 $x=-2$ 或 $x=3$ 应除去，即函数的定义域为集合 $\{x|x^2-x-6\neq 0\}$ 或 $\{x|x\neq 3$ 且 $x\neq -2\}$，用区间表示为 $(-\infty,-2)\cup(-2,3)\cup(3,+\infty)$。

(2) 对于函数 $y=\sqrt{x}+\sqrt{-x}$，由于当 $x\geqslant 0$ 时 $\sqrt{x}$ 有意义，当 $x\leqslant 0$ 时 $\sqrt{-x}$ 有意义，所以函数 $y=\sqrt{x}+\sqrt{-x}$ 的定义域是 $\{x|x=0\}$，即 $\{0\}$。

(3) 对于函数 $y=\sqrt{4-x^2}+\dfrac{1}{2x+1}$，函数的定义域为集合 $\left\{x\middle|-2\leqslant x\leqslant 2，且\ x\neq -\dfrac{1}{2}\right\}$ 用区间表示为 $\left[-2,-\dfrac{1}{2}\right)\cup\left(-\dfrac{1}{2},2\right]$。

1.2.4 函数的图像

对一般的函数，它的图像就是在函数的定义域 D 内，满足函数关系 $y=f(x)$ 的有序实数对在直角坐标平面内对应的点集，即 $\{(x,y)|y=f(x),x\in D\}$。

用描点法作函数图像，就是在函数的定义域内给 x 以一些值，求出对应的函数值 y，再以每一对 x,y 的值为坐标，在直角坐标平面内定出对应的点 $M(x,y)$，连接这些点所成光滑的曲线就是函数的图像（见图 1-9）。

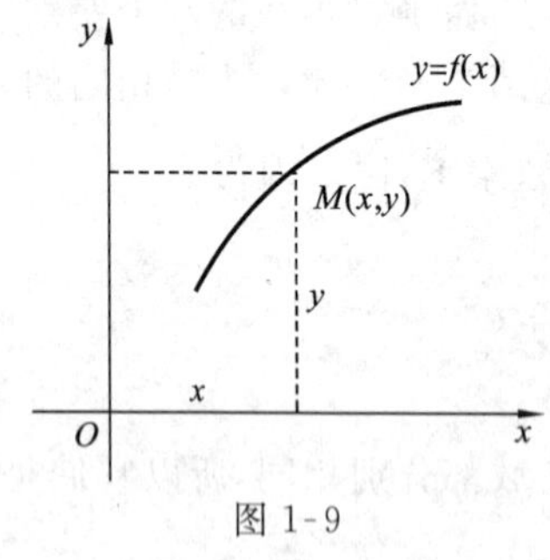

图 1-9

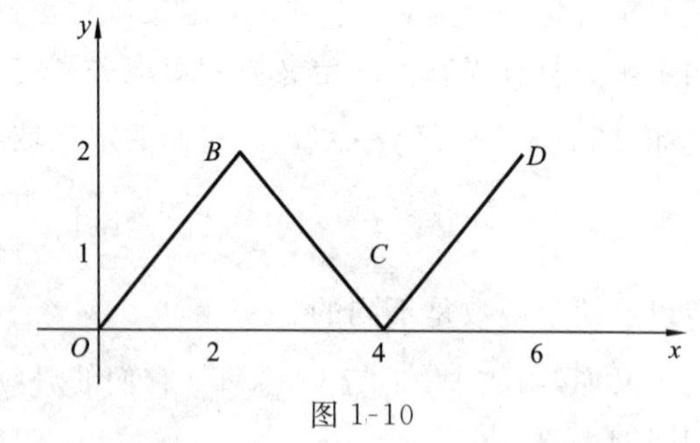

图 1-10

例 9 作函数 $y=\begin{cases}x, & x\in[0,2)\\ -x+4, & x\in[2,4)\\ x-4, & x\in[4,6]\end{cases}$ 的图像。

解 这个函数的定义域是 $[0,6]$，在自变量 x 的不同取值范围内，函数有不同的表达式，这样的函数叫做**分段函数**。如图 1-10 所示，这个函数在定义域 $[0,6]$ 上的图

像是一条折线 $OBCD$。

1.2.5　函数的性质

1. 函数的单调性

如果函数 $f(x)$ 在区间 (a,b) 内随着 x 的增大而增大，即对于 (a,b) 内任意两点 x_1 及 x_2，当 $x_1<x_2$ 时，有 $f(x_1)<f(x_2)$，那么函数 $f(x)$ 叫做在区间 (a,b) 内是单调增加的，区间 (a,b) 叫做函数的**单调增加区间**。

如果函数 $f(x)$ 在区间 (a,b) 内随着 x 的增大而减少，即对于 (a,b) 内任意两点 x_1 及 x_2，当 $x_1<x_2$ 时，有 $f(x_1)>f(x_2)$，那么函数 $f(x)$ 叫做在区间 (a,b) 内是单调减少的，区间 (a,b) 叫做函数的**单调减少区间**。

上述定义也适用于无限区间的情形。

单调增加的函数，它的图像沿 x 轴正向而上升（见图 1-11(a)）；单调减少的函数，它的图像沿 x 轴正向而下降（见图 1-11(b)）。

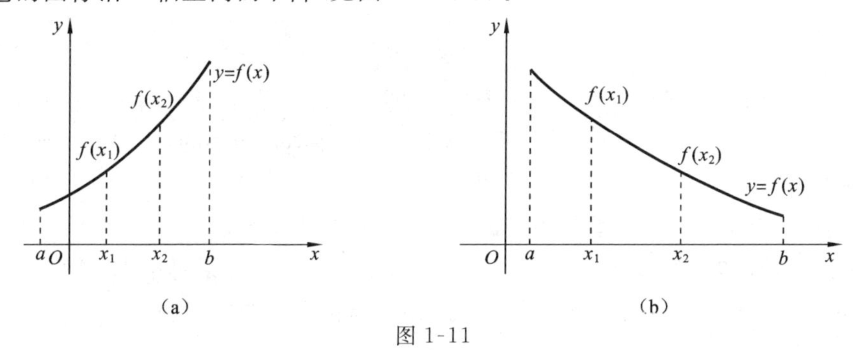

图 1-11

2. 函数的奇偶性

如果函数 $f(x)$ 对于定义域内的任意 x，都有 $f(-x)=-f(x)$，那么 $f(x)$ 叫做**奇函数**。

如果函数 $f(x)$ 对于定义域内的任意 x 都有 $f(-x)=f(x)$，那么 $f(x)$ 叫做**偶函数**。

既不是奇函数，又不是偶函数的函数叫做**非奇非偶函数**。

由定义可知偶函数的图像关于 y 轴对称（见图 1-12(a)）；奇函数的图像关于原点对称（见图 1-12(b)）；非奇非偶函数的图像既不关于原点对称，也不关于 y 轴对称。

3. 函数的周期性

对于函数 $f(x)$，如果存在一个非零常数 T，使得 x 取定义域内的任何值时，总有 $f(x+T)=f(x)$ 成立，则把函数 $y=f(x)$ 叫做周期函数，非零常数 T 叫做函数的周期。

4. 函数的有界性

设函数 $y=f(x)$ 的定义域为 D，数集 $x\subset D$。如果存在一个正数 M，使得对任意

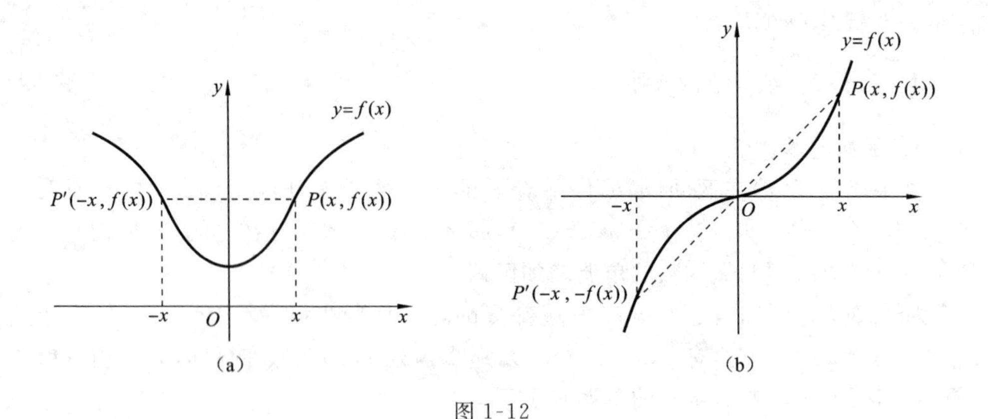

图 1-12

的 $x\in X$,都有 $|f(x)|\leqslant M$,则称函数 $f(x)$在 X 上有界。如果这样的 M 不存在,就称函数 $f(x)$在 X 上无界。

1.2.6 反函数

在函数的定义中有两个变量,一个是自变量,一个是自变量的函数,也叫因变量。但是在实际问题中,哪个是自变量,哪个是因变量,并不是绝对的,要根据所研究的具体问题来决定。

一般地,对于反对应关系是单值的函数,给出下面的定义:

定义 1.2 设函数 $y=f(x)$,定义域为 D,值域为 M。如果对于 M 中的每一个 y 值,都可由 $y=f(x)$确定唯一的 x 值与之对应,则得到一个定义在 M 上的以 y 为自变量,x 为因变量的新函数,称为 $y=f(x)$的反函数,记作 $x=f^{-1}(y)$,并称 $y=f(x)$为直接函数。为了表述方便,通常将 $x=f^{-1}(y)$改写为 $y=f^{-1}(x)$。函数 $y=f(x)$与其反函数 $y=f^{-1}(x)$的图像关于直线 $y=x$ 对称。

求反函数的过程如下:

第一步:从 $y=f(x)$解出 $x=f^{-1}(y)$;

第二步:交换字母 x 和 y。

例 10 求 $y=x^3+4$ 的反函数。

解 由 $y=x^3+4$ 得到 $x=\sqrt[3]{y-4}$,然后交换 x 和 y,得 $y=\sqrt[3]{x-4}$,即 $y=x^3+4$ 的反函数为 $y=\sqrt[3]{x-4}$。

习 题 1.2

1. 下列各题中 $f(x)$与 $g(x)$是否表示同一个函数,为什么?

(1) $f(x)=\sqrt{x^2}$,$g(x)=|x|$; (2) $f(x)=\dfrac{x^2-1}{x-1}$,$g(x)=x+1$。

2. 求下列函数的定义域：

(1) $y=\sqrt{x^2-4x+3}$；　　(2) $y=\sqrt{4-x^2}+\dfrac{1}{\sqrt{x+1}}$。

3. 设 $f(x)=\begin{cases}2+x, & x<0,\\ 0, & x=0,\\ x^2-1, & 0<x\leqslant 4,\end{cases}$ 求 $f(x)$ 的定义域及 $f(-1)$，$f(2)$ 的值，并作出它的图像。

4. 判断下列函数的奇偶性：

(1) $f(x)=1-x^2$；　(2) $f(x)=x-\dfrac{1}{x}$；　(3) $f(x)=x|x|$。

5. 求下列函数的反函数：

(1) $y=\dfrac{x+1}{x-2}$；(2) $y=\sqrt{x}+1$；(3) $y=kx+1\ (k\neq 0)$；(4) $y=x^2(\mathbf{R}^+)$。

6. 用铁皮制作一个容积为 V 的圆柱形罐头筒，试将其全面积 A 表示成底半径 r 的函数，并确定此函数的定义域。

7. 一个物体作直线运动，已知阻力 f 的大小与运动的速度 v 成正比，且方向相反。当物体以 1 m/s 的速度运动时，阻力为 1.96×10^{-2} N，建立阻力与速度的函数关系。

1.3　幂函数、指数函数与对数函数

1.3.1　整数指数幂、分数指数幂的概念和运算

1. 定义

定义 1.3　正整数指数幂 $\underbrace{a\cdot a\cdot a\cdots a}_{n\text{个}}=a^n\ (n\in\mathbf{N})$；

零指数幂

$$a^0=1(a\neq 0)；$$

负整指数幂

$$a^{-p}=\frac{1}{a^p}\ (a\neq 0, p\in\mathbf{N})；$$

分数指数幂

$$a^{\frac{m}{n}}=\sqrt[n]{a^m}\ (m,n\in\mathbf{N}, a>0)。$$

例如，　$2^{\frac{1}{2}}=\sqrt{2}$；

$4^{\frac{3}{2}}=\sqrt{4^3}=\sqrt{64}=8$；

$(0.001)^{\frac{2}{3}}=\sqrt[3]{(0.001)^2}=\sqrt[3]{0.000001}=\sqrt[3]{0.1^6}=(0.1)^2=0.01$。

记号 $a^{-\frac{m}{n}}$ 理解为 $a^{\frac{m}{n}}$ 的倒数，即

$$a^{-\frac{m}{n}}=\frac{1}{a^{\frac{m}{n}}}=\frac{1}{\sqrt[n]{a^m}}\ (m,n\in\mathbf{N},a>0)。$$

例如，

$$2^{-\frac{1}{2}}=\frac{1}{2^{\frac{1}{2}}}=\frac{1}{\sqrt{2}}=\frac{\sqrt{2}}{2};$$

$$4^{-\frac{3}{2}}=\frac{1}{4^{\frac{3}{2}}}=\frac{1}{8};$$

$$(0.001)^{-\frac{2}{3}}=\frac{1}{(0.001)^{\frac{2}{3}}}=\frac{1}{0.01}=100。$$

根据定义，分数指数幂可化为根式；反过来，一个根式也可以化为分数指数幂的形式。

例如，$\sqrt{3}=3^{\frac{1}{2}}$；$\frac{1}{\sqrt{2}}=\frac{1}{2^{\frac{1}{2}}}=2^{-\frac{1}{2}}$。

2. 运算法则

当 $m,n\in\mathbf{N}$ 时，有如下的运算法则：

(1) $a^m\cdot a^n=a^{m+n}\ (a>0)$；

(2) $(a^m)^n=a^{mn}\ (a>0)$；

(3) $(ab)^n=a^nb^n\ (a>0,b>0)$；

(4) $\frac{a^n}{a^m}=a^{n-m}\ (a\neq0,n>m)$。

从上面的例子还可以看到，应用以上法则进行幂的运算可以简捷地得到结果。例如，

$$4^{\frac{3}{2}}=(2^2)^{\frac{3}{2}}=2^3=8;$$

$$(0.001)^{-\frac{2}{3}}=[(0.1)^3]^{-\frac{2}{3}}=(0.1)^{-2}=100。$$

下面再举一些代数式简化的例子。

例 11 化简 $\left(\frac{3}{4}x^2y^{\frac{1}{3}}\right)\left(\frac{2}{5}x^{-\frac{1}{2}}y^{-\frac{1}{6}}\right)\left(\frac{5}{6}x^{\frac{1}{3}}y^{-\frac{3}{2}}\right)$。

解 原式 $=\frac{3}{4}\times\frac{2}{5}\times\frac{5}{6}x^{2-\frac{1}{2}+\frac{1}{3}}y^{\frac{1}{3}-\frac{1}{6}-\frac{3}{2}}=\frac{1}{4}x^{\frac{11}{6}}y^{-\frac{4}{3}}$。

例 12 简化 $\sqrt{x\sqrt{x\sqrt{x}}}\div\sqrt[8]{x^7}$。

解 原式 $=[x\cdot(x\cdot x^{\frac{1}{2}})^{\frac{1}{2}}]^{\frac{1}{2}}\div x^{\frac{7}{8}}$

$=x^{\frac{1}{2}}\cdot x^{\frac{1}{4}}\cdot x^{\frac{1}{8}}\cdot x^{-\frac{7}{8}}$

$=x^{\frac{7}{8}}x^{-\frac{7}{8}}=x^0=1$。

1.3.2　幂函数的定义

定义 1.4　函数 $y=x^a$ 叫做**幂函数**，其中指数 a 为常数，它可以为任何实数。本书以后只讨论 a 为任意有理数的情况。

例 13　求下列函数的定义域：

(1) $y=(3x-2)^{\frac{1}{2}}+(2-3x)^{-\frac{1}{3}}$；　　(2) $y=\left(-\frac{x+1}{2}\right)^{-\frac{1}{2}}$。

解　(1) 解不等式组

$$\begin{cases}3x-2\geqslant 0,\\ 2-3x\neq 0,\end{cases}\quad 即\quad \begin{cases}x\geqslant \frac{2}{3},\\ x\neq \frac{2}{3}。\end{cases}$$

由此得 $x>\frac{2}{3}$。所以函数 $y=(3x-2)^{\frac{1}{2}}+(2-3x)^{-\frac{1}{3}}$ 的定义域为 $\left(\frac{2}{3},+\infty\right)$。

(2) 解不等式

$$-\frac{x+1}{2}>0,\quad 即\quad x+1<0$$

由此得 $x<-1$。所以函数 $y=\left(-\frac{x+1}{2}\right)^{-\frac{1}{2}}$ 的定义域为 $(-\infty,-1)$。

1.3.3　指数函数的定义

定义 1.5　函数 $y=a^x(a>0,a\neq 1)$ 叫做**指数函数**，它的定义域是实数集 $\mathbf{R}$。

例如，函数 $y=2^x$，$y=\left(\frac{1}{2}\right)^x$，$y=10^x$ 都是指数函数，它们的定义域都是实数集 $\mathbf{R}$。

例 14　求下列函数的定义域；

(1) $y=\sqrt{1-2^x}$；　　(2) $y=\dfrac{1}{\sqrt{\left(\frac{1}{2}\right)^x-4}}$。

解　(1) 因为 $\sqrt{1-2^x}\geqslant 0$，所以

$$2^x\leqslant 1。$$

根据 $y=a^x(a>1)$ 的性质，有 $x\leqslant 0$。所以函数 $\sqrt{1-2^x}$ 的定义域为 $(-\infty,0]$。

(2) 因为 $\left(\frac{1}{2}\right)^x-4>0$，所以

$$\left(\frac{1}{2}\right)^x>\left(\frac{1}{2}\right)^{-2}。$$

根据 $y=a^x(0<a<1)$ 的性质，有 $x<-2$，所以定义域为 $(-\infty,-2)$。

1.3.4 对数的概念

我们知道,2 的 4 次幂是 16。如果提出另一个问题:2 的多少次幂等于 16? 也就是说,如果 $2^b=16$,那么 b 的值如何求得呢?

如果 $a^b=N$ ($a>0$ 且 $a\neq 1$),那么指数 b 叫做以 a 为底的 N 的**对数**,记为 $b=\log_a N$。其中 a 叫做**底数**,N 叫做**真数**,且 $N>0$,因此零和负数没有对数。记号“log”是拉丁文 logarithm(对数)的缩写。

把 $a^b=N$ 叫做指数式,$\log_a N=b$ 叫做对数式。指数式与对数式是等价的。即

$$a^b=N \Leftrightarrow \log_a N=b。$$

由对数概念可得以下恒等式:

$$\boxed{\begin{array}{l}\log_a 1=0\\ \log_a a=1\\ a^{\log_a N}=N\\ \log_a a^b=b\end{array}} \tag{1-1}$$

1.3.5 常用对数和自然对数

将以 10 为底,正数 N 的对数 $\log_{10} N$ 叫做**常用对数**(或十进对数),记为 $\lg N$。

在高等数学和科学研究中常要用到以无理数 $e=2.71828\cdots$ 为底的对数。以 e 为底,正数 N 的对数 $\log_e N$ 叫做**自然对数**,记为 $\ln N$。

由对数的性质可以推出自然对数有以下的性质:

$$\boxed{\begin{array}{l}\ln 1=0\\ \ln e=1\\ e^{\ln x}=x\\ \ln e^x=x\end{array}} \tag{1-2}$$

1.3.6 对数函数的概念

我们知道,指数函数 $y=a^x$($a>0,a\neq 1$)的反对应关系是单值的。根据反函数的定义可知它具有反函数,由对数的定义,函数 $y=a^x$ 可写成 $x=\log_a y$,将 x 和 y 互换,即得以 x 为自变量的反函数 $y=\log_a x$。对于这样的函数,给出下面的定义:

定义 1.6 函数 $y=\log_a x$ ($a>0,a\neq 1$)叫做**对数函数**,它的定义域为正实数集 $\mathbf{R}^+$。

例如,$y=\log_2 x$,$y=\lg x$,$y=\ln x$ 都是对数函数,它们分别是 $y=2^x$,$y=10^x$,$y=e^x$ 的反函数。

例 15　求下列函数的定义域：

(1) $y=\log_a(2x-1)$；　　　　(2) $y=\sqrt{\lg x}$。

解　(1) 因为 $2x-1>0$，所以 $x>\frac{1}{2}$。即函数 $y=\log_a(2x-1)$ 的定义域是 $\left(\frac{1}{2},+\infty\right)$。

(2) 因为 $\begin{cases}x>0,\\ \lg x\geqslant 0,\end{cases}$ 所以 $\begin{cases}x>0,\\ x\geqslant 1,\end{cases}$ $x\geqslant 1$。即函数 $y=\sqrt{\lg x}$ 的定义域是 $[1,+\infty)$。

例 16　设函数 $y_1=\log_a(x^2-2x-15)$ 和 $y_2=\log_a(x+3)$，求使 $y_1>y_2$ 的 x 的值。

解　要使 $y_1>y_2$，就是 $\log_a(x^2-2x-15)>\log_a(x+3)$，这时有两种情形；

(1) 当 $a>1$ 时，由性质有

$$x^2-2x-15>x+3,$$

由定义域

$$\begin{cases}x^2-2x-15>0,\\ x+3>0,\end{cases}$$

解得

$$x>6。$$

(2) 当 $0<a<1$ 时，由性质有

$$x^2-2x-15<x+3,$$

由定义域

$$\begin{cases}x^2-2x-15>0,\\ x+3>0,\end{cases}$$

解得

$$5<x<6。$$

例 17　求下列各等式中的 x 的值；

(1) $\lg x^2=4$；　　　　(2) $2\lg^2 x-3\lg x+1=0$。

解　(1) 等式 $\lg x^2=4$ 中 x 的取值范围是 $x\neq 0$。把等式化为指数式，得

$$x^2=10^4,\quad 即\quad x_1=100,\quad x_2=-100。$$

(2) 等式 $2\lg^2 x-3\lg x+1=0$ 中 x 的取值范围是 $x>0$，将等式化为

$$(2\lg x-1)(\lg x-1)=0,\quad 即\quad \lg x=\frac{1}{2},\quad \lg x=1,$$

解之，得

$$x_1=10^{\frac{1}{2}},\quad x_2=10。$$

例 18　将 2000 元款项存入银行，定期一年，年利率为 7.2%，到年终是将利息纳入本金，年年如此，试建立本利和 y 与存款年数 x 之间的函数关系，并问存款几年，本利和能达到 3000 元？

解　按题意，有函数关系

$$y=2000(1+7.2\%)^x。$$

当 $y=3000$ 时，有

$$3000=2000(1.072)^x,$$

即

$$(1.072)^x=1.5。$$

两端取常用对数，得 $x\lg1.072=\lg1.5$，所以

$$x=\frac{\lg1.5}{\lg1.072}=\frac{0.1761}{0.0302}=5.831\approx6$$

答：约经 6 年后，本利和可达 3000 元。

习　题　1.3

1. 计算下列各式：

(1) $\left(\frac{1}{2}x^{\frac{1}{3}}y^{\frac{1}{2}}\right)\left(-\frac{2}{3}x^{-1}y^{-\frac{1}{2}}\right)$；　　(2) $\sqrt{x^8y^2\sqrt{xy^2}}$。

2. 比较大小：

(1) $3.2^{\frac{3}{2}}$ 与 $3.19^{\frac{3}{2}}$；　　(2) $2.2^{-\frac{3}{2}}$ 和 $1.8^{-\frac{3}{2}}$。

3. 比较下列各式中 m 和 n 的大小：

(1) $1.5^m<1.5^n$；　　(2) $0.5^m<0.5^n$。

4. 设函数 $y_1=3^{x^2+1}$ 和 $y_2=3^{2x+4}$，求使 $y_1>y_2$ 的 x 值。

5. 求下列函数的定义域：

(1) $y=\lg\lg\lg x$；　　(2) $y=\log_2(x^2-5x+6)$；　　(3) $y=\frac{1}{\sqrt{\ln(1-3x)}}$。

6. 设函数 $y_1=\log_{\frac{1}{3}}(3x-4)$ 和 $y_2=\log_{\frac{1}{3}}(x^2-x-4)$，求使 $y_1>y_2$ 的 x 的值。

7. 已知函数 $\ln y=x+\ln c$，求证：$y=ce^x$。

8. 判断下列函数的奇偶性：

(1) $f(x)=\frac{3^x+3^{-x}}{2}$；　　(2) $f(x)=\lg(x+\sqrt{1+x^2})$；　　(3) $f(x)=xe^x$。

第2章　任意角的三角函数

在初中，我们学习了锐角的三角比，并且应用它们来解直角三角形和进行有关的计算，但在科学计算和实际问题中，常要用到任意大小角，因此本章将先把角的概念进行推广，然后研究任意角的三角函数。

2.1　角的概念的推广　弧度制

2.1.1　角的概念的推广

一般地，平面内一条射线 OA 绕着它的端点从一个位置旋转到另一个位置 OB 形成的图形称为**角**，射线的端点 O 叫做角 α 的**顶点**，射线旋转开始时的位置 OA 叫做角 α 的**始边**，旋转终止时的位置 OB 叫做角 α 的**终边**。按逆时针方向旋转所形成的角是**正角**，如图 2-1 所示；按顺时针方向旋转所形成的角是**负角**，如图 2-2 所示；射线没有作任何旋转仍留在开始的位置，这时所形成的角是**零角**，记作 0。过去讨论的角都是 $0°$ 到 $360°$ 的角，但在工程技术上常会遇到大于 $360°$ 的角或由射线按顺时针方向旋转所形成的角。

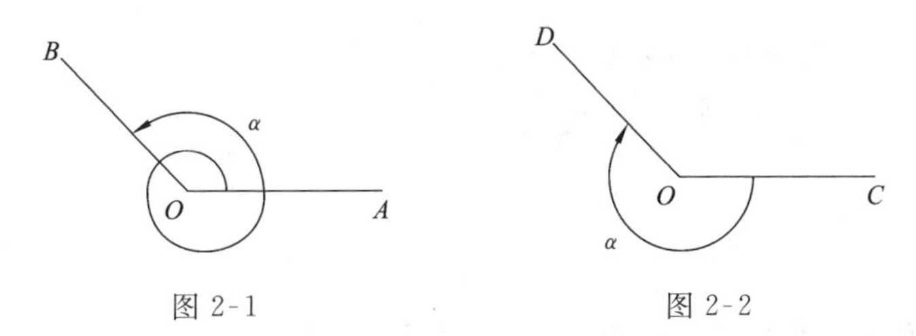

图 2-1　　　　图 2-2

这样，我们就把角的概念推广到了任意角，包括：正角、负角和零角。

为了方便起见，一般在直角坐标系内来讨论角，就是把角的顶点与坐标原点重合，把角的始边与 x 轴的正半轴重合，因此，当我们要作一个角等于已知角 α 时，可在直角坐标系内，以 x 轴的正半轴为 α 的始边，绕着原点按逆时针方向或顺时针方向旋转到终边，使所形成的角等于已知角 α。

角的概念包含两个部分：射线旋转的方向和旋转的数量。旋转的数量称为角的大小。

一般地，所有与角 α 的终边相同的角，有无穷多个，它们彼此相差 $360°$ 的整数倍，可以用一般形式来表示 $k \cdot 360° + \alpha\ (k \in \mathbf{Z})$。

2.1.2 弧度制

以前角的大小都是以度为单位来度量的，这种度量角的制度称为**角度制**。为了使高等数学中一些公式变得简单优美，以便在运用它们解决实际问题时计算方便，我们需要度量角的大小的第二种方法。

我们把与半径等长的圆弧所对的圆心角叫做 1 **弧度**。弧度的符号是 rad(radian 的缩写)。以弧度为单位来度量角的制度叫做**弧度制**。

今后我们规定用弧度表示角的大小时，弧度或 rad 可以省略不写。例如，$\angle AOB=2$ 弧度可以写成 $\angle AOB=2$；角 $\alpha=\frac{\pi}{2}\text{rad}$ 可以写成角 $\alpha=\frac{\pi}{2}$。

一般地，设圆半径为 r，圆弧为 l，该弧长所对的圆心角为 α，则

$$\alpha=\frac{l}{r} \tag{2-1}$$

即圆心角的弧度数等于该角所对的弧长与半径的比。

由(2-1)可以得到圆心角所对的圆弧长 l 为

$$l=\alpha\cdot r \tag{2-2}$$

其中 α 的单位必须用弧度。

在实际应用中，我们有时需要把角的度数和弧度数进行互换，它们之间的换算关系如下：

$$\boxed{\begin{aligned}&2\pi=360^\circ\\&\pi=180^\circ\\&1^\circ=\frac{\pi}{180}\approx 0.01745\\&1=\frac{180^\circ}{\pi}\approx 57.3^\circ=57^\circ18'\end{aligned}} \tag{2-3}$$

显然，角的弧度数与实数是一一对应的。

例 1 把度数化为弧度数或者把弧度数化为度数：

(1) $67^\circ30'$；　　(2) $\frac{5}{12}\pi$。

解 (1) $67^\circ30'=67.5^\circ=\frac{\pi}{180}\times 67.5=\frac{3}{8}\pi$；

(2) $\frac{5}{12}\pi=180^\circ\times\frac{5}{12}=75^\circ$。

例 2 直径是 30 毫米的滑轮，每秒钟旋转 4 周，求轮周上一个质点在 5 秒钟内所转过的圆弧长。

解　滑轮半径 $r=\dfrac{30}{2}=15$（毫米）。滑轮上一个质点在5秒钟内所转过的角为

$$\alpha=4\times2\pi\times5=40\pi。$$

由公式(2-2)得

$$l=\alpha\cdot r=40\pi\times15=600\pi\text{（毫米）}。$$

答：轮周上一个质点在5秒钟内所经过的圆弧长是 600π（毫米）。

习　题　2.1

1. 已知集合 $A=\left\{\alpha\,|\,\alpha=2k\pi+\dfrac{5}{6}\pi,k\in\mathbf{Z}\right\}$，$B=\left\{\beta\,|\,\beta=2k\pi-\dfrac{\pi}{6},k\in\mathbf{Z}\right\}$，问下列四个角各属于哪个集合？

   (1) $\dfrac{11}{6}\pi$；　　(2) $-\dfrac{7}{6}\pi$；　　(3) $-\dfrac{13}{6}\pi$；　　(4) $\dfrac{29}{6}\pi$。

2. 填空：

n	0°	30°	45°	60°	90°	120°	135°	150°	180°
α/rad									

n	210°	225°	240°	270°	300°	315°	330°	360°
α/rad								

α/rad	$-\frac{5}{12}\pi$	$-\frac{1}{3}\pi$	$-\frac{1}{4}\pi$	$-\frac{1}{6}\pi$	$-\frac{1}{12}\pi$	0	$\frac{1}{12}\pi$	$\frac{1}{6}\pi$	$\frac{1}{4}\pi$	$\frac{1}{3}\pi$	$\frac{5}{12}\pi$
n											

3. 直径是10厘米的滑轮，以45弧度/秒的角速旋转，求轮周上一质点在5秒钟内所转过的圆弧长。
4. 已知圆心角200°所对的圆弧长是50厘米，求圆的半径（精确到0.1厘米）。

2.2　任意角三角函数的概念

2.2.1　任意角三角函数的定义和定义域

设 α 是从 Ox 到 OP 的任意大小的角，在角 α 的终边上取不与原点重合的任意一点 $P(x,y)$，原点到这点的距离为 $r=\sqrt{x+y}>0$（见图2-3），则角的正弦、余弦、正切、余切、正割、余割的定义分别是

$$\sin\alpha=\frac{y}{r},\quad \cos\alpha=\frac{x}{r},$$

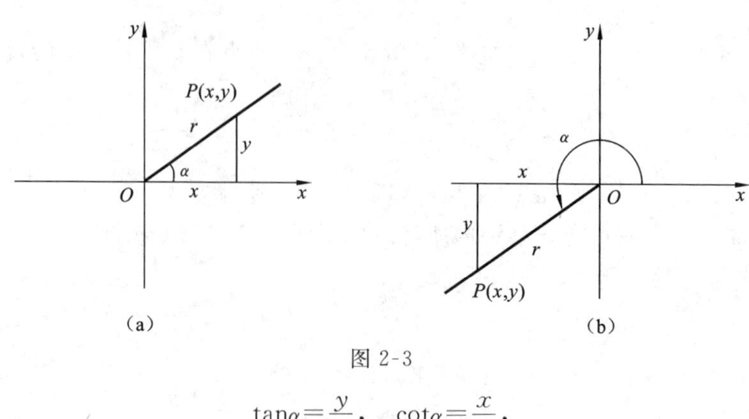

图 2-3

$$\tan\alpha=\frac{y}{x},\quad \cot\alpha=\frac{x}{y},$$

$$\sec\alpha=\frac{r}{x},\quad \csc\alpha=\frac{r}{y}。$$

在比值存在的情况下，对于角 α 的每一个确定的值，上面的六个比值都是唯一确定的。所以 $\sin\alpha$、$\cos\alpha$、$\tan\alpha$、$\cot\alpha$、$\sec\alpha$、$\csc\alpha$ 都是角 α 的函数，分别叫做正弦函数、余弦函数、正切函数、余切函数、正割函数、余割函数，它们统称为三角函数。

正弦函数 $\sin\alpha$ 和余弦函数 $\cos\alpha$ 的定义域为实数集 $\mathbf{R}$；正切函数 $\tan\alpha$ 和正割函数 $\sec\alpha$ 的定义域为 $\left\{\alpha\,|\,\alpha\in\mathbf{R},\alpha\neq k\pi+\frac{\pi}{2},k\in\mathbf{Z}\right\}$。余切函数 $\cot\alpha$ 和余割函数 $\csc\alpha$ 的定义域为 $\{\alpha\,|\,\alpha\in\mathbf{R},\alpha\neq k\pi,k\in\mathbf{Z}\}$。因为 $\sec\alpha=\frac{1}{\cos\alpha}$，$\csc\alpha=\frac{1}{\sin\alpha}$，即 $\sec\alpha$ 和 $\csc\alpha$ 可以分别用 $\frac{1}{\cos\alpha}$ 和 $\frac{1}{\sin\alpha}$ 来代替，所以，今后我们主要研究正弦、余弦、正切和余切四个函数。

例 3　如图 2-4 所示，已知角 α 终边上的一点 $P(-4,-3)$，求角 α 的三角函数值。

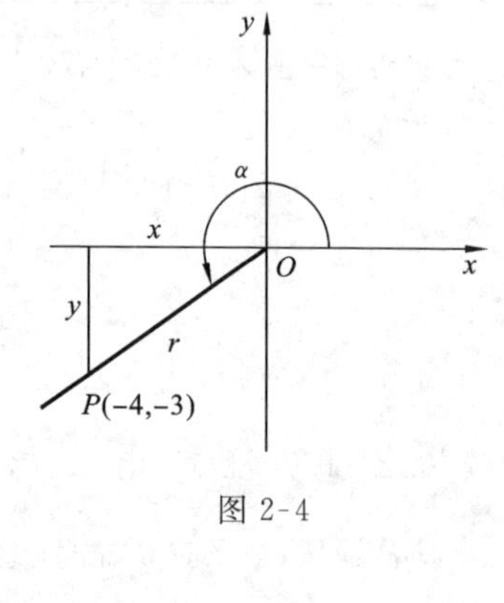

图 2-4

解　因为 $x=-4$，$y=-3$，所以

$$r=\sqrt{(-4)^2+(-3)^2}=5。$$

根据任意角三角函数的定义，可知

$$\sin\alpha=\frac{y}{r}=-\frac{3}{5},\qquad \cos\alpha=\frac{x}{r}=-\frac{4}{5},$$

$$\tan\alpha=\frac{y}{x}=\frac{-3}{-4}=\frac{3}{4},\quad \cot\alpha=\frac{x}{y}=\frac{-4}{-3}=\frac{4}{3},$$

$$\sec\alpha=\frac{r}{x}=-\frac{5}{4},\qquad \csc\alpha=\frac{r}{y}=-\frac{5}{3}。$$

例 4　求角 $\frac{7\pi}{4}$ 的三角函数值。

解　$\frac{7\pi}{4}$ 的终边是第Ⅳ象限的角平分线（见图 2-5）。在角 $\frac{7\pi}{4}$ 的终边上取一点

$P(1,-1)$。因为 $x=1, y=-1$，所以 $r=\sqrt{1^2+(-1)^2}=\sqrt{2}$，因此

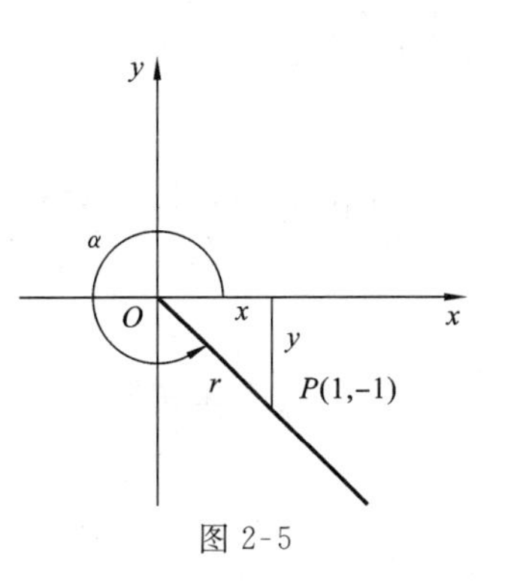

图 2-5

$$\sin\alpha=-\frac{1}{\sqrt{2}}=-\frac{\sqrt{2}}{2},\quad \cos\alpha=\frac{1}{\sqrt{2}}=\frac{\sqrt{2}}{2},$$

$$\tan\alpha=-1,\quad \cot\alpha=-1,$$

$$\sec\alpha=\sqrt{2},\qquad \csc\alpha=-\sqrt{2}。$$

一般地，终边相同的角的同名三角函数值是相等的，即

$$\begin{array}{|l|}\hline \sin(2k\pi+\alpha)=\sin\alpha \\ \cos(2k\pi+\alpha)=\cos\alpha \\ \tan(2k\pi+\alpha)=\tan\alpha \\ \cot(2k\pi+\alpha)=\cot\alpha \\ \hline\end{array} \tag{2-4}$$

其中 α 为使等式有意义的任意角，$k\in\mathbf{Z}$。

2.2.2 任意角三角函数值的符号

根据任意角三角函数的定义可知，角的终边所在的象限不同，终边上点 P 的坐标 x 和 y 的值的符号也不同（r 总是正的），因而三角函数值的符号可以为正，也可以为负。

图 2-6 列出了各象限内角 α 终边上点 P 的坐标 x 和 y 的值的符号。总之，三角函数值的符号，由角的终边所在的象限来决定。

为了便于记忆，我们把三角函数值在各象限的符号概括成图 2-7。

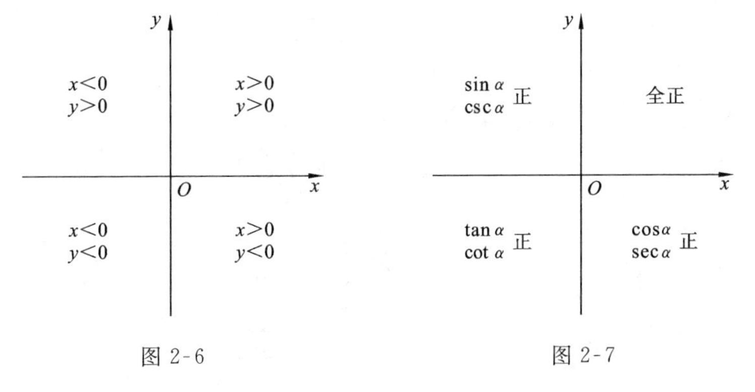

图 2-6　　图 2-7

例 5　决定下列各式的符号：

(1) $\cos 850°$；　(2) $\tan\left(-\frac{4}{3}\pi\right)$；　(3) $\sin 315°\cdot\cos 315°$。

解 (1) 因为 $850°=2\times360°+130°$,是第Ⅱ象限的角,所以

$$\cos850°<0。$$

(2) 因为 $-\frac{4}{3}\pi$ 角是第Ⅱ象限的角,所以

$$\tan\left(-\frac{4}{3}\pi\right)<0。$$

(3) 因为 $315°$是第Ⅳ象限的角,所以

$$\sin315°<0,\quad \cos315°>0,\quad \sin315°\cos315°<0。$$

2.2.3 $0,\frac{\pi}{6},\frac{\pi}{4},\frac{\pi}{3},\frac{\pi}{2},\pi,\frac{3\pi}{2}$等几个特殊角的三角函数值

$0,\frac{\pi}{6},\frac{\pi}{4},\frac{\pi}{3},\frac{\pi}{2},\pi,\frac{3\pi}{2}$等几个特殊角的三角函数值如表 2-1 所示。

表 2-1

函数 \ 角	0	$\frac{\pi}{6}$	$\frac{\pi}{4}$	$\frac{\pi}{3}$	$\frac{\pi}{2}$	π	$\frac{3\pi}{2}$
$\sin\alpha$	0	$\frac{1}{2}$	$\frac{\sqrt{2}}{2}$	$\frac{\sqrt{3}}{2}$	1	0	-1
$\cos\alpha$	1	$\frac{\sqrt{3}}{2}$	$\frac{\sqrt{2}}{2}$	$\frac{1}{2}$	0	-1	0
$\tan\alpha$	0	$\frac{\sqrt{3}}{3}$	1	$\sqrt{3}$	不存在	0	不存在
$\cot\alpha$	不存在	$\sqrt{3}$	1	$\frac{\sqrt{3}}{3}$	0	不存在	0

习 题 2.2

1. 根据任意角三角函数的定义,求下列各角的三角函数值。

(1) $150°$;　　(2) $-\frac{\pi}{4}$。

2. 按照下列条件,决定角 θ 所在象限。

(1) $\sin\theta$ 和 $\cos\theta$ 同号;　　(2) $\csc\theta$ 和 $\cot\theta$ 同号;　　(3) $\frac{\sin\theta}{\cot\theta}>0$。

3. 求下列各式的值:

(1) $5\sin90°-\tan0°+10\cos180°-4\sin270°-\cot270°$;

(2) $\frac{2}{3}\sin\frac{3\pi}{2}-\frac{4\sin\frac{\pi}{2}}{\cos\pi}+\frac{1}{4}\tan\pi$。

4. 化简:

(1) $p^2\sin\frac{\pi}{2}-2pq\cos0-q^2\cos\pi+p\tan2\pi-q\cot\frac{3\pi}{2}$;

(2) $a^2\cos 4\pi - b^2\sin\frac{7\pi}{2} + ab\tan 2\pi - 2ab\sin\frac{3\pi}{2}$。

2.3　同角三角函数间的关系

根据三角函数的定义,可以得到以下的同角三角函数间的关系式。

1. 倒数关系式

$$\boxed{\begin{aligned}&\sin\alpha\cdot\csc\alpha=1\\&\cos\alpha\cdot\sec\alpha=1\\&\tan\alpha\cdot\cot\alpha=1\end{aligned}}\tag{2-5}$$

2. 商数关系式

$$\boxed{\begin{aligned}&\tan\alpha=\frac{\sin\alpha}{\cos\alpha}\\&\cot\alpha=\frac{\cos\alpha}{\sin\alpha}\end{aligned}}\tag{2-6}$$

3. 平方关系式

$$\boxed{\begin{aligned}&\sin^2\alpha+\cos^2\alpha=1\\&1+\tan^2\alpha=\sec^2\alpha\\&1+\cot^2\alpha=\csc^2\alpha\end{aligned}}\tag{2-7}$$

公式证明从略,其中 α 为使等式有意义的任意角。

公式(2-5)～(2-7)叫做三角函数的**基本恒等式**。利用这些基本恒等式,可以进行同角三角函数式的恒等变换。

例 6　已知 $\tan\alpha=-\frac{15}{8}$,求角 α 的其他三角函数值。

解　由 $\tan\alpha<0$,可知 α 是第Ⅱ或第Ⅳ象限的角,因此,除 $\tan\alpha$、$\cot\alpha$ 为负值外,其他三角函数值的符号可根据 α 所在的象限来决定。

(1) 当 α 是第Ⅱ象限的角时,根据基本恒等式可得

$$\cot\alpha=\frac{1}{\tan\alpha}=\frac{1}{-\frac{15}{8}}=-\frac{8}{15};$$

$$\sec\alpha=-\sqrt{1+\tan^2\alpha}=-\sqrt{1+\left(-\frac{15}{8}\right)^2}=-\sqrt{\frac{289}{64}}=-\frac{17}{8};$$

$$\cos\alpha=\frac{1}{\sec\alpha}=\frac{1}{-\frac{17}{8}}=-\frac{8}{17};$$

$$\sin\alpha=\cos\alpha\cdot\tan\alpha=\left(-\frac{8}{17}\right)\left(-\frac{15}{8}\right)=\frac{15}{17};$$

$$\csc\alpha=\frac{1}{\sin\alpha}=\frac{1}{\frac{15}{17}}=\frac{17}{15}。$$

(2) 当 α 是第Ⅳ象限的角时,用同法可得

$$\cot\alpha=-\frac{8}{15};\quad \sec\alpha=\frac{17}{8};$$

$$\cos\alpha=\frac{8}{17};\quad \sin\alpha=-\frac{15}{17};$$

$$\csc\alpha=-\frac{17}{15}。$$

例 7 已知 $\tan\alpha=2$,求 $\sin\alpha\cdot\cos\alpha$ 的值。

解
$$\begin{aligned}\sin\alpha\cdot\cos\alpha&=(\cos\alpha\cdot\tan\alpha)\cos\alpha=\cos^2\alpha\cdot\tan\alpha\\&=\frac{1}{\sec^2\alpha}\cdot\tan\alpha=\frac{1}{1+\tan^2\alpha}\cdot\tan\alpha\\&=\frac{1}{1+2^2}\times2=\frac{2}{5}。\end{aligned}$$

例 8 已知 $f(\beta)=\dfrac{2\sin\beta\cos\beta-\cos\beta}{1+\sin^2\beta-\cos^2\beta-\sin\beta}$,求 $f\left(\dfrac{\pi}{10}\right)$。

解 若直接把 $\beta=\dfrac{\pi}{10}$代入 $f(\beta)$进行计算,是很繁琐的,因此应当先把 $f(\beta)$化简,然后再求 $f\left(\dfrac{\pi}{10}\right)$。因为

$$\begin{aligned}f(\beta)&=\frac{2\sin\beta\cos\beta-\cos\beta}{1+\sin^2\beta-\cos^2\beta-\sin\beta}=\frac{\cos\beta(2\sin\beta-1)}{(1-\cos^2\beta)+\sin^2\beta-\sin\beta}\\&=\frac{\cos\beta(2\sin\beta-1)}{2\sin^2\beta-\sin\beta}=\frac{\cos\beta(2\sin\beta-1)}{\sin\beta(2\sin\beta-1)}=\cot\beta,\end{aligned}$$

所以
$$f\left(\frac{\pi}{10}\right)=\cot\frac{\pi}{10}=3.078。$$

例 9 已知 $270°<\alpha<360°$,化简:$\sqrt{\csc^2\alpha-1}+\cot\alpha$。

解 $\sqrt{\csc^2\alpha-1}+\cot\alpha=\sqrt{\cot^2\alpha}+\cot\alpha=|\cot\alpha|+\cot\alpha$。

因为当 $270°<\alpha<360°$时,$\cot\alpha<0$,所以

$$\sqrt{\csc^2\alpha-1}+\cot\alpha=-\cot\alpha+\cot\alpha=0。$$

例 10 化简:$\sin^2\alpha\cdot\sec^2\alpha+\tan^2\alpha\cdot\cos^2\alpha+\cot^2\alpha\cdot\sin^2\alpha$。

解
$$\begin{aligned}原式&=\sin^2\alpha\cdot\frac{1}{\cos^2\alpha}+\frac{\sin^2\alpha}{\cos^2\alpha}\cdot\cos^2\alpha+\frac{\cos^2\alpha}{\sin^2\alpha}\cdot\sin^2\alpha\\&=\tan^2\alpha+\sin^2\alpha+\cos^2\alpha=\tan^2\alpha+1=\sec^2\alpha。\end{aligned}$$

例 11　证明恒等式：$\frac{\sin x}{1-\cos x}=\frac{1+\cos x}{\sin x}$。

证 1　右边$=\frac{(1+\cos x)(1-\cos x)}{\sin x(1-\cos x)}=\frac{1-\cos^2 x}{\sin x(1-\cos x)}$

$$=\frac{\sin^2 x}{\sin x(1-\cos x)}=\frac{\sin x}{1-\cos x}=\text{左边。}$$

证 2　等式中 x 的取值范围是$\{x|x\neq k\pi,k\notin \mathbf{Z}\}$，此时$\frac{1+\cos x}{\sin x}\neq 0$。因为

$$\text{左边/右边}=\frac{\frac{\sin x}{1-\cos x}}{\frac{1+\cos x}{\sin x}}=\frac{\sin^2 x}{1-\cos^2 x}=\frac{\sin^2 x}{\sin^2 x}=1,$$

所以左边＝右边。

证 3　因为

$$\text{左边}-\text{右边}=\frac{\sin x}{1-\cos}-\frac{1+\cos x}{\sin x}=\frac{\sin^2 x-(1-\cos^2 x)}{(1-\cos x)\sin x}$$

$$=\frac{\sin^2 x-\sin^2 x}{(1-\cos x)\sin x}=0,$$

所以左边＝右边。

从上面的例子可以看出，证明三角函数恒等式的方法很多：从左边证到右边；从右边证到左边；左、右两边都证到某一相同的式子；证明左、右两边的比为 1；证明左、右两边的差为零等等。因此证明恒等式时，可对具体问题作具体分析，灵活地运用各种证法。

习　题　2.3

1. 化简：

(1) $\frac{1-\cos^2\alpha}{\cos\alpha}\cot\alpha$；　　(2) $(\tan^2\alpha-\sin^2\alpha)\cot^2\alpha$；

(3) $\sqrt{\csc^2 x-1}\cdot\sec x\cdot\sqrt{1-\cos^2 x}$ $(180°<x<270°)$。

2. (1) 已知 $\cos\alpha=-\frac{3}{5}$ $\left(\frac{\pi}{2}<\alpha<\pi\right)$，求角 α 的其他三角函数值。

(2) 已知 $\cot\theta=-\frac{3}{4}$，求角 θ 的其他三角函数值。

3. 已知 $f(\beta)=\frac{2\csc^2\beta-\sin\beta-2\cot^2\beta}{2\tan\beta+\cos\beta-\sec\beta}$，求 $f\left(\frac{\pi}{5}\right)$的值。

4. 证明下列恒等式：

(1) $\frac{\sin^2 x}{\sec^2 x-1}+\frac{\cos^2 x}{\csc^2 x-1}=1$；　　(2) $\frac{1+\sin x}{1-\sin x}=(\tan x+\sec x)^2$。

第3章　加法定理及其推论

3.1　正弦、余弦和正切的加法定理

3.1.1　正弦的加法定理

$$\sin(\alpha+\beta)=\sin\alpha\cos\beta+\cos\alpha\sin\beta \tag{3-1}$$

$$\sin(\alpha-\beta)=\sin\alpha\cos\beta-\cos\alpha\sin\beta \tag{3-2}$$

公式(3-1)和公式(3-2)叫做**正弦的加法定理**。

例1　求 $\sin105°$ 和 $\sin15°$ 的值。

解

$$\begin{aligned}\sin105°&=\sin(60°+45°)\\&=\sin60°\cos45°+\cos60°\sin45°\\&=\frac{\sqrt{3}}{2}\times\frac{\sqrt{2}}{2}+\frac{1}{2}\times\frac{\sqrt{2}}{2}=\frac{\sqrt{6}+\sqrt{2}}{4};\end{aligned}$$

$$\begin{aligned}\sin15°&=\sin(60°-45°)=\sin60°\cos45°-\cos60°\sin45°\\&=\frac{\sqrt{3}}{2}\times\frac{\sqrt{2}}{2}-\frac{1}{2}\times\frac{\sqrt{2}}{2}\\&=\frac{\sqrt{6}-\sqrt{2}}{4}。\end{aligned}$$

例2　求下列各式的值：

(1) $\sin80°\cos20°-\cos80°\sin20°$；

(2) $\sin20°\cos25°+\cos20°\sin25°$；

(3) $\sin(\alpha+\beta)\cos\beta-\cos(\alpha+\beta)\sin\beta$，其中 $\alpha=30°$。

解　(1) 原式 $=\sin(80°-20°)=\sin60°=\frac{\sqrt{3}}{2}$；

(2) 原式 $=\sin(20°+25°)=\frac{\sqrt{2}}{2}$；

(3) 原式 $=\sin[(\alpha+\beta)-\beta]=\sin\alpha=\sin30°=\frac{1}{2}$。

3.1.2　余弦的加法定理

$$\boxed{\cos(\alpha+\beta)=\cos\alpha\cos\beta-\sin\alpha\sin\beta} \tag{3-3}$$

$$\boxed{\cos(\alpha-\beta)=\cos\alpha\cos\beta+\sin\alpha\sin\beta} \tag{3-4}$$

公式(3-3)和公式(3-4)叫做**余弦的加法定理**。

例 3　不查表，求 $\cos75°$ 和 $\cos15°$ 的值。

解
$$\cos75°=\cos(45°+30°)=\cos45°\cos30°-\sin45°\sin30°$$
$$=\frac{\sqrt{2}}{2}\times\frac{\sqrt{3}}{2}-\frac{\sqrt{2}}{2}\times\frac{1}{2}=\frac{\sqrt{6}-\sqrt{2}}{4};$$
$$\cos15°=\cos(45°-30°)=\cos45°\cos30°+\sin45°\sin30°$$
$$=\frac{\sqrt{2}}{2}\times\frac{\sqrt{3}}{2}+\frac{\sqrt{2}}{2}\times\frac{1}{2}=\frac{\sqrt{6}+\sqrt{2}}{4}。$$

例 4　求下列各式的值：

(1) $\cos40°\cos80°-\sin40°\sin80°$；

(2) $\cos(\alpha+\beta)\cos\beta+\sin(\alpha+\beta)\sin\beta$，其中 $\alpha=30°$；

(3) $\sin20°\cos25°+\sin70°\cos65°$。

解　(1)原式 $=\cos(40°+80°)=\cos120°=-\frac{1}{2}$；

(2) 原式 $=\cos[(\alpha+\beta)-\beta]=\cos\alpha=\cos30°=\frac{\sqrt{3}}{2}$；

(3) 原式 $=\sin20°\cos25°+\cos20°\sin25°=\sin45°=\frac{\sqrt{2}}{2}$。

例 5　把下列各式化为 $A\sin(x+\varphi)$ 的形式：

(1) $\sin\frac{\pi}{7}\cos x+\cos\frac{\pi}{7}\sin x$；　(2) $\frac{1}{2}\sin x-\frac{\sqrt{3}}{2}\cos x$；　(3) $3\sin x+4\cos x$。

解　(1)原式 $=\sin\left(x+\frac{\pi}{7}\right)$，　$A=1$，　$\varphi=\frac{\pi}{7}$。

(2) 原式 $=\cos\frac{\pi}{3}\sin x-\sin\frac{\pi}{3}\cos x=\sin\left(x-\frac{\pi}{3}\right)$，　$A=1$，　$\varphi=\frac{\pi}{3}$。

(3) 如果 $3=r\cos\varphi$，$4=r\sin\varphi(r>0)$，那么，

$$原式=r\sin x\cos\varphi+r\cos x\sin\varphi=r\sin(x+\varphi)。$$

因此，设角 φ 的终边上的点为 $P(3,4)$，可求得

$$r=|OP|=5,\quad \varphi=0.927,$$

所以，原式 $=5\sin(x+0.927)$。

说明:形如 $a\sin x+b\cos x$ 的式子都可化为 $A\sin(x+\varphi)$ 的形式,其中角 φ 的终边经过点 $P(a,b)$,$A=|OP|>0$。

一般地,

$$a\sin x+b\cos x=\begin{cases}\sqrt{a^2+b^2}\sin\left(x+\arctan\dfrac{b}{a}\right),a>0\\ \sqrt{a^2+b^2}\sin\left(x+\arctan\dfrac{b}{a}+\pi\right),a<0\end{cases}\tag{3-5}$$

3.1.3　正切的加法定理

两角的和或差的正切一般不等于这两角的正切的和或差。

事实上,$\tan(\alpha+\beta)=\dfrac{\sin(\alpha+\beta)}{\cos(\alpha+\beta)}=\dfrac{\sin\alpha\cos\beta+\cos\alpha\sin\beta}{\cos\alpha\cos\beta-\sin\alpha\sin\beta}$

$$=\frac{\cos\alpha\cos\beta(\tan\alpha+\tan\beta)}{\cos\alpha\cos\beta(1-\tan\alpha\tan\beta)}。$$

所以,当 α、β 及 $\alpha+\beta$ 都不为 $\dfrac{\pi}{2}+k\pi(k\in\mathbf{Z})$ 时,

$$\tan(\alpha+\beta)=\frac{\tan\alpha+\tan\beta}{1-\tan\alpha\tan\beta}\tag{3-6}$$

由公式(3-6)计算 $\tan[\alpha+(-\beta)]$,可得当 α、β 及 $\alpha-\beta$ 都不为 $\dfrac{\pi}{2}+k\pi(k\in\mathbf{Z})$ 时

$$\tan(\alpha-\beta)=\frac{\tan\alpha-\tan\beta}{1+\tan\alpha\tan\beta}\tag{3-7}$$

公式(3-6)和(3-7)叫做**正切的加法定理**。

例 6　不查表,求 $\tan75°$ 和 $\tan105°$ 的值。

解　$$\tan75°=\tan(45°+30°)=\frac{\tan45°+\tan30°}{1-\tan45°\tan30°}=\frac{1+\frac{\sqrt{3}}{3}}{1-\frac{\sqrt{3}}{3}}=2+\sqrt{3};$$

$$\tan105°=\tan(60°+45°)=\frac{\tan60°+\tan45°}{1-\tan60°\tan45°}=\frac{\sqrt{3}+1}{1-\sqrt{3}}=-(2+\sqrt{3})。$$

例 7　求下列各式的值;

(1) $\dfrac{\tan18°+\tan42°}{1-\tan18°\tan42°}$;

(2) $\dfrac{\tan(\alpha+\beta)-\tan\beta}{1+\tan(\alpha+\beta)\tan\beta}$,其中 $\alpha=30°$;

(3) $\dfrac{1+\tan15°}{1-\tan15°}$。

解　(1) 原式$=\tan(18^\circ+42^\circ)=\tan60^\circ=\sqrt{3}$；

(2) 原式$=\tan[(\alpha+\beta)-\beta]=\tan\alpha=\tan30^\circ=\dfrac{\sqrt{3}}{3}$；

(3) 注意到$1=\tan45^\circ$，所以

$$原式=\frac{\tan45^\circ+\tan15^\circ}{1-\tan45^\circ\tan15^\circ}=\tan(45^\circ+15^\circ)=\tan60^\circ=\sqrt{3}。$$

例8　设$\tan\alpha$和$\tan\beta$是一元二次方程$5x^2+3x-1=0$的两个解，求$\cot(\alpha+\beta)$的值。

解　因为
$$b^2-4ac=9^2-4\times5\times(-1)>0,$$
所以，由一元二次方程根与系数的关系，有

$$\tan\alpha+\tan\beta=-\frac{3}{5},\quad \tan\alpha\tan\beta=-\frac{1}{5},$$

$$\tan(\alpha+\beta)=\frac{\tan\alpha+\tan\beta}{1-\tan\alpha\tan\beta}=\frac{-\frac{3}{5}}{1-\left(-\frac{1}{5}\right)}=-\frac{1}{2},$$

所以
$$\cot(\alpha+\beta)=-2。$$

习　题　3.1

1. 不查表、不使用计算器，求下列各式的值。

(1) $\sin75^\circ$；　(2) $\sin225^\circ$；　(3) $\cos75^\circ$；　(4) $\cos225^\circ$；

(5) $\tan15^\circ$；　(6) $\cot165^\circ$；　(7) $\dfrac{1-\tan15^\circ}{1+\tan15^\circ}$；　(8) $\dfrac{\tan3^\circ+\cot48^\circ}{1-\tan3^\circ\cot48^\circ}$。

2. 把下列各式化为$A\sin(x+\varphi)$的形式。

(1) $\sin\dfrac{\pi}{5}\cos x+\cos\dfrac{\pi}{5}\sin x$；　(2) $\sin x-\cos x$。

3. 已知$\tan(\alpha-\beta)=-3$，$\tan\alpha=2$，求$\tan\beta$。

4. 已知$\tan\alpha$，$\tan\beta$是方程$6x^2-5x+1=0$的两个解，求$\tan(\alpha+\beta)$，$\sin(\alpha+\beta)$，$\cos(\alpha+\beta)$。

3.2　正弦、余弦、正切的倍角和半角公式

3.2.1　正弦、余弦和正切的倍角公式

角2α称为角α的倍角，显然$2\alpha=\alpha+\alpha$，根据公式(3-1)、(3-3)不难得到

$$\boxed{\sin2\alpha=2\sin\alpha\cos\beta}\qquad(3\text{-}8)$$

$$\boxed{\cos 2\alpha=\cos^2\alpha-\sin^2\alpha} \tag{3-9}$$

注意到 $\sin^2\alpha+\cos^2\alpha=1$,余弦的倍角公式也可写为

$$\boxed{\cos 2\alpha=1-2\sin^2\alpha} \tag{3-10}$$

或

$$\boxed{\cos 2\alpha=2\cos^2\alpha-1} \tag{3-11}$$

公式(3-8)叫做**正弦的倍角公式**;公式(3-9)、(3-10)、(3-11)叫做**余弦的倍角公式**。

例 9　求 $\sin 2\alpha$ 和 $\cos 2\alpha$ 的值:

(1) 已知 $\sin\alpha=\dfrac{3}{5}$;　　(2) 已知 $\cos\alpha=-0.4$。

解　(1) 因为

$$\begin{cases}\sin^2\alpha+\cos^2\alpha=1\\ \sin\alpha=\dfrac{3}{5}\end{cases}\Rightarrow \cos\alpha=\pm\frac{4}{5},$$

所以,当 α 是第一象限角时,

$$\cos\alpha=\frac{4}{5},\quad \sin 2\alpha=2\times\frac{3}{5}\times\frac{4}{5}=\frac{24}{25},$$

当 α 是第二象限角时,

$$\cos\alpha=-\frac{4}{5},\quad \sin 2\alpha=-\frac{24}{25},$$

$$\cos 2\alpha=1-2\sin^2\alpha=1-2\times\left(\frac{3}{5}\right)^2=\frac{7}{25}。$$

(2) 因为

$$\begin{cases}\sin^2\alpha+\cos^2\alpha=1\\ \cos\alpha=-0.4=-\dfrac{2}{5}\end{cases}\Rightarrow\begin{cases}\sin\alpha=\pm\dfrac{\sqrt{21}}{5},\\ \cos\alpha=-\dfrac{2}{5}。\end{cases}$$

所以,当 α 是第二象限角时,

$$\sin\alpha=\frac{\sqrt{21}}{5},\quad \sin 2\alpha=2\times\frac{\sqrt{21}}{5}\times\left(-\frac{2}{5}\right)=-\frac{4\sqrt{21}}{25},$$

当 α 是第三象限角时,

$$\sin\alpha=-\frac{\sqrt{21}}{5},\quad \sin 2\alpha=2\times\left(-\frac{\sqrt{21}}{5}\right)\times\left(-\frac{2}{5}\right)=\frac{4\sqrt{21}}{25}。$$

$$\cos 2\alpha=2\cos^2\alpha-1=2\times\left(-\frac{2}{5}\right)^2-1=-\frac{17}{25}。$$

根据公式(3-6),不难得到:

当 $\alpha\neq\frac{\pi}{4}+\frac{k\pi}{2}(k\in\mathbf{Z})$ 且 $\alpha\neq\frac{\pi}{2}+k\pi(k\in\mathbf{Z})$ 时,

$$\boxed{\tan2\alpha=\frac{2\tan\alpha}{1-\tan^2\alpha}} \tag{3-12}$$

公式(3-12)叫做**正切的倍角公式**。

例 10　已知 $\tan\alpha=-\frac{3}{4}$,求 $\tan2\alpha$ 和 $\tan2\left(\alpha+\frac{\pi}{8}\right)$的值。

解　$$\tan2\alpha=\frac{2\tan\alpha}{1-\tan^2\alpha}=\frac{2\times\left(-\frac{3}{4}\right)}{1-\left(-\frac{3}{4}\right)^2}=-\frac{24}{7};$$

$$\tan2\left(\alpha+\frac{\pi}{8}\right)=\tan\left(2\alpha+\frac{\pi}{4}\right)$$

$$=\frac{\tan2\alpha+\tan\frac{\pi}{4}}{1-\tan2\alpha\times\tan\frac{\pi}{4}}=\frac{-\frac{24}{7}+1}{1-\left(-\frac{24}{7}\right)\times1}=-\frac{17}{31}。$$

3.2.2　正弦、余弦和正切的半角公式

角 $\frac{\alpha}{2}$ 称为角 α 的半角,显然,角 α 是角 $\frac{\alpha}{2}$ 的倍角。根据余弦的倍角公式(3-10)和(3-11),不难得到:

$$\boxed{\sin\frac{\alpha}{2}=\pm\sqrt{\frac{1-\cos\alpha}{2}}} \tag{3-13}$$

$$\boxed{\cos\frac{\alpha}{2}=\pm\sqrt{\frac{1+\cos\alpha}{2}}} \tag{3-14}$$

从而

$$\boxed{\tan\frac{\alpha}{2}=\pm\sqrt{\frac{1-\cos\alpha}{1+\cos\alpha}},\quad \alpha\neq(2k+1)\pi,k\in\mathbf{Z}} \tag{3-15}$$

注意　式中根号前的双重符号是在没有给出决定符号的条件时用的;如果已经给出了决定符号的条件,例如已知 $\frac{\alpha}{2}$ 所在的象限,那么我们就选用恰当的一个符号。

例 11　已知 $\cos\alpha=-\frac{3}{5},\alpha\in\left(\pi,\frac{3}{2}\pi\right)$,求 $\sin\frac{\alpha}{2},\cos\frac{\alpha}{2}$ 和 $\tan\frac{\alpha}{2}$ 的值。

解 因为$\alpha\in\left(\pi,\frac{3}{2}\pi\right)$,所以

$$\frac{\alpha}{2}\in\left(\frac{\pi}{2},\frac{3}{4}\pi\right)。$$

由公式(3-13)和(3-14),有

$$\sin\frac{\alpha}{2}=\sqrt{\frac{1-\cos\alpha}{2}}=\sqrt{\frac{1-\left(-\frac{3}{5}\right)}{2}}=\frac{2\sqrt{5}}{5};$$

$$\cos\frac{\alpha}{2}=-\sqrt{\frac{1+\cos\alpha}{2}}=-\sqrt{\frac{1+\left(-\frac{3}{5}\right)}{2}}=-\frac{\sqrt{5}}{5};$$

$$\tan\frac{\alpha}{2}=\frac{\sin\frac{\alpha}{2}}{\cos\frac{\alpha}{2}}=\frac{\frac{2\sqrt{5}}{5}}{-\frac{\sqrt{5}}{5}}=-2。$$

注意到
$$\tan\frac{\alpha}{2}=\frac{\sin\frac{\alpha}{2}}{\cos\frac{\alpha}{2}}=\frac{2\sin\frac{\alpha}{2}\cos\frac{\alpha}{2}}{2\cos^2\frac{\alpha}{2}}=\frac{\sin\alpha}{1+\cos\alpha},$$

$$\tan\frac{\alpha}{2}=\frac{\sin\frac{\alpha}{2}}{\cos\frac{\alpha}{2}}=\frac{2\sin^2\frac{\alpha}{2}}{2\sin\frac{\alpha}{2}\cos\frac{\alpha}{2}}=\frac{1-\cos\alpha}{\sin\alpha},$$

因此,正切的半角公式还可以表示为

$$\boxed{\tan\frac{\alpha}{2}=\frac{\sin\alpha}{1+\cos\alpha},\quad \alpha\neq(2k+1)\pi,k\in\mathbf{Z}} \tag{3-16}$$

$$\boxed{\tan\frac{\alpha}{2}=\frac{1-\cos\alpha}{\sin\alpha},\quad \alpha\neq k\pi,k\in\mathbf{Z}} \tag{3-17}$$

例 12 已知$\cos\theta=-\frac{4}{5}$,$180°<\theta<270°$,求$\tan\frac{\theta}{2}$的值。

解 1 由公式(3-15)解。

因为$180°<\theta<270°$,$90°<\frac{\theta}{2}<135°$,所以

$$\tan\frac{\theta}{2}=-\sqrt{\frac{1-\cos\theta}{1+\cos\theta}}=-\sqrt{\frac{1-\left(-\frac{4}{5}\right)}{1+\left(-\frac{4}{5}\right)}}=-3。$$

解 2 由公式(3-16)解。

因为 $180°<\theta<270°$，$\sin\theta=-\sqrt{1-\cos^2\theta}=-\frac{3}{5}$，所以

$$\tan\frac{\theta}{2}=\frac{\sin\theta}{1+\cos\theta}=\frac{-\frac{3}{5}}{1+\left(-\frac{3}{5}\right)}=-3。$$

习　题　3.2

1. 求 $\sin2\alpha$ 和 $\cos2\alpha$ 的值。

   (1) 已知 $\sin\alpha=-\frac{15}{17}$；　　(2) $\cos\alpha=-\frac{3}{5}$。

2. 已知 $\sin\alpha=\frac{3}{5}$，并且 $0<\alpha<\frac{\pi}{2}$，求 $\sin2\alpha$，$\cos2\alpha$ 和 $\tan2\alpha$ 的值。

3. 已知 $\tan\alpha=\frac{2}{3}$，求 $\tan2\alpha$，$\cot2\alpha$ 的值。

4. 已知 $\cos\alpha=\frac{2}{5}$，求 $\sin\frac{\alpha}{2}$，$\cos\frac{\alpha}{2}$，$\tan\frac{\alpha}{2}$ 的值。

3.3　三角函数的积化和差与和差化积公式

在三角函数的计算与化简中，常要把三角函数的乘积形式与和差形式进行互化，下面介绍这两种互化的一般公式。

3.3.1　三角函数的积化和差公式

$$\begin{aligned}\sin\alpha\cos\beta&=\frac{1}{2}[\sin(\alpha+\beta)+\sin(\alpha-\beta)]\\ \cos\alpha\sin\beta&=\frac{1}{2}[\sin(\alpha+\beta)-\sin(\alpha-\beta)]\\ \cos\alpha\cos\beta&=\frac{1}{2}[\cos(\alpha+\beta)+\cos(\alpha-\beta)]\\ \sin\alpha\sin\beta&=-\frac{1}{2}[\cos(\alpha+\beta)-\cos(\alpha-\beta)]\end{aligned}\tag{3-18}$$

例 13　利用积化和差公式求 $\sin105°\cos75°$。

解　$\sin105°\cos75°=\frac{1}{2}[\sin(105°+75°)+\sin(105°-75°)]$

$$=\frac{1}{2}[\sin180°+\sin30°]=\frac{1}{4}。$$

例 14　化简 $\cos4x\cos2x-\cos^2 3x$。

解 原式$=\frac{1}{2}(\cos6x+\cos2x)-\frac{1+\cos6x}{2}=\frac{\cos2x-1}{2}$

$$=\frac{\cos2x-1}{2}=\frac{1-2\sin^2x-1}{2}=-\sin^2x。$$

3.3.2 三角函数的和差化积公式

在公式(3-18)中,设$\alpha+\beta=\theta,\alpha-\beta=\varphi$,从而得到$\alpha=\frac{\theta+\varphi}{2},\beta=\frac{\theta-\varphi}{2}$,把它们分别代入其中各式,整理可得

$$\begin{aligned}\sin\theta+\sin\varphi&=2\sin\frac{\theta+\varphi}{2}\cos\frac{\theta-\varphi}{2}\\ \sin\theta-\sin\varphi&=2\cos\frac{\theta+\varphi}{2}\sin\frac{\theta-\varphi}{2}\\ \cos\theta+\cos\varphi&=2\cos\frac{\theta+\varphi}{2}\cos\frac{\theta-\varphi}{2}\\ \cos\theta-\cos\varphi&=-2\sin\frac{\theta+\varphi}{2}\sin\frac{\theta-\varphi}{2}\end{aligned}\tag{3-19}$$

公式(3-19)称为三角函数和差化积公式。

例 15 求$\sin75°-\sin15°$的值。

解 $\sin75°-\sin15°=2\cos\frac{90°}{2}\sin\frac{60°}{2}=2\cos45°\sin30°=\frac{\sqrt{2}}{2}$。

例 16 把$\cos x-\frac{\sqrt{3}}{2}$化为积的形式。

解 $\cos x-\frac{\sqrt{3}}{2}=\cos x-\cos\frac{\pi}{6}=-2\sin\frac{x+\frac{\pi}{6}}{2}\sin\frac{x-\frac{\pi}{6}}{2}$

$$=-2\sin\left(\frac{x}{2}+\frac{\pi}{12}\right)\sin\left(\frac{x}{2}-\frac{\pi}{12}\right)。$$

3.4 正弦定理和余弦定理

我们规定,在$\triangle ABC$中,a,b,c分别表示$\angle A,\angle B,\angle C$所对的边及其长度。

3.4.1 正弦定理

建立直角坐标系xOy,使$\triangle ABC$的顶点B在坐标原点,BC边与x轴的正方向重合,A点在上半平面,那么各点的坐标为$C(a,0),B(0,0),A(c\cos B,c\sin B)$,如图3-1所示。

BC 边上的高为 $c\sin B$，因此，$\triangle ABC$ 的面积为

$$S_{\triangle}=\frac{1}{2}ac\sin B。$$

类似地，有

$$S_{\triangle}=\frac{1}{2}ab\sin C, S_{\triangle}=\frac{1}{2}bc\sin A。$$

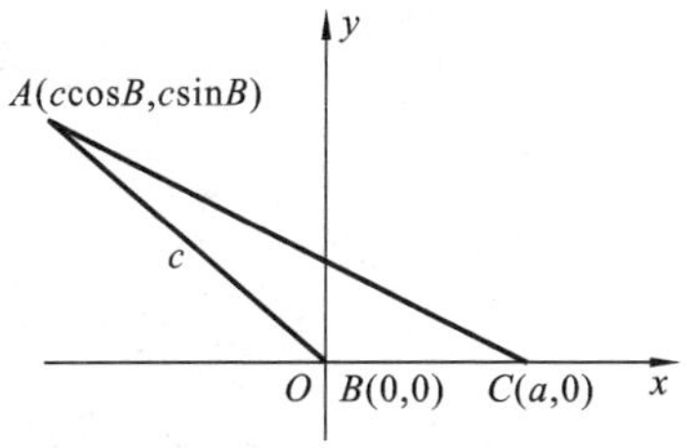

图 3-1

这就是说，三角形的面积等于它的任意两条边的边长及其夹角的正弦值的连乘积的一半。由此可得：

正弦定理　在一个三角形中，各边和它所对的角的正弦的比相等，即

$$\boxed{\frac{a}{\sin A}=\frac{b}{\sin B}=\frac{c}{\sin C}} \tag{3-20}$$

3.4.2　余弦定理

事实上，在图 3-1 中，用两点间的距离公式求 $|AC|^2$：

因为 A,C 的坐标分别为 $A(c\cos B, c\sin B)$，$C(a,0)$，$|AC|=b$，所以

$$\begin{aligned} b^2 &=|AC|^2=(c\cos B-a)^2+(c\sin B-0)^2 \\ &=c^2\cos^2 B-2ca\cos B+a^2+c^2\sin^2 B \\ &=c^2+a^2-2ca\cos B。\end{aligned}$$

同理可得

$$a^2=b^2+c^2-2bc\cos A;$$
$$c^2=a^2+b^2-2ab\cos C。$$

余弦定理　在一个三角形中，任何一边的平方等于其他两边平方的和减去这两边与它们的夹角的余弦的乘积的二倍，即

$$\boxed{\begin{aligned} a^2=b^2+c^2-2bc\times\cos A \\ b^2=c^2+a^2-2ca\times\cos B \\ c^2=a^2+b^2-2ab\times\cos C \end{aligned}} \tag{3-21}$$

例 17　已知 $\angle B=45°$，$b=\sqrt{2}$，$c=\sqrt{3}$，求 $\angle C$。

解　由正弦定理 $\frac{b}{\sin B}=\frac{c}{\sin C}$，得

$$\sin C=\frac{c\sin B}{b}=\frac{\sqrt{3}\times\sin 45°}{\sqrt{2}}=\frac{\sqrt{3}}{2}。$$

因为 $\angle C$ 是三角形的内角，所以 $0<\angle C<\pi$，可得

$$C_1=\arcsin\frac{\sqrt{3}}{2}=\frac{\pi}{3},$$

$$C_2=\pi-\arcsin\frac{\sqrt{3}}{2}=\frac{2\pi}{3},$$

即 $$\angle C=60°\text{或}120°。$$

例 18 已知 $a=5,b=6,c=9$，求$\angle A$、$\angle B$、$\angle C$。

解 由余弦定理(3-21)，$a^2=b^2+c^2-2bc\cos A$，得

$$\cos A=\frac{b^2+c^2-a^2}{2bc}=\frac{6^2+9^2-5^2}{2\times6\times9}=0.85185$$

$$\angle A=31.59°=31°35'11''。$$

同理得 $$\angle B=38.94°=38°56'33'',$$

$$\angle C=180°-\angle A-\angle B=180°-31°35'11''-38°56'33''=109°28'16''。$$

习 题 3.4

1. 在$\triangle ABC$中，$\angle A=45°$，$\angle B=60°$，$a=10$，则b等于多少？

2. 在$\triangle ABC$中，若$\frac{\sin A}{a}=\frac{\cos B}{b}$，则$\angle B$的值为多少？

3. 已知$\triangle ABC$中，$a=5$，$b=8$，$\angle C=60°$，求c和$S_{\triangle}$。

3.5 正弦型曲线

在自然界、科学实验和生产实际中，经常会遇到形如$y=A\sin(\omega x+\varphi)$的函数(其中$A$、$\omega$、$\varphi$都是常数)，以反映周期性变化的现象。如物体作简谐振动时，位移s和时间t之间有函数关系式：

$$s=A\sin(\omega t+\varphi)。$$

又如，正弦交流电的电压U或电流i与时间t之间有关系

$$U=U_m\sin(\omega t+\varphi),$$

$$i=i_m\sin(\omega t+\varphi),$$

其中，U_m、i_m分别表示交流电的电压、电流的最大值。

我们把形如$y=A\sin(\omega x+\varphi)$($A$、$\omega$、$\varphi$都是常数)的函数叫做**正弦型函数**。其图像称为**正弦型曲线**。

从正弦型函数$y=A\sin(\omega x+\varphi)$中可以得出下面的性质：

(1) 定义域

$y=A\sin(\omega x+\varphi)$的定义域是一切实数，即$x\in\mathbf{R}$。

(2) 函数值域

$y=A\sin(\omega x+\varphi)$的值域是$[-A,A]$。

显然，正弦函数的最大值是A，最小值为$-A$。

(3) 周期性

因为
$$\sin(\omega x+\varphi)=\sin(\omega x+\varphi+2\pi)=\sin\left[\omega\left(x+\frac{2\pi}{\omega}\right)+\varphi\right]$$

所以 $y=A\sin(\omega x+\varphi)$的周期 $T=\frac{2\pi}{\omega}$。

正弦型曲线

$$y=A\sin(\omega x+\varphi)\ (A>0,\omega>0),$$

其中 A 叫**振幅**，ω 为**角频率**，$\frac{2\pi}{\omega}$是**周期**，$\omega x+\varphi$ 为**相位**，$x=0$ 的相位 φ 为**初相**，当 $\omega x+\varphi=0$ 时，$x=-\frac{\varphi}{\omega}$，从而图像在区间$\left[-\frac{\varphi}{\omega},-\frac{\varphi}{\omega}+\frac{2\pi}{\omega}\right]$内，$\left[-\frac{\varphi}{\omega},0\right]$是起点坐标。

习　题　3.5

1. 求出下列各函数的振幅、周期和起点坐标：

(1) $y=\sin\frac{x}{2}$；　　(2) $y=\sin\left(x-\frac{\pi}{2}\right)$；

(3) $y=\sin\left(2x+\frac{\pi}{4}\right)$；　　(4) $y=2\sin\left(\frac{1}{2}x-\frac{\pi}{6}\right)$。

第 4 章　反三角函数与简单三角方程

我们已经学习过反函数、方程等有关知识，本章将在此基础上研究反三角函数与简单三角方程。

4.1　反三角函数

现将反三角函数知识归纳如表 4-1 所示。

表 4-1

名　称		反正弦函数	反余弦函数	反正切函数	反余切函数
定义		$y=\sin x$，$x\in\left[-\frac{\pi}{2},\frac{\pi}{2}\right]$的反函数，叫做反正弦函数，记作 $y=\arcsin x$	$y=\cos x$，$x\in[0,\pi]$的反函数，叫做反余弦函数，记作 $y=\arccos x$	$y=\tan x$，$x\in\left(-\frac{\pi}{2},\frac{\pi}{2}\right)$的反函数，叫做反正切函数，记作 $y=\arctan x$	$y=\cot x$，$x\in(0,\pi)$的反函数，叫做反余切函数，记作 $y=\operatorname{arccot}x$
理解		$\arcsin x$ 表示属于$\left[-\frac{\pi}{2},\frac{\pi}{2}\right]$且正弦值等于 x 的角	$\arccos x$ 表示属于$[0,\pi]$，且余弦值等于 x 的角	$\arctan x$ 表示属于$\left(-\frac{\pi}{2},\frac{\pi}{2}\right)$，且正切值等于 x 的角	$\operatorname{arccot}x$ 表示属于$(0,\pi)$且余切值等于 x 的角
性质	定义域	$[-1,1]$	$[-1,1]$	$(-\infty,+\infty)$	$(-\infty,+\infty)$
	值域	$\left[-\frac{\pi}{2},\frac{\pi}{2}\right]$	$[0,\pi]$	$\left(-\frac{\pi}{2},\frac{\pi}{2}\right)$	$(0,\pi)$
	单调性	在$[-1,1]$上是增函数	在$[-1,1]$上是减函数	在$(-\infty,+\infty)$上是增函数	在$(-\infty,+\infty)$上是减函数
	奇偶性	奇函数	非奇非偶函数	奇函数	非奇非偶函数
恒等式		$\sin(\arcsin x)=x$ $(x\in[-1,1])$ $\arcsin(-x)=-\arcsin x$	$\cos(\arccos x)=x$ $(x\in[-1,1])$ $\arccos(-x)=\pi-\arccos x$	$\tan(\arctan x)=x$ $(x\in\mathbf{R})$ $\arctan(-x)=-\arctan x$	$\cot(\operatorname{arccot}x)=x$ $(x\in\mathbf{R})$ $\operatorname{arccot}(-x)=\pi-\operatorname{arccot}x$

例1　求下列反三角函数值：

(1) $\arcsin\frac{\sqrt{3}}{2}$；　(2) $\arcsin 0$；　(3) $\arcsin\left(-\frac{1}{2}\right)$；

(4) $\arccos\frac{1}{2}$；　(5) $\arccos\left(-\frac{\sqrt{3}}{2}\right)$；　(6) $\arccos 0$。

解　(1) 因为 $\sin\frac{\pi}{3}=\frac{\sqrt{3}}{2}$，且 $\frac{\pi}{3}\in\left[-\frac{\pi}{2},\frac{\pi}{2}\right]$，所以 $\arcsin\frac{\sqrt{3}}{2}=\frac{\pi}{3}$。

(2) 因为 $\sin 0=0$，且 $0\in\left[-\frac{\pi}{2},\frac{\pi}{2}\right]$，所以 $\arcsin 0=0$。

(3) 因为 $\sin\left(-\frac{\pi}{6}\right)=-\frac{1}{2}$，且 $-\frac{\pi}{6}\in\left[-\frac{\pi}{2},\frac{\pi}{2}\right]$，所以 $\arcsin\left(-\frac{1}{2}\right)=-\frac{\pi}{6}$。

(4) 因为 $\cos\frac{\pi}{3}=\frac{1}{2}$，且 $\frac{\pi}{3}\in[0,\pi]$，所以 $\arccos\frac{1}{2}=\frac{\pi}{3}$。

(5) 因为 $\cos\frac{5\pi}{6}=-\frac{\sqrt{3}}{2}$，且 $\frac{5\pi}{6}\in[0,\pi]$，所以 $\arccos\left(-\frac{\sqrt{3}}{2}\right)=\frac{5\pi}{6}$。

(6) 因为 $\cos\frac{\pi}{2}=0$，且 $\frac{\pi}{2}\in[0,\pi]$，所以 $\arccos 0=\frac{\pi}{2}$。

例2　化简下列各式：

(1) $\arccos\left(\cos\frac{\pi}{7}\right)$；　(2) $\arcsin\left(\sin\frac{\pi}{9}\right)$；

(3) $\arcsin\left(\sin\frac{5\pi}{6}\right)$；　(4) $\sin\left[\arccos\left(-\frac{1}{2}\right)\right]$。

解　(1) 因为 $\frac{\pi}{7}\in[0,\pi]$，设 $\cos\frac{\pi}{7}=\alpha$，所以 $\arccos\alpha=\frac{\pi}{7}$，即

$$\arccos\left(\cos\frac{\pi}{7}\right)=\frac{\pi}{7}。$$

(2) 因为 $\frac{\pi}{9}\in\left[-\frac{\pi}{2},\frac{\pi}{2}\right]$，所以

$$\arcsin\left(\sin\frac{\pi}{9}\right)=\frac{\pi}{9}。$$

(3) $\arcsin\left(\sin\frac{5\pi}{6}\right)=\arcsin\left(\sin\frac{\pi}{6}\right)=\frac{\pi}{6}$。

(4) 因为 $\arccos\left(-\frac{1}{2}\right)=\frac{2\pi}{3}$，所以

$$\sin\left[\arccos\left(-\frac{1}{2}\right)\right]=\sin\frac{2\pi}{3}=\frac{\sqrt{3}}{2}。$$

例3　求下列反三角函数值：

(1) $\arctan 1$；　(2) $\arctan\left(-\frac{\sqrt{3}}{3}\right)$；

(3) $\operatorname{arccot}0$； (4) $\cot\left[\operatorname{arccot}\left(-\frac{3}{2}\right)\right]$。

解 (1) 因为 $\tan\frac{\pi}{4}=1$，且 $\frac{\pi}{4}\in\left(-\frac{\pi}{2},\frac{\pi}{2}\right)$，所以

$$\arctan1=\frac{\pi}{4}。$$

(2) 因为 $\tan\left(-\frac{\pi}{6}\right)=-\frac{\sqrt{3}}{3}$，且 $-\frac{\pi}{6}\in\left(-\frac{\pi}{2},\frac{\pi}{2}\right)$，所以

$$\arctan\left(-\frac{\sqrt{3}}{3}\right)=-\frac{\pi}{6}。$$

(3) $\operatorname{arccot}0=\frac{\pi}{2}$。

(4) $\cot\left[\operatorname{arccot}\left(-\frac{3}{2}\right)\right]=-\frac{3}{2}$。

习 题 4.1

1. 求下列各式的值：

(1) $\arcsin\frac{\sqrt{2}}{2}$； (2) $\cos\left(\frac{1}{2}\arcsin\frac{\sqrt{3}}{2}\right)$； (3) $\arccos(-1)$；

(4) $\arccos\left[\cos\left(-\frac{\pi}{3}\right)\right]$； (5) $\arctan\frac{\sqrt{3}}{3}$； (6) $\operatorname{arccot}(-1)$。

2. 求下列函数的定义域和值域：

(1) $y=3\arcsin(2-3x)$； (2) $y=\frac{3}{5}\arccos\frac{x}{4}$；

(3) $y=\sqrt{\arctan\sqrt{x}}$； (4) $y=\operatorname{arccot}(-\sqrt{6-x})$。

4.2 简单三角方程

4.2.1 三角方程的概念

含有未知角的三角函数的方程叫做**三角方程**，适合三角方程的每一个未知角的值叫做三角方程的一个解，三角方程的所有解叫做三角方程的**通解**，求三角方程的解的过程，叫做**解三角方程**。

形式为 $\sin x=a$，$\cos x=a$，$\tan x=a$ 和 $\cot x=a$ 的三角方程叫做**最简三角方程**。

4.2.2 最简三角方程的通解

最简三角方程的通解归纳如表 4-2 所示。

表 4-2

方　　程	a 值	通　　解
$\sin x=a$	$\|a\|>1$	无解
	$\|a\|\leqslant 1$	$x=2k\pi+\arcsin a$ 及 $x=(2k+1)\pi-\arcsin a\ (k\in\mathbf{Z})$
$\cos x=a$	$\|a\|>1$	无解
	$\|a\|\leqslant 1$	$x=2k\pi\pm\arccos a\ (k\in\mathbf{Z})$
$\tan x=a$	实数	$x=k\pi+\arctan a\ (k\in\mathbf{Z})$
$\cot x=a$	实数	$x=k\pi+\operatorname{arccot} a\ (k\in\mathbf{Z})$

例 4　解下列各方程：

(1) $\sin x=\dfrac{\sqrt{2}}{2}$；　　(2) $\cos x=-\dfrac{1}{2}$；

(3) $\tan x=-\dfrac{\sqrt{3}}{3}$；　　(4) $\cot x=-\sqrt{3}$。

解　(1) 因为 $\left|\dfrac{\sqrt{2}}{2}\right|<1$，所以原方程的通解是

$$x=2k\pi+\arcsin\frac{\sqrt{2}}{2}=2k\pi+\frac{\pi}{4}$$

及

$$x=(2k+1)\pi-\arcsin\frac{\sqrt{2}}{2}=(2k+1)\pi-\frac{\pi}{4}=2k\pi+\frac{3}{4}\pi\ (k\in\mathbf{Z})。$$

(2) 因为 $\left|-\dfrac{1}{2}\right|<1$，所以原方程的通解是

$$x=2k\pi\pm\arccos\left(-\frac{1}{2}\right)=2k\pi\pm\frac{2\pi}{3}\ (k\in\mathbf{Z})。$$

(3) 因为 $-\dfrac{\sqrt{3}}{3}\in\mathbf{R}$，所以原方程的通解是

$$x=k\pi+\arctan\left(-\frac{\sqrt{3}}{3}\right)=k\pi-\frac{\pi}{6}\ (k\in\mathbf{Z})。$$

(4) 因为 $-\sqrt{3}\in\mathbf{R}$，所以原方程的通解是

$$x=k\pi+\operatorname{arccot}(-\sqrt{3})=k\pi+\frac{5\pi}{6}\ (k\in\mathbf{Z})。$$

例 5　解方程：$\sin x\cos x+\sin x+\cos x+1=0$。

解　把原方程左边分解因式，得

$$(\sin x+1)(\cos x+1)=0,$$

所以

$$\sin x=-1\quad 或\quad \cos x=-1。$$

由 $\sin x=-1$,得

$$x=2k\pi+\frac{3\pi}{2},\quad k\in\mathbf{Z};$$

由 $\cos x=-1$,得

$$x=2k\pi+\pi,\quad k\in\mathbf{Z}。$$

所以原方程的通解为

$$x=2k\pi+\frac{3\pi}{2},\quad k\in\mathbf{Z} \quad 或 \quad x=2k\pi+\pi,\quad k\in\mathbf{Z}。$$

习　题　4.2

1. 解下列方程:

(1) $\sin x=\frac{1}{2}$;　　(2) $\cos x=-\frac{\sqrt{2}}{2}$;

(3) $\tan x=-1$;　　(4) $\cot x=\frac{\sqrt{3}}{3}$。

2. 求下列方程的通解:

(1) $\cot 3x+\sqrt{3}=0$;　　(2) $\tan\left(2x+\frac{\pi}{4}\right)=\sqrt{3}$;

(3) $\sin x-\sqrt{3}\cos x=1$。

第5章　直线与二次曲线

本章将在平面直角坐标系 xOy 中用坐标的方法来建立直线方程，通过对方程的讨论来研究直线的位置关系等有关的问题。

5.1　直线的倾斜角和斜率

5.1.1　直线的倾斜角和斜率的概念

1. 直线的倾斜角

定义 5.1　一条直线 l 向上的方向与 x 轴的正方向所成的最小正角，叫做这条直线的**倾斜角**。

如图 5-1 所示，设 α 为直线的倾斜角，当直线 l 和 x 轴平行时，我们规定它的倾斜角为 0°，因此，倾斜角的取值范围是 $0^\circ \leqslant \alpha < 180^\circ$。

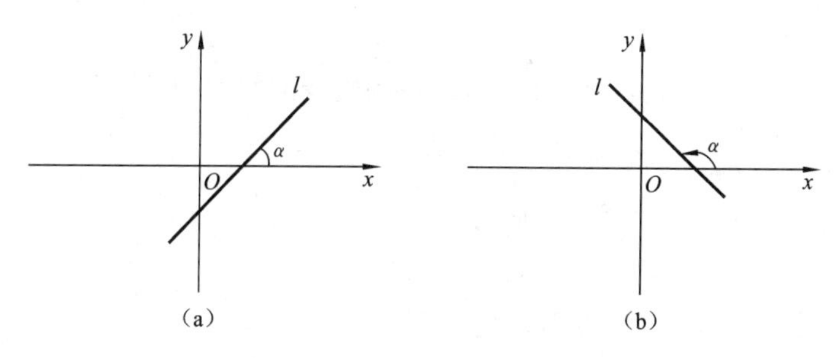

图 5-1

2. 直线的斜率

定义 5.2　倾斜角不是 90°的直线 l，它的倾斜角 α 的正切函数值叫做该直线 l 的**斜率**。

直线的斜率常用 k 表示，即

$$k=\tan\alpha。$$

易知

$$k>0 \Leftrightarrow 0^\circ<\alpha<90^\circ,$$

$$k=0 \Leftrightarrow \alpha=0^\circ,$$

$$k<0 \Leftrightarrow 90^\circ<\alpha<180^\circ。$$

3. 过两点的直线的斜率公式

如图 5-2 所示，经过两点 $P_1(x_1,y_1)$、$P_2(x_2,y_2)$的直线的斜率公式：

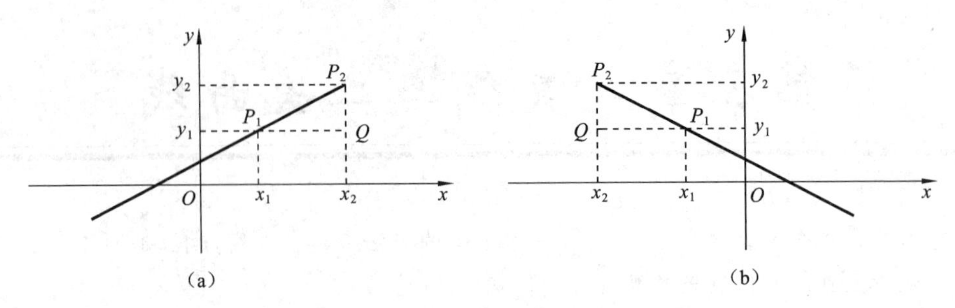

图 5-2

$$k=\frac{y_2-y_1}{x_2-x_1}。$$

例 1 如图 5-3 所示，直线 l_1 的倾斜角 $\alpha_1=30°$，直线 $l_1\perp l_2$，求 l_1 与 l_2 的斜率。

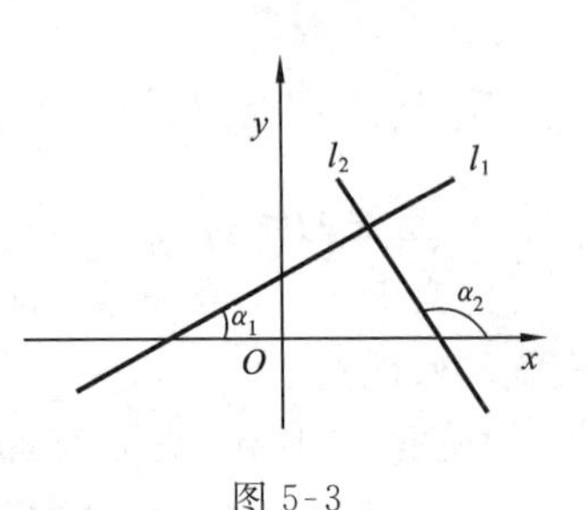

图 5-3

解 l_1 的斜率

$$k_1=\tan\alpha_1=\tan30°=\frac{\sqrt{3}}{3};$$

l_2 的倾斜角 $\alpha_2=90°+30°=120°$，l_2 的斜率

$$\begin{aligned}k_2&=\tan\alpha_2=\tan120°=\tan(180°-60°)\\&=-\tan60°=-\sqrt{3}。\end{aligned}$$

例 2 求经过 $A(-2,0)$、$B(-5,3)$两点的直线的斜率和倾斜角。

解 $k=\frac{3-0}{-5-(-2)}=-1$ 或 $k=\frac{0-3}{-2-(-5)}=-1$。

因为 $\tan\alpha=-1,0°\leqslant\alpha<180°$，所以

$$\alpha=135°。$$

因此，这条直线的斜率是-1，倾斜角是 $135°$。

习 题 5.1

1. 在坐标平面上，画出下列方程的直线：

(1) $y=x$； (2) $2x+3y=6$； (3) $2x+3y+6=0$； (4) $2x-3y+6=0$。

2. 求经过下列两个点的直线的斜率，若是特殊角则求出倾斜角。

(1) $C(10,8)$，$D(4,-4)$； (2) $P(0,0)$，$Q(-1,\sqrt{3})$；

(3) $M(-\sqrt{3},\sqrt{2})$，$N(-\sqrt{2},\sqrt{3})$。

3. 已知 a、b、c 是两两不相等的实数，求经过下列两个点的直线的倾斜角。

(1) $A(a,c)$，$B(b,c)$； (2) $C(a,b)$，$D(a,c)$； (3) $P(b,b+c)$，$Q(a,c+a)$。

4. 已知三点 $A(a,2)$、$B(3,7)$、$C(-2,-9a)$在一条直线上，求实数 a 的值。

5.2　直线的方程

5.2.1　直线的点斜式方程

如图 5-4 所示，任取直线 l 上不与点 $P_1(x_1,y_1)$ 重合的点 $P(x,y)$，则由斜率公式

$$k=\frac{y-y_1}{x-x_1}\quad (x\neq x_1)$$

得直线的**点斜式方程**：

$$y-y_1=k(x-x_1)$$

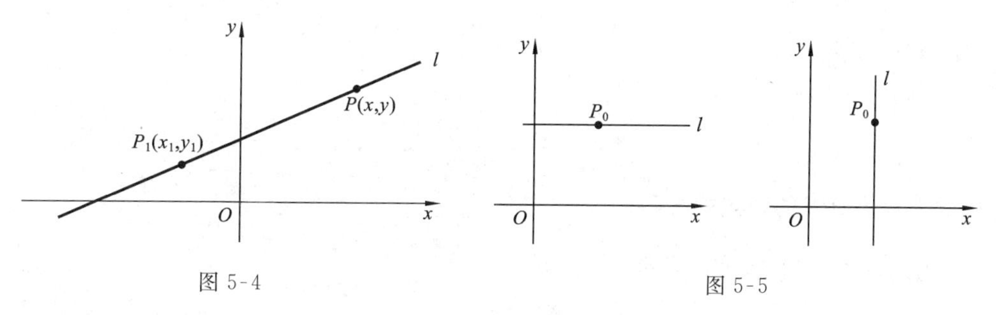

图 5-4　　图 5-5

如图 5-5 所示，与 x 轴平行的直线 l，它的倾斜角 $\alpha=0°$，其斜率 $k=0$，其方程为

$$y=y_1。$$

特别地，当 $y_1=0$ 时，得 x 轴的方程为

$$y=0。$$

与 x 轴垂直的直线，它的倾斜角 $\alpha=90°$，其斜率不存在，直线 l 的方程为

$$x=x_1。$$

特别地，当 $x_1=0$ 时，得 y 轴的方程为

$$x=0。$$

例 3　试求经过点 $A(2,-1)$ 且倾斜角 $\alpha=45°$ 的直线方程。

解　由于这条直线经过点 $A(2,-1)$ 且倾斜角 $\alpha=45°$，则其斜率为

$$k=\tan 45°=1,$$

代入点斜式方程，得

$$y-(-1)=1\times(x-2),$$

即所求的直线方程为

$$x-y-3=0。$$

例 4　试求经过两点 $A(2,-2)$、$B(3,5)$ 的直线方程。

解　由斜率公式，得

$$k=\frac{y_2-y_1}{x_2-x_1}=\frac{5-(-2)}{3-2}=7,$$

将点 $A(2,-2)$ 的坐标与斜率 $k=7$ 代入点斜式方程，得

$$y-(-2)=7(x-2),$$

即所求直线方程为

$$7x-y-16=0。$$

由例 4 的解法可以得出求直线方程的另一种方法。

设直线 l 经过点 $P_1(x_1,y_1)$，$P_2(x_2,y_2)$，并且 $x_1\neq x_2$，则它的斜率

$$k=\frac{y_2-y_1}{x_2-x_1},$$

代入点斜式，得

$$y-y_1=\frac{y_2-y_1}{x_2-x_1}(x-x_1)。$$

当 $y_2\neq y_1$ 时，方程可以写成

$$\frac{y-y_1}{y_2-y_1}=\frac{x-x_1}{x_2-x_1},$$

称此方程为直线的**两点式方程**。

5.2.2　直线的斜截式方程

一条直线与 x 轴的交点 $(x,0)$ 的横坐标 x 称为这条直线在 x 轴上的**横截距**；同理，与 y 轴的交点 $(0,y)$ 的纵坐标 y 称为这条直线在 y 轴上的**纵截距**。

已知直线 l 经过点 $P(0,b)$，且斜率为 k（见图 5-6），则由点斜式方程，得

$$y-b=k(x-0),$$

即

$$y=kx+b。$$

由于这个二元一次方程 $y=kx+b$ 是由直线 l 与 y 轴的交点 $P(0,b)$ 的纵截距 b 与直线的斜率 k 所确定的，所以称此直线方程为**斜截式方程**。

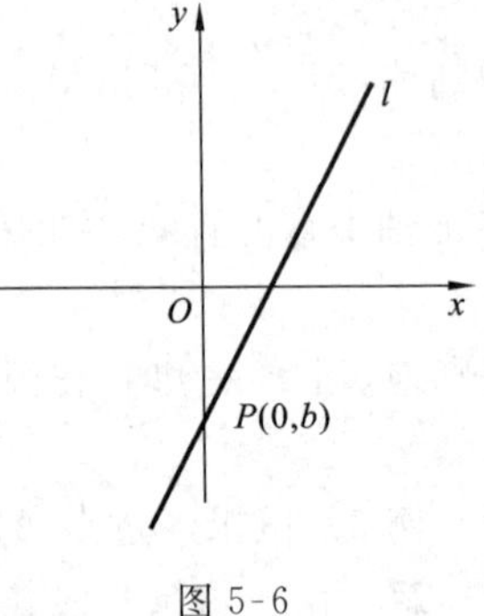

图 5-6

例 5　试求倾斜角 $\alpha=45°$ 且纵截距为 3 的直线方程。

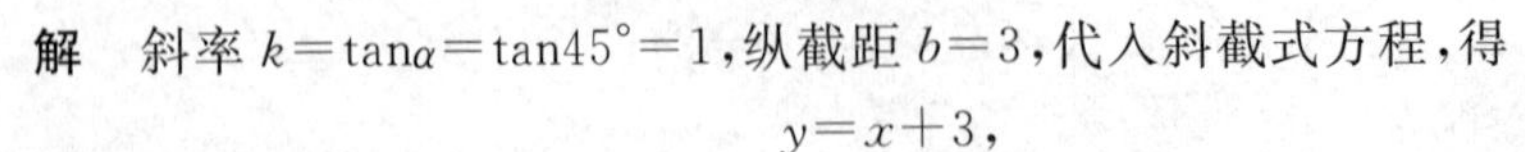

解　斜率 $k=\tan\alpha=\tan 45°=1$，纵截距 $b=3$，代入斜截式方程，得

$$y=x+3,$$

即所求直线方程为

$$x-y+3=0。$$

例 6　已知直线 l 与 x 轴的交点为 $(a,0)$，与 y 轴的交点为 $(0,b)$，其中 $a\neq 0,b\neq 0$，

求直线 l 的方程。

解　因为直线 l 经过 $A(a,0)$ 和 $B(0,b)$ 两点，将这两点的坐标代入两点式，得

$$\frac{y-0}{b-0}=\frac{x-a}{0-a},\quad 即\quad \frac{x}{a}+\frac{y}{b}=1。$$

由例 6 的解法可以得出，如果已知直线 l 与 x 轴的交点为 $Q(a,0)$ 的横截距 a 以及直线 l 与 y 轴的交点为 $P(0,b)$ 的纵截距 b，其中 $a\neq0,b\neq0$，可以确定斜率

$$k=\frac{b-0}{0-a}=-\frac{b}{a},$$

由直线的点斜式方程，得

$$y-0=-\frac{b}{a}(x-a),$$

即

$$\frac{x}{a}+\frac{y}{b}=1。$$

称此直线方程为直线的**截距式方程**。

5.2.3　直线的一般方程

点斜式、斜截式不能表示与 x 轴垂直的直线；两点式不能表示与坐标轴平行的直线；截距式既不能表示与坐标轴平行的直线，又不能表示过原点的直线。与 x 轴垂直的直线可表示成 $x=x_0$，与 x 轴平行的直线可表示成 $y=y_0$。

以上 4 种直线方程，它们的共同特点是：

它们都可以化为关于变量 x 与 y 的二元一次方程 $Ax+By+C=0$ (A,B 不同时为 0)。

可以证明：

① 任何一条直线都可以用一个关于 x,y 的二元一次方程 $Ax+By+C=0$ (A,B 不同时为 0)表示；

② 任何一个关于 x,y 的二元一次方程 $Ax+By+C=0$ (A,B 不同时为 0)都表示一条直线。

我们把关于 x,y 的二元一次方程

$$Ax+By+C=0\ (A,B\ 不同时为\ 0)$$

称为直线的**一般式方程**。

例 7　已知直线经过点 $A(6,4)$，斜率为 $-\frac{4}{3}$，求直线的点斜式方程、一般式方程和截距式方程。

解　直线的点斜式方程是

$$y-4=-\frac{4}{3}(x-6)。$$

化成一般式方程，得

$$4x+3y-36=0。$$

把常数项移到等号右边，再把方程两边都除以12，就得到截距式方程

$$\frac{x}{3}+\frac{y}{4}=3。$$

习 题 5.2

1. 试写出满足条件的直线的点斜式方程：

(1) 经过 $P(1,-4)$，且斜率为 $k=-\frac{1}{3}$；

(2) 倾斜角 $\alpha=\frac{2\pi}{3}$，且经过点 $P\left(1,-\frac{1}{2}\right)$；

(3) 经过两点 $P(3,-2)$ 和 $Q(5,4)$。

2. 试写出满足条件的直线的斜截式方程：

(1) 斜率为6，且纵截距为-2；　(2) 斜率为-3，且横截距为4。

3. 已知直线 $Ax+By+C=0$。

(1) 如果直线经过原点，试求 A、B、C 的值；

(2) 当实数 $B\neq0$ 时，试求斜率 k；

(3) 当实数 $B=0$ 且 $A\neq0$ 时，斜率 k 是否存在？说明理由。

5.3 两条直线的位置关系

5.3.1 两条直线的平行

两条直线都有斜率而且不重合，如果它们平行，那么它们的斜率相等；反之，如果它们的斜率相等，那么它们平行，即

$$l_1 /\!/ l_2 \Leftrightarrow k_1=k_2。$$

注意：上面的等价关系是在两条直线不重合且斜率存在的前提下才成立的，缺少这个前提，结论并不成立。

5.3.2 两条直线的垂直

两条斜率都不为零的直线 l_1 与 l_2 垂直的条件是：

$$l_1 \perp l_2 \Leftrightarrow k_1k_2=-1,$$

或

$$l_1 \perp l_2 \Leftrightarrow k_1=-\frac{1}{k_2}。$$

例8 已知两条直线 $l_1: 2x-4y+3=0$；$l_2: 2x+y-1=0$。试证 $l_1\perp l_2$。

证明　把两条直线的一般式方程化为斜截式方程，得

$$l_1: y=\frac{1}{2}x+\frac{3}{4},\quad l_2: y=-2x+1,$$

则 l_1 的斜率为 $k_1=\frac{1}{2}$，l_2 的斜率为 $k_2=-2$，因为 $k_1\cdot k_2=\frac{1}{2}\times(-2)=-1$，所以 $l_1\perp l_2$。

例 9　试求经过点 $Q(1,2)$，且与直线 $2x+y-6=0$ 垂直的直线方程。

解　因为已知直线 $2x+y-6=0$ 的斜率为 -2，由题意可知，所求直线与已知直线垂直，故所求直线的斜率为 $\frac{1}{2}$，代入点斜式方程，得

$$y-2=\frac{1}{2}(x-1),$$

即所求的直线方程为

$$x-2y+3=0。$$

5.3.3　点到直线的距离

点 $P_0(x_0, y_0)$ 到直线 $l: Ax+By+C=0$ 的距离公式（证明从略）为

$$d=\frac{|Ax_0+By_0+C|}{\sqrt{A^2+B^2}}。$$

例 10　已知直线 $l_1: 2x-7y-8=0$，$l_2: 6x-21y-1=0$ 平行，求 l_1 与 l_2 间的距离。

解　在直线 l_1 上任取一点 $A(4,0)$，点 $A(4,0)$ 到直线 l_2 的距离为

$$d=\frac{|6\times4-21\times0-1|}{\sqrt{6^2+21^2}}=\frac{23}{3\sqrt{53}}=\frac{23}{159}\sqrt{53}。$$

所以 l_1 与 l_2 间的距离为 $\frac{23}{159}\sqrt{53}$。

习　题　5.3

1. 试求经过点 $M(-2,3)$ 且与直线 $3x-5y-1=0$ 平行的直线方程。
2. 试求经过点 $N(-1,5)$ 且与直线 $3x+2y-1=0$ 垂直的直线方程。
3. 求点 $P(2,-1)$ 到直线 $2x+3y-3=0$ 的距离。
4. 已知点 $A(a,6)$ 到直线 $3x-4y=2$ 的距离 $d=4$，求 a 的值。
5. 试求两条平行直线 $l_1: 3x-y+1=0$ 与 $l_2: 6x-2y+3=0$ 之间的距离。

5.4　二次曲线

我们经常会遇到各种曲线. 例如，机械传动中的齿轮是圆形或椭圆形的，发电厂

通风塔轮廓是双曲线形的，火箭运动轨道是双曲线形等等。本节将研究圆、椭圆、双曲线和抛物线等二次曲线。

5.4.1 曲线与方程

1. 曲线与方程的概念

我们知道，函数 $y=x^2$ 的图像是抛物线（见图 5-7），并且它们之间具有如下关系：

(1) 在抛物线上的任何点的坐标 (x,y) 都满足函数 $y=x^2$。例如，点 $A(1,1)$ 在抛物线上，显然，它的坐标 $x=1,y=1$ 满足函数 $y=x^2$。

(2) 满足函数 $y=x^2$ 的 x 和 y 所表示的点都在抛物线上。例如 $x=-1,y=1$ 满足函数 $y=x^2$，显然，点 $B(-1,1)$ 在抛物线上。

函数 $y=x^2$ 也可以看成 x,y 的一个方程，由上面的讨论，我们给出曲线的方程定义如下。

定义 5.3 如果曲线上的任何点的坐标 (x,y) 都满足一个含 x 和 y 的方程，且满足这个方程的 x 和 y 所表示的点 (x,y) 都在曲线上，那么这个方程就叫做该曲线的方程，这条曲线就叫做该方程的曲线或图像。方程中所含有的坐标 x 和 y 叫做流动坐标。

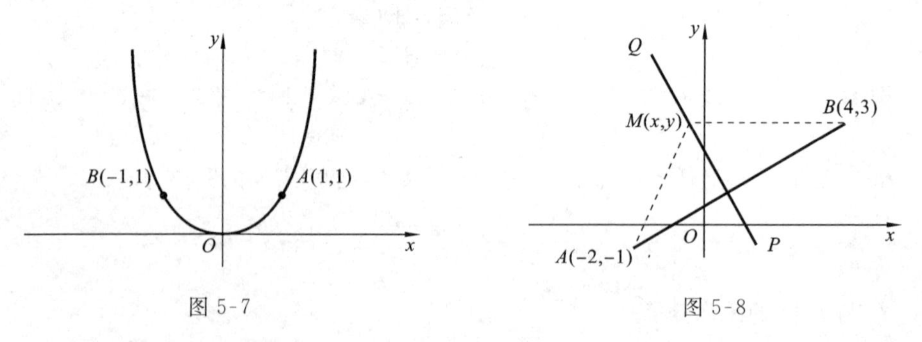

图 5-7　　图 5-8

2. 求曲线的方程举例

例 11 设 A,B 两点的坐标是 $(-2,-1),(4,3)$，求线段 AB 的垂直平分线 PQ 的方程，并判定点 $C(1,1),D(0,-5)$ 是否在直线 PQ 上。

解 设 $M(x,y)$ 是线段 AB 的垂直平分线上的任意一点（见图 5-8），则有 $|MA|=|MB|$。应用两点间的距离公式，得

$$\sqrt{(x+2)^2+(y+1)^2}=\sqrt{(x-4)^2+(y-3)^2},$$

化简得

$$3x+2y-5=0,$$

这就是所求垂直平分线 PQ 的方程。

将点 $C(1,1)$ 的坐标代入 PQ 的方程，有 $3\times1+2\times1-5=0$ 成立，说明点 $C(1,1)$ 在直线 PQ 上；将点 $D(0,-5)$ 的坐标代入 PQ 的方程，有 $3\times0+2\times(-5)-5=-15$

$\neq 0$,说明点 $D(0,-5)$不在直线 PQ 上。

例 12 两个定点 A,B 之间的距离为 $2a$,一个动点 M 与 A,B 两点所连的直线互相垂直,求动点 M 的轨迹方程。

解 以通过 A 和 B 两定点的直线作 x 轴,线段 AB 的中点 O 为原点,建立直角坐标系,见图 5-9。A,B 两点的坐标分别为$(-a,0)$和$(0,a)$。设 $M(x,y)$为曲线上不与 A,B 重合的任意一点,由已知条件 $MA\perp MB$ 得

$$k_{MA}\cdot k_{MB}=-1,$$

于是

$$\frac{x+a}{y-0}\cdot\frac{x-a}{y-0}=-1,$$

化简,得

$$x^2+y^2=a^2(x\neq\pm a),$$

这就是所求动点 M 的方程。

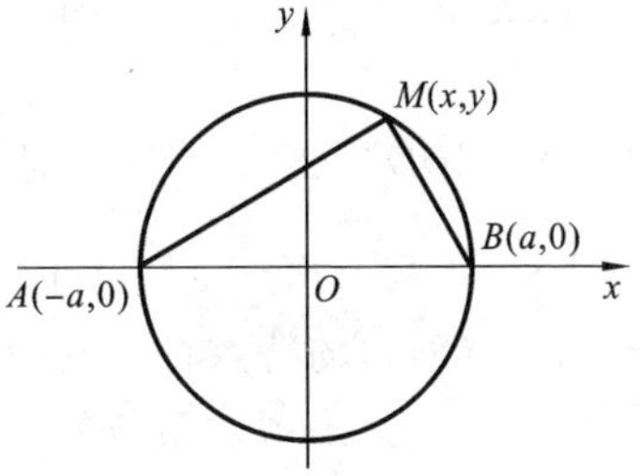

图 5-9

5.4.2 圆

我们知道,平面上与一定点的距离等于定长的动点的轨迹叫做**圆**。这个定点叫做**圆心**,定长叫做**半径**。

根据两点的距离公式(见图 5-10),得

$$\sqrt{(x-h)^2+(y-k)^2}=r,$$

两边平方,得

$$(x-h)^2+(y-k)^2=r^2, \qquad (5\text{-}1)$$

这个方程叫做以 $C(h,k)$为圆心、r 为半径的圆的方程。

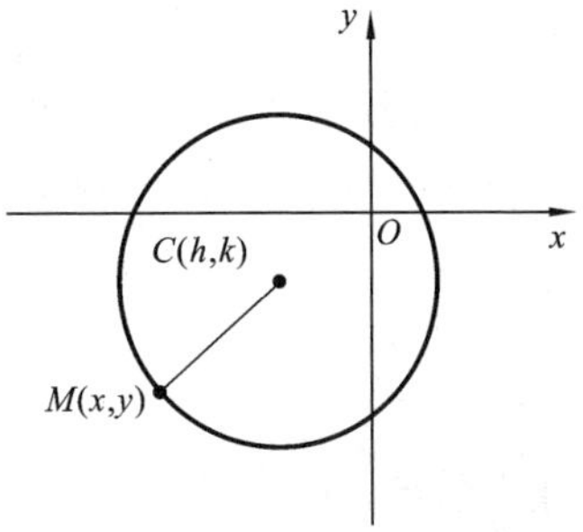

当 $h=k=0$ 时,圆的方程为

$$x^2+y^2=r^2, \qquad (5\text{-}2)$$

图 5-10

它是以原点为圆心、r 为半径的**圆的标准方程**。

将方程(5-1)展开,得

$$x^2+y^2-2hx-2ky+(h^2+k^2-r^2)=0,$$

令 $$D=-2h,\quad E=-2k,\quad F=h^2+k^2-r^2,$$

代入上式,得

$$x^2+y^2+Dx+Ey+F=0, \qquad (5\text{-}3)$$

这个方程叫做**圆的一般方程**。

将方程(5-3)进行配方,得

$$\left(x+\frac{D}{2}\right)^2+\left(y+\frac{E}{2}\right)^2=\frac{D^2+E^2-4F}{4}。\tag{5-4}$$

比较方程(5-4)和方程(5-1),可以看出:

(1) 当 $D^2+E^2-4F>0$ 时,方程(5-4)表示以 $\left(-\frac{D}{2},-\frac{E}{2}\right)$ 为圆心、以 $\frac{1}{2}\sqrt{D^2+E^2-4F}$ 为半径的圆;

(2) 当 $D^2+E^2-4F=0$ 时,方程(5-4)表示一个点 $\left(-\frac{D}{2},-\frac{E}{2}\right)$,叫做**点圆**;

(3) 当 $D^2+E^2-4F<0$ 时,方程(5-4)表示一个**虚圆**。

方程(5-1)的特点在于它明确地指出了圆心和半径,而一般方程(5-3)的特点是:

(1) x^2 和 y^2 项的系数相等;

(2) 不含 xy 项。

例 13 求过三点 $A(0,0)$,$B(1,1)$,$C(4,2)$ 的圆的方程,并求这个圆的半径和圆心坐标。

分析 根据已知条件,很难直接写出圆的标准方程,而圆的一般方程则需确定三个系数,由于题中条件恰恰给出了三点坐标,不妨试着先写出圆的一般方程。

解 设所求的圆的方程为

$$x^2+y^2+Dx+Ey+F=0。$$

由于 $A(0,0)$,$B(1,1)$,$C(4,2)$ 在圆上,所以它们的坐标是方程的解。把它们的坐标代入上面的方程,可以得到关于 D,E,F 的三元一次方程组,即

$$\begin{cases}F=0,\\D+E+F+2=0,\\4D+2E+F+20=0,\end{cases}$$

解此方程组,可得

$$D=-8,\quad E=6,\quad F=0,$$

所以所求圆的方程为

$$x^2+y^2-8x+6y=0。$$

$$r=\frac{1}{2}\sqrt{D^2+E^2-4F}=5;\quad -\frac{D}{2}=4,\quad -\frac{F}{2}=-3。$$

得圆心坐标为(4,−3)。

或将 $x^2+y^2-8x+6y=0$ 左边配方化为圆的标准方程,$(x-4)^2+(y+3)^2=25$,从而求出圆的半径 $r=5$,圆心坐标为(4,−3)。

例 14 求过 $A(5,7)$,$B(-3,-1)$ 两点,圆心在 y 轴上的圆的方程。

解 设所求圆的方程为

$$(x-h)^2+(y-k)^2=r^2。$$

由于圆心在 y 轴上，故有 $h=0$。因为这个圆过 $A(5,7)$，$B(-3,-1)$ 两点，所以 A，B 的坐标满足方程，可得

$$\begin{cases}5^2+(7-k)^2=r^2,\\(-3)^2+(-1-k)^2=r^2,\end{cases}$$

解方程组，得

$$k=4,\quad r=\sqrt{34},$$

故所求圆的方程为

$$x^2+(y-4)^2=34。$$

例 15　求过两点 $A(1,4)$，$B(3,2)$ 且圆心在直线 $y=0$ 上的圆的标准方程，并判断点 $P(2,4)$ 与圆的关系。

分析　欲求圆的标准方程，需求出圆心坐标和圆的半径，而要判断点 P 与圆的位置关系，只需看点 P 与圆心的距离和圆的半径的大小关系，若距离大于半径，则点在圆外；若距离等于半径，则点在圆上；若距离小于半径，则点在圆内。

解　用待定系数法。

设圆的标准方程为

$$(x-a)^2+(y-b)^2=r^2。$$

因为圆心在 $y=0$ 上，故 $b=0$。所以圆的方程为

$$(x-a)^2+y^2=r^2。$$

又因为该圆过 $A(1,4)$，$B(3,2)$ 两点，所以

$$\begin{cases}(1-a)^2+16=r^2,\\(3-a)^2+4=r^2,\end{cases}$$

解之得

$$a=-1,\quad r^2=20。$$

所以所求圆的方程为

$$(x+1)^2+y^2=20。$$

圆的半径为 $2\sqrt{5}$，圆心的坐标为 $(-1,0)$。点 P 与圆心的距离为

$$\sqrt{(-1-2)^2+(0-4)^2}=5。$$

点 P 与圆心的距离大于半径，所以点 P 在圆外。

5.4.3　椭圆

椭圆是日常生活中常见的一种曲线，例如卫星运行的轨道。

如图 5-11 所示，我们把平面内到两个定点 F_1 与 F_2 的距离之和 $|MF_1|+|MF_2|$ 等于一个定长 $2a$ $(a>0,2a$ 大于 F_1 与 F_2 的距离 $2c,c>0)$ 的动点运动的轨迹称为**椭圆**。这两个定点称为椭圆的**焦点**，两个焦点之间的距离称为**焦距**。

焦点 $F_1(-c,0)$ 与 $F_2(c,0)$ 在 x 轴上的椭圆的标准方程为

$$\frac{x^2}{a^2}+\frac{y^2}{b^2}=1\ (a>b>0)。\tag{5-5}$$

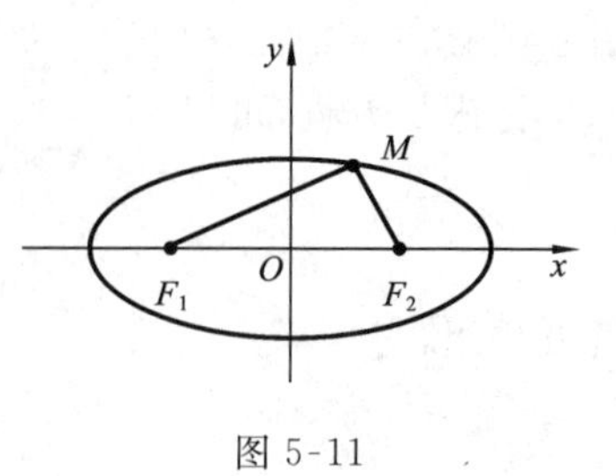

图 5-11

焦点 $F_1(0,-c)$ 与 $F_2(0,c)$ 在 y 轴上的椭圆的标准方程为

$$\frac{x^2}{b^2}+\frac{y^2}{a^2}=1\ (a>b>0)。\tag{5-6}$$

其中 a,b,c 之间的关系为 $b^2=a^2-c^2$。

a 和 b 分别称为椭圆的长半轴长和短半轴长，c 称为椭圆的焦半距（或半焦距）长。显然长轴长为 $2a$，短轴长为 $2b$，焦距长为 $2c$。

椭圆的焦距与长轴长的比 $e=\frac{c}{a}\ (0<e<1)$ 叫做**椭圆的离心率**。

椭圆位于直线 $x=\pm a$ 和 $y=\pm b$ 所围成的矩形框图里，是以 x 轴和 y 轴为对称轴，原点为对称中心，椭圆的对称中心亦称为**椭圆的中心**。椭圆的对称轴与椭圆的交点叫做**椭圆的顶点**。

例 16　已知椭圆的标准方程为 $\frac{x^2}{169}+\frac{y^2}{144}=1$，试求该椭圆的焦点坐标及焦距。

解　由椭圆的标准方程可知焦点在 x 轴上，则 $a=13,b=12$，于是

$$c=\sqrt{a^2-b^2}=\sqrt{169-144}=\sqrt{25}=5,$$

所以，该椭圆的焦点坐标为 $F_1(-5,0)$ 与 $F_2(5,0)$，焦距为 $2c=10$。

例 17　求椭圆 $16x^2+25y^2=400$ 的长半轴和短轴的长、离心率、左焦点。

解　把已知方程化为标准方程

$$\frac{x^2}{25}+\frac{y^2}{16}=1,$$

得

$$a=5,\quad b=4,\quad c=3。$$

因此，椭圆长半轴的长为 $a=5$，短轴的长为 $2b=8$，左焦点的坐标为 $F_1(-3,0)$，离心率为 $e=\frac{3}{5}$。

5.4.4　双曲线

我们把平面内一个动点 M 到两个定点 F_1 与 F_2 的距离之差等于一个定长 $2a$（$a>0$，$2a$ 小于 F_1 与 F_2 的距离 $2c$，$c>0$）的动点运动的轨迹称为**双曲线**（见图 5-12），这两个定点称为双曲线的**焦点**，两个焦点之间的距离称为**焦距**。

焦点 $F_1(-c,0)$ 与 $F_2(c,0)$ 在 x 轴上的双曲线的标准方程为

$$\frac{x^2}{a^2}-\frac{y^2}{b^2}=1\ (a>0,b>0)。\tag{5-7}$$

焦点 $F_1(0,-c)$ 与 $F_2(0,c)$ 在 y 轴上的双曲线的标准方程为

$$\frac{y^2}{a^2}-\frac{x^2}{b^2}=1\ (a>0,b>0)。\qquad(5\text{-}8)$$

其中 a,b,c 之间的关系是 $b^2=c^2-a^2$。

a 和 b 分别称为双曲线的实半轴长和虚半轴长，c 称为双曲线的焦半距(或半焦距)长，此时实轴在 x 轴上。

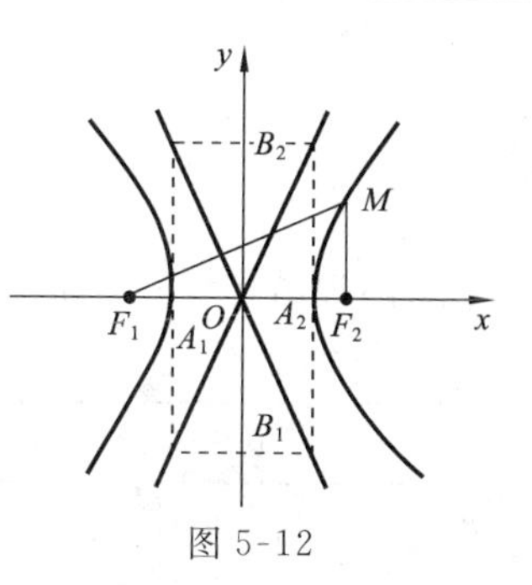

图 5-12

我们把实轴与虚轴等长的双曲线称为**等轴双曲线**。

双曲线的焦距与实轴长的比 $e=\dfrac{c}{a}\ (e>1)$ 叫做**双曲线的离心率**。

双曲线在不等式 $x\leqslant -a$ 或 $x\geqslant a$ 所表示的区域，是以 x 轴和 y 轴为对称轴，原点为对称中心，双曲线的对称中心称为**双曲线的中心**。

$A_1(-a,0)$ 与 $A_2(a,0)$ 是双曲线与 x 轴的两个交点，这两个交点称为**双曲线的顶点**。

双曲线的两条渐近线方程为

$$y=\pm\frac{b}{a}x。$$

例 18　求双曲线 $9y^2-16x^2=144$ 的实半轴与虚轴长、右焦点与顶点的坐标、离心率与渐近线方程。

解　把已知方程化为标准方程

$$\frac{x^2}{16}-\frac{y^2}{9}=1,$$

得

$$a=4,\quad b=3,\quad c=5。$$

因此，双曲线的实半轴长为 $a=4$，虚轴长为 $2b=6$，右焦点的坐标为 $F_2(5,0)$，两个顶点的坐标分别为 $A_1(-4,0)$，$A_2(4,0)$，离心率为 $e=\dfrac{5}{4}$，渐近线方程为

$$y=\pm\frac{3}{4}x。$$

5.4.5　抛物线

我们把平面内的一个动点 M 到一个定点 F 与一条定直线 l 的距离相等的动点运动的轨迹称为**抛物线**(见图 5-13)。这个定点称为抛物线的**焦点**，定直线称为抛物线的**准线**。

焦点在 x 轴的正半轴上的抛物线的标准方程为

$$y^2=2px\ (p>0)。\qquad(5\text{-}9)$$

抛物线的标准方程还有其他三种形式：

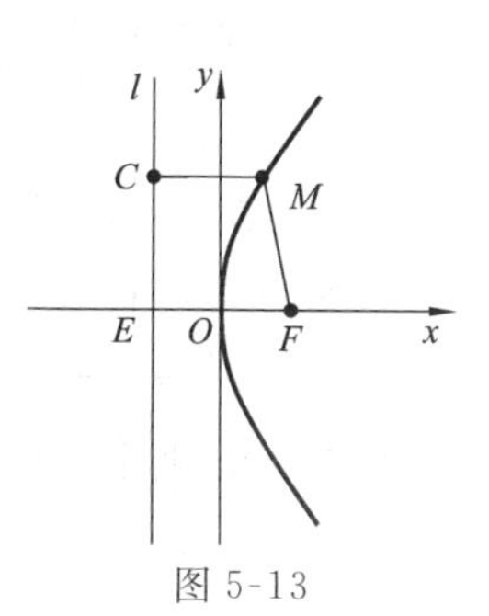

图 5-13

$$y^2=-2px\ (p>0),$$
$$x^2=2py\ (p>0),$$
$$x^2=-2py\ (p>0)。$$

这四种抛物线的标准方程、焦点坐标、准线方程及图像如表 5-1 所示。

表 5-1

图　形	标准方程	焦点坐标	准线方程
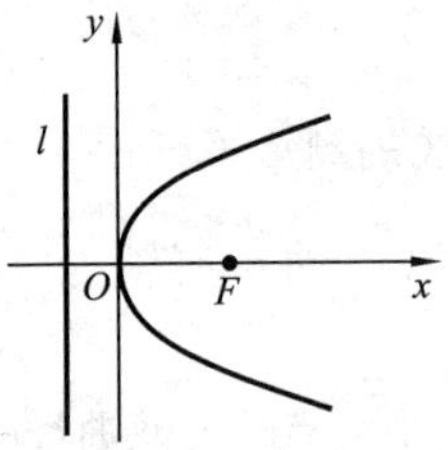	$y^2=2px$ $(p>0)$	$\left(\frac{p}{2},0\right)$	$x=-\frac{p}{2}$
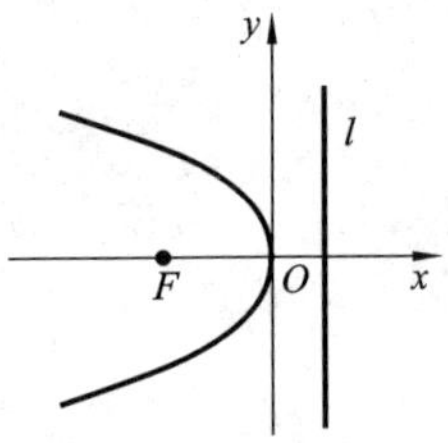	$y^2=-2px$ $(p>0)$	$\left(-\frac{p}{2},0\right)$	$x=\frac{p}{2}$
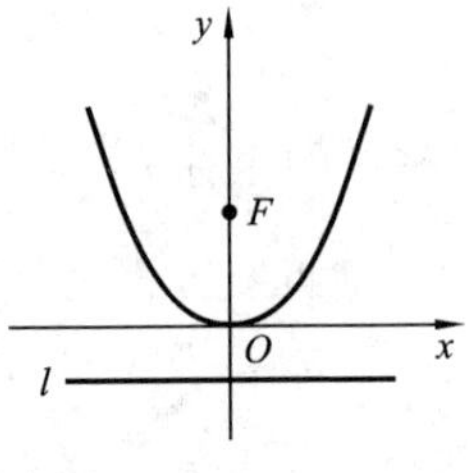	$x^2=2py$ $(p>0)$	$\left(0,\frac{p}{2}\right)$	$y=-\frac{p}{2}$
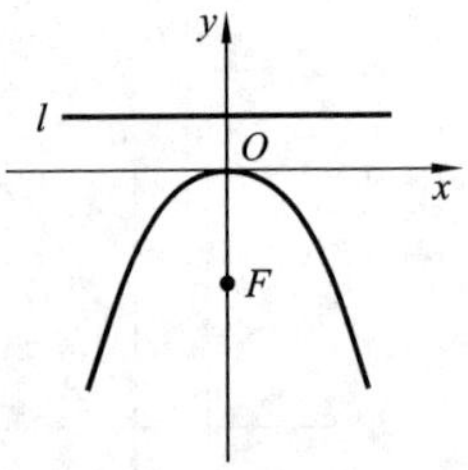	$x^2=-2py$ $(p>0)$	$\left(0,-\frac{p}{2}\right)$	$y=\frac{p}{2}$

例 19　根据下列所给的条件，试写出抛物线的标准方程：

(1) 焦点是 $F(4,0)$；　　(2) 准线方程是 $y=-\frac{1}{3}$。

解　(1) 由题意可知，所求抛物线的焦点在 x 轴的正半轴上，由于 $\frac{p}{2}=4$，即 $p=8$，故所求抛物线的标准方程为 $y^2=16x$。

(2) 由题意可知，所求抛物线的焦点在 y 轴的正半轴上，由于 $-\frac{p}{2}=-\frac{1}{3}$，即 $p=\frac{2}{3}$，故所求抛物线的标准方程为 $x^2=\frac{4}{3}y$。

例 20　已知抛物线关于 y 轴对称，它的顶点在坐标原点，并且经过点 $P(-4,5)$，试求此抛物线的标准方程。

解　由题意可知，设所求抛物线的标准方程为

$$x^2=2py,$$

因为点 $P(-4,5)$ 在抛物线上，所以 $(-4)^2=2p\cdot 5$，得 $p=\frac{8}{5}$。故所求抛物线的标准方程为 $x^2=\frac{16}{5}y$。

习　题　5.4

1. 求适合下列条件的动点的轨迹方程：
   (1) 与点 $A(2,3)$ 和点 $B(4,2)$ 等距离；
   (2) 到 x 轴的距离和到点 $F(0,2)$ 的距离保持相等；
   (3) 到点 $F_1(-2,0)$ 和点 $F_2(2,0)$ 的距离之和等于 8；
   (4) 到原点所连直线的斜率等于与点 $A(3,3)$ 所连直线的斜率的 2 倍。
2. 点 P 与一定点 $F(2,0)$ 的距离和它到一定直线 $x=8$ 的距离的比是 $1:2$，求点 P 的轨迹方程，并说明轨迹是什么图形。
3. 求下列条件下所决定的圆的方程：
   (1) 圆心在点 $C(-2,1)$，半径等于 3；
   (2) 过点 $A(1,5)$，$B(4,2)$，圆心在直线 $2x-y=3$ 上；
   (3) 以直线 $4x+3y-12=0$ 在坐标轴间的线段为直径。
4. 一个圆和直线 $x+2y-3=0$ 相切于点 $(1,1)$，圆的半径为 $\sqrt{5}$，求这个圆的方程。
5. 写出适合下列条件的椭圆的标准方程：
   (1) $a=4$，$b=1$，焦点在 x 轴上；　　(2) $a=4$，$c=\sqrt{15}$，焦点在 y 轴上。
6. 试求下列椭圆的长轴长与短轴长，顶点的坐标以及离心率：
   (1) $\frac{x^2}{49}+\frac{y^2}{25}=1$；　　(2) $x^2+9y^2=81$。
7. 试求适合下列条件的双曲线的标准方程：

(1) $a=5$，$b=6$，焦点在 x 轴上；　　(2) $b=4$，$c=\sqrt{27}$，焦点在 y 轴上。

8. 试求下列双曲线的实轴与虚轴的长，焦点与顶点的坐标，离心率与渐近线方程。

(1) $\frac{x^2}{64}-\frac{y^2}{36}=1$；　　(2) $x^2-9y^2=9$。

9. 试求下列抛物线的焦点坐标及准线方程：

(1) $y^2=12x$；　　(2) $x^2=-\frac{3}{5}y$。

第 6 章　数列及函数极限

6.1　数　　列

前面所讨论的函数，其定义域都是在实数范围内确定的，但在日常生活和生产实践中常会遇到一些由一串按一定顺序排列的数之类的问题，为了解决这类问题，本章将介绍另一类特殊的函数——数列，并讨论等差数列和等比数列的有关计算。

6.1.1　数列的概念

先看下面的例子。

(1) 对于正的偶数 $2n$ ($n\in\mathbf{N}$)，当 n 依次取 1，2，3，…时，列出的一串数是 2，4，6，…。

(2) 对于自然数的倒数 $\frac{1}{n}$ ($n\in\mathbf{N}$)，当 n 依次取 1，2，3，…时，列出的一串数是 1，$\frac{1}{2}$，$\frac{1}{3}$，…。

对于像以上例子中按照自然数 1，2，3，…的顺序而列出的一串数，给出下面的定义：

定义 6.1　一组按自然数顺序排列的一串数 $a_1,a_2,a_3,\cdots,a_n,\cdots$ 叫做**数列**，记作 $\{a_n\}$，其中每一个数叫做一项，从左至右依次叫做第 1 项，第 2 项，第 3 项，…，第 n 项，…，第 1 项又叫做**首项**，第 n 项又叫做**通项**。

从函数的观点看，数列就是定义在自然数集 $\mathbf{N}$（或它的有限子集）上的函数 $f(n)$。当自变量 n 从 1 开始依次取自然数时，相对应的一系列函数值

$$f(1),f(2),f(3),\cdots,f(n),\cdots$$

即 $a_1,a_2,a_3,\cdots,a_n,\cdots$ 就组成数列。

如果数列的第 n 项 a_n 能用项数 n 的解析式表示出来，那么这个解析式叫做**数列的通项公式**。

例如，上例中，数列(1)的通项公式是 $a_n=2n$；数列(2)的通项公式是 $a_n=\frac{1}{n}$。应当注意，并不是每一个数列都有通项公式的，例如，$\sqrt{2}$ 的不足近似值 1.4，1.41，

1.414,…所组成的数列,它的第 n 项就不能用项数 n 的解析式表示出来,只能说它们是精确到$\frac{1}{10^n}$的$\sqrt{2}$的不足近似值。这个数列虽然没有通项公式,但仍能算出数列中的任何一项。

例 1 已知数列的通项公式是 $a_n=(-1)^n\frac{1}{n}$,写出它的前 5 项与第 50 项。

解 在通项公式中,依次取 $n=1,2,3,4,5,50$,即可得

$$a_1=-1,\quad a_2=\frac{1}{2},\quad a_3=-\frac{1}{3},\quad a_4=\frac{1}{4},\quad a_5=-\frac{1}{5},\quad a_{50}=(-1)^{50}\frac{1}{50}=\frac{1}{50}。$$

如果已知一个数列的前几项,也可以观察其规律,写出其通项公式。

例 2 写出以下各数列的通项公式:

(1) $1,-\frac{1}{3},\frac{1}{5},-\frac{1}{7},\frac{1}{9},\cdots$;

(2) $\frac{3}{2},\frac{8}{3},\frac{15}{4},\frac{24}{5},\frac{35}{6},\cdots$。

解 (1) 由于在数列的每一项的绝对值中,它们的分子都是 1,分母都是项数的 2 倍减 1,而奇数项数值为正,偶数项数值为负,所以它的通项公式为

$$a_n=(-1)^{n+1}\frac{1}{2n-1}。$$

(2) 由于数列的每一项的分母都是项数加 1,而分子 3,8,15,24,35,…可写为 $2^2-1,3^2-1,4^2-1,5^2-1,6^2-1,\cdots$,即都是分母的平方减 1,所以它的通项公式为

$$a_n=\frac{(n+1)^2-1}{n+1}=\frac{n(n+2)}{n+1}。$$

6.1.2 数列的分类

数列一般可以按以下方法来分类。

1. 按项数的有限和无限来分类

如果一个数列的项数是有限的,那么这个数列叫做**有穷数列**。例如,数列 9,8,7,6,5 叫做有穷数列。如果一个数列的项数是无限的,那么这个数列叫做**无穷数列**。例如,数列 $1,2,3,\cdots,n,\cdots$ 和数列 $-\frac{1}{2},\frac{1}{4},-\frac{1}{8},\frac{1}{16},\cdots,\left(-\frac{1}{2}\right)^n,\cdots$。

2. 按前后两项数值的大小比较来分类

如果一个数列从第 2 项起,每一项都大于它前面的一项,即 $a_{n+1}>a_n$,那么这个数列叫做**递增数列**;如果一个数列从第 2 项起,每一项都小于它前面的一项,即 $a_{n+1}<a_n$,那么这个数列叫做**递减数列**。例如,数列 $1,2,3,\cdots,n,\cdots$ 是递增数列,而数列 $1,\frac{1}{2},\frac{1}{3},\cdots,\frac{1}{n},\cdots$ 是递减数列。

如果一个数列的各项都相等，那么这个数列叫做**常数列**；如果一个数列从第 2 项起，有些项大于它前面的一项，而有些项又小于它前面的一项，那么这个数列叫做**摆动数列**。例如，数列 8,8,8,8…是常数数列，而数列 −1,1,−1,1…是摆动数列。

3. 按各项的绝对值是否都不超过某个正数 M 来分类

如果一个数列的任何一项的绝对值都小于某一个正数 M，即 $|a_n|<M\ (M>0)$，那么这个数列叫做**有界数列**；没有这样的正数存在的数列叫做**无界数列**。例如，数列 $1,\frac{1}{2},\frac{1}{3},\cdots,\frac{1}{n},\cdots$ 是有界数列，而数列 $1,2,3,\cdots,n,\cdots$ 是无界数列。

应该注意，凡是有穷数列一定是有界数列；无穷数列则不一定是无界数列。例如，自然数列是无穷数列也是无界数列，而自然数的倒数数列则是有界数列。

6.1.3 等差数列

定义 6.2 如果一个数列 $a_1,a_2,a_3,\cdots,a_n,\cdots$ 从第 2 项起，每一项减去它前面的一项，所得的差都等于某一个常数 d，即 $d=a_2-a_1=a_3-a_2=\cdots=a_n-a_{n-1}=\cdots$，那么这个数列就叫做**等差数列**，其中常数 d 叫做**等差数列的公差**。

在等差数列中，当公差 $d>0$ 时，数列是递增的。例如，数列 1,2,3,…中 $d=1>0$，该数列是递增的；当公差 $d<0$ 时，数列是递减的。例如，数列 8,6,4,2,…中 $d=-2<0$，该数列是递减的；当公差 $d=0$ 时，数列是常数列。

1. 等差数列的通项公式

由等差数列的定义可知，$a_2=a_1+d,a_3=a_2+d=a_1+2d,a_4=a_3+d=a_1+3d$，…，一般地，

$$\boxed{a_n=a_1+(n-1)d} \tag{6-1}$$

这就是等差数列的通项公式。

例 3 求等差数列 18,14,10,6,…的第 16 项。

解 将 $a_1=18,d=-4,n=16$，代入通项公式，得

$$a_{16}=a_1+15d=18+15\times(-4)=-42。$$

例 4 已知等差数列中 $a_1=3,d=2,a_n=21$，求项数 n。

解 将已知数据代入通项公式，得

$$21=3+(n-1)\times 2,\quad n-1=9,\quad 即\quad n=10。$$

应该注意，通项公式可作如下推广：

由于 $$a_n=a_1+(n-1)d,\quad a_m=a_1+(m-1)d,$$

将上述两式的等号两边分别相减，得

$$a_n-a_m=(n-m)d。$$

$$\boxed{a_n=a_m+(n-m)d\ (m<n)} \tag{6-2}$$

例 5　已知等差数列的第 3 项是 -4，$d=2$，求它的第 10 项。

解　利用 $a_n=a_m+(n-m)d$，有，

$$a_{10}=a_3+(10-3)d,\quad \text{即}\quad a_{10}=-4+7\times 2=10。$$

2. 等差中项

定义 6.3　如果 a,A,b 三个数成等差数列，那么 A 叫做 a 与 b 的等差中项。

根据等差数列的定义，得 $A-a=b-A$。

$$\boxed{A=\frac{a+b}{2}} \tag{6-3}$$

例 6　求 $\frac{\sqrt{5}+\sqrt{3}}{2}$ 与 $\frac{\sqrt{5}-\sqrt{3}}{2}$ 的等差中项 A。

解　$A=\frac{1}{2}\left(\frac{\sqrt{5}+\sqrt{3}}{2}+\frac{\sqrt{5}-\sqrt{3}}{2}\right)=\frac{\sqrt{5}}{2}$。

3. 等差数列前 n 项和的公式

为了求有限项等差数列的和，我们先求一个最简单的等差数列 $1,2,3,\cdots,n$ 的和。

设

$$s_n=1+2+3+\cdots+(n-1)+n,$$

即

$$s_n=n+(n-1)+\cdots+2+1。$$

将上述两式的等号两边分别相加，得

$$2s_n=(n+1)+(n+1)+\cdots+(n+1)+(n+1),$$

即

$$2s_n=n(n+1),\quad s_n=1+2+\cdots+n=\frac{n(n+1)}{2}。$$

应用这个结果，立即可得出首项为 a_1，公差为 d，项数为 n 的等差数列 $a_1,a_2,a_3,\cdots,a_n$ 的和

$$s_n=a_1+a_2+\cdots+a_n=a_1+(a_1+d)+\cdots[a_1+(n-1)d],$$

即

$$s_n=a_n+(a_n-d)+(a_n-2d)+\cdots+[a_n-(n-1)d],$$

将上述两式的等号两边分别相加，得

$$2s_n=\underbrace{(a_1+a_n)+(a_1+a_n)+\cdots+(a_1+a_n)}_{n}$$

即

$$2s_n=n(a_1+a_n)。$$

$$\boxed{s_n=a_1+a_2+\cdots+a_n=\frac{n(a_1+a_n)}{2}} \tag{6-4}$$

因为 $a_n=a_1+(n-1)d$，所以上面的公式又可以写成

$$\boxed{s_n=na_1+\frac{n(n-1)}{2}d} \tag{6-5}$$

例 7　已知等差数列中 $d=2, a_n=1, s_n=-8$，求 a_1 和 n。

解　利用 $a_n=a_1+(n-1)d$ 和 $s_n=\dfrac{n(a_1+a_n)}{2}$，将已知条件代入，得方程组

$$\begin{cases} a_1+2(n-1)=1, \\ \dfrac{n(a_1+1)}{2}=-8, \end{cases}$$

则 $a_1=3-2n$，所以

$$n^2-2n-8=0,$$

解此方程得 $n=4, n=-2$（舍去，不合题意），所以 $n=4$，从而有 $a_1=-5$。

6.1.4　等比数列

定义 6.4　如果一个数列 $a_1, a_2, \cdots, a_n, \cdots (a_1 \neq 0)$ 从第 2 项起，每一项与它前面的一项之比都等于某一个常数 q，即 $q=\dfrac{a_2}{a_1}=\dfrac{a_3}{a_2}=\cdots=\dfrac{a_n}{a_{n-1}}=\cdots$，那么这个数列就叫做**等比数列**，其中常数 q 叫做**等比数列的公比**。

对首项 $a_1>0$ 的等比数列来说，公比 $q>1$ 时，数列是递增的。例如，数列 1，2，4，8，16，…中，$a_1=1>0$，且 $q=2>1$，该数列是递增的。公比 $0<q<1$ 时，数列是递减的。例如，数列 $\dfrac{1}{2}, \dfrac{1}{4}, \dfrac{1}{8}, \cdots$ 中，$a_1=\dfrac{1}{2}>0$，且 $0<q=\dfrac{1}{2}<1$，该数列是递减的。公比 $q=1$ 时，数列是常数列。公比 $q<0$ 时，数列是摆动的。

1. 等比数列的通项公式

由等比数列的定义可知，$a_2=a_1q, a_3=a_2q=a_1q^2, a_4=a_3q=a_2q^2=a_1q^3, \cdots$。一般地，

$$\boxed{a_n=a_1q^{n-1}} \tag{6-6}$$

这就是等比数列的通项公式。

例 8　求等比数列 $2, -\sqrt{2}, 1, -\dfrac{1}{\sqrt{2}}, \cdots$ 的第 10 项。

解　将 $a_1=2, q=-\dfrac{\sqrt{2}}{2}, n=10$ 代入通项公式得

$$a_{10}=a_1q^9=2\left(-\frac{\sqrt{2}}{2}\right)^9=-\frac{\sqrt{2}}{16}。$$

例 9　已知等比数列中 $a_1=3, q=2, a_n=48$，求项数 n。

解　将已知数据代入通项公式，得 $48=3\times 2^{n-1}, 2^{n-1}=16, 2^{n-1}=2^4$，所以 $n-1=4$，即 $n=5$。

应该注意，通项公式也可作如下推广：

由于 $a_n=a_1q^{n-1}$， $a_m=a_1q^{m-1}$，
将上述两式的等号两边分别相除，得

$$\frac{a_n}{a_m}=\frac{a_1q^{n-1}}{a_1q^{m-1}}=q^{n-m}。$$

$$\boxed{a_n=a_mq^{n-m}} \tag{6-7}$$

例 10 已知等比数列的第 3 项是 4，$q=-2$，求它的第 5 项。

解 利用 $a_n=a_mq^{n-m}(n>m)$，有 $a_5=a_3q^{5-3}$，即 $a_5=4\times(-2)^2=16$。

2. 等比中项

定义 6.5 如果 a,G,b 三个数成等比数列，那么 G 叫做 a 与 b 的等比中项。

根据等比数列的定义，得 $\frac{G}{a}=\frac{b}{G}$，即

$$\boxed{G^2=ab\quad(ab>0)} \tag{6-8}$$

例 11 求 $\frac{\sqrt{5}+\sqrt{3}}{2}$ 与 $\frac{\sqrt{5}-\sqrt{3}}{2}$ 的等比中项 G。

解 $G^2=\frac{\sqrt{5}+\sqrt{3}}{2}\cdot\frac{\sqrt{5}-\sqrt{3}}{2}=\frac{1}{2}$，即所求的等比中项为 $G=\pm\frac{\sqrt{2}}{2}$。

3. 等比数列前 n 项和的公式

设等比数列前 n 项的和为

$s_n=a_1+a_2+a_3+\cdots+a_n=a_1+a_1q+a_1q^2+\cdots+a_1q^{n-1}$。将上式两边同乘以 q 得

$$qs_n=a_1q+a_1q^2+a_1q^3+\cdots+a_1q^n。$$

再将上述两式的等号两边分别相减，得

$$s_n-qs_n=a_1-a_1q^n=a_1(1-q^n)。$$

$$\boxed{s_n=\frac{a_1(1-q^n)}{1-q}\quad(q\neq1)} \tag{6-9}$$

因为 $a_1q^n=a_1q^{n-1}q=a_nq$，所以上面的公式又可以写成

$$s_n=\frac{a_1-a_nq}{1-q}\quad(q\neq1)。$$

特别，当 $q=1$ 时，有 $s_n=na_1$。

例 12 已知等比数列中 $a_1=2. s_3=26$，求 q 和 a_3。

解 利用 $a_n=a_1q^{n-1}$ 和 $s_n=\frac{a_1(1-q^n)}{1-q}$，将已知条件代入，得方程组

$$\begin{cases}a_3=2q^2 & (1)\\ \dfrac{2(1-q^3)}{1-q}=26 & (2)\end{cases}$$

将(2)化简，得 $1-q^3=13(1-q)$，根据题意，显然 $q\neq1$。所以

$$1+q+q^2=13，\quad 即\quad q^2+q-12=0，$$

解此方程得

$$q_1=-4,\quad q_2=3。$$

将 $q_1=-4,q_2=3$ 分别代入 $a_3=2q^2$，得 $a_3=32$ 和 $a_3=18$。所以所求等比数列的 q 和 a_3 有下面两组解：

$$\begin{cases}q=-4,\\a_3=32,\end{cases}\quad\begin{cases}q=3,\\a_3=18。\end{cases}$$

例 13　已知三个数成等比数列，其和为 38，其积为 1728，求此三个数。

解　设这三个数分别为 $\frac{a}{q},a,aq$，根据题意，得方程组

$$\begin{cases}\dfrac{a}{q}+a+aq=38, & (1)\\[2ex]\dfrac{a}{q}\cdot a\cdot aq=1728。 & (2)\end{cases}$$

由式(2)，得 $a^3=1728$，即 $a=12$。将 $a=12$ 代入式(1)，得

$$12\left(\frac{1}{q}+1+q\right)=38,\quad 即\quad 6q^2-13q+6=0,$$

解方程得 $q=\frac{3}{2},q=\frac{2}{3}$。如果取 $a=12,q=\frac{3}{2}$，得三个数 8，12，18；如果取 $a=12,q=\frac{2}{3}$，得三个数为 18，12，8。

有时，某些数既有等差关系，又有等比关系，我们可选用本节学过的公式进行综合应用。

例 14　已知成等差数列的三个数的和等于 15，并且这三个数分别加上 1，3，9 就成等比数列，求这三个数。

解　设所求的三个数为 $a-d,a,a+d$。根据题意得方程组

$$\begin{cases}(a-d)+a+(a+d)=15, & (1)\\(a+3)^2=(a-d+1)(a+d+9)。 & (2)\end{cases}$$

由式(1)得 $a=5$。将 $a=5$ 代入式(2)得

$$64=(6-d)(14+d),\quad 即\quad a^2+8d-20=0。$$

解此方程得

$$d=2,\quad d=-10。$$

因为所求的三个数都是正数，而 $a=5$，所以 $d=-10$ 不合题意。于是从 $a=5,d=2$，得到所求的三个正数分别为 3，5，7。

有时，我们还会遇到求某些特殊数列的前 n 项和的问题. 这些数列的项与项之间从形式上看，既没有等差关系，也没有等比关系，但经过适当的变形后，却可以化为求等差数列或等比数列前 n 项和的问题。

例 15　求数列 $2\frac{1}{3},4\frac{1}{9},6\frac{1}{27},8\frac{1}{81},\cdots$的前 n 项的和。

解　可以看出,每一项的整数部分成等差数列,分数部分成等比数列,所以求和时可先用拆项的方法,将每项拆为两部分,然后再分别求和,即

$$\begin{aligned}s_n&=2\frac{1}{3}+4\frac{1}{9}+6\frac{1}{27}+\cdots+\left(2n+\frac{1}{3^n}\right)\\&=(2+4+6+\cdots+2n)+\left(\frac{1}{3}+\frac{1}{9}+\frac{1}{27}+\cdots+\frac{1}{3^n}\right)\\&=\frac{n(2+2n)}{2}+\frac{\frac{1}{3}\left[1-\left(\frac{1}{3}\right)^n\right]}{1-\frac{1}{3}}=n(n+1)+\frac{1}{2}\left(1-\frac{1}{3^n}\right)。\end{aligned}$$

6.1.5　数列的极限

前面我们已学过数列的概念,现在我们来考察当项数 n 无限增大时,无穷数列 $\{a_n\}$的变化趋势。

我们来看两个无穷数列:

$$1,\frac{1}{2},\frac{1}{3},\frac{1}{4},\cdots,\frac{1}{n},\cdots \tag{1}$$

$$0,\frac{3}{2},\frac{2}{3},\frac{5}{4},\cdots,\frac{n+(-1)^n}{n},\cdots \tag{2}$$

为了便于讨论,我们在平面直角坐标系中作出数列(1)和(2)的图形。从图 6-1 中可看出,当 n 增大时,点(n,a_n)从横轴上方无限接近于直线 $a_n=0$。这表明,当 n 无限增大时,数列通项 $a_n=\frac{1}{n}$的值无限趋近于 0。同样,从图 6-2 中可看出,当 n 增大时,点(n,a_n)从上下两侧无限接近于直线 $a_n=1$。这表明,当 n 无限增大时,数列通项 $a_n=\frac{n+(-1)^n}{n}$的值无限趋近于常数 1。

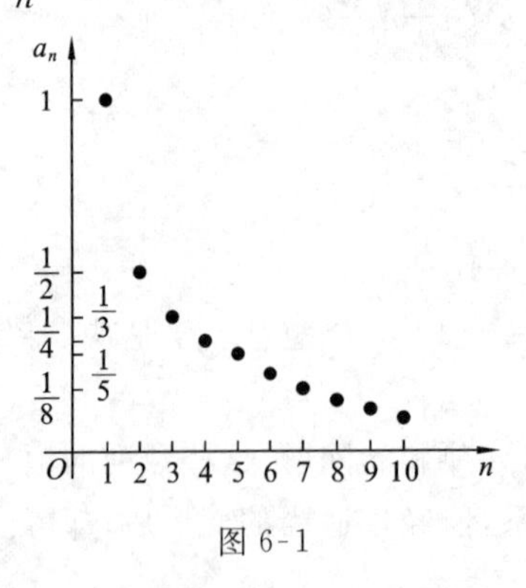

图 6-1

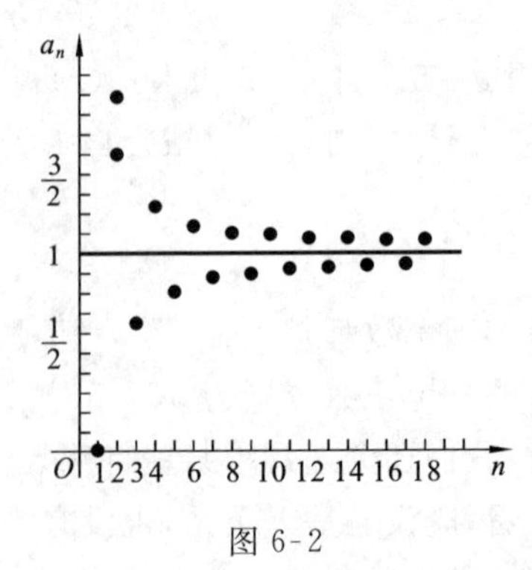

图 6-2

上述数列的变化趋势具有相同的特点：当 n 无限增大时，数列的项 a_n 无限地趋近于某个常数 A。

定义 6.6　如果无穷数列 $\{a_n\}$ 的项数 n 无限增大时，a_n 无限趋近于一个确定的常数 A，那么 A 就叫做**数列 $\{a_n\}$ 的极限**。记作 $\lim\limits_{n\to\infty}a_n=A$ 或 $a_n\to A\ (n\to\infty)$。读作"当 n 趋向于无穷大时，数列 $\{a_n\}$ 的极限等于 A"。

所以上面两个数列的极限分别记作 $\lim\limits_{n\to\infty}\frac{1}{n}=0$；$\lim\limits_{n\to\infty}\frac{n+(-1)^n}{n}=1$。

应该注意：不是任何无穷数列都有极限。如数列 $\{2n\}$，当 n 无限增大时，$2n$ 也无限增大，不能无限地趋近于一个确定的常数，因此这个数列没有极限。又如数列 $\{(-1)^n\}$，当 n 无限增大时，$(-1)^n$ 在 1 与 -1 两个数上来回跳动，不能无限地趋近于一个确定的常数，因此这个数列也没有极限。

例 16　判断下面数列是否有极限，如果有，写出它的极限。

(1) $-3,-3,-3,\cdots,-3,\cdots$；

(2) $-\frac{1}{2},\frac{1}{4},-\frac{1}{8},\frac{1}{16},\cdots,(-1)^n\frac{1}{2^n},\cdots$；

(3) $1,4,9,16,\cdots,n^2,\cdots$。

解　(1) 这个数列是常数列，通项 $a_n=-3$，数列的极限是 -3，即

$$\lim_{n\to\infty}(-3)=-3。$$

(2) 这个数列是公比 $q=-\frac{1}{2}$ 的等比数列，通项是 $a_n=(-1)^n\frac{1}{2^n}$，可以看出，当 n 无限增大时，$(-1)^n\frac{1}{2^n}$ 无限趋近于 0，即 $\lim\limits_{n\to\infty}(-1)^n\frac{1}{2^n}=0$。

(3) 当 n 无限增大时，$a_n=n^2$ 也无限增大，不能趋近于一个确定的常数，因此，这个数列没有极限。

由此例可得下面的结论：

$$\lim_{n\to\infty}C=C\ (C\text{ 为常数}),$$

$$\lim_{n\to\infty}q^n=0\ (|q|<1)。$$

习　题　6.1

1. 写出下列每个数列的通项公式，并写出第 8 项。

(1) $15,20,25,30,\cdots$；　　(2) $1-\frac{1}{2},\frac{1}{2}-\frac{1}{3},\frac{1}{3}-\frac{1}{4},\frac{1}{4}-\frac{1}{5},\cdots$。

2. 写出下面数列的前 5 项。

(1) $a_1=5,a_{n+1}=a_n+2$；　　(2) $a_1=1,a_{n+1}=a_n+\frac{1}{a_n}$。

3. 在下列数列中，哪些是有穷数列、无穷数列、递增数列、递减数列、摆动数列、常数

列、有界数列、无界数列？

(1) $\frac{1}{1^2},\frac{1}{2^2},\frac{1}{3^2},\frac{1}{4^2},\cdots$；　　(2) $1,-2,3,-4,\cdots$；

(3) $\sqrt{1},\sqrt{2},\sqrt{3},\sqrt{4},\cdots$；　　(4) $1-2,2-3,3-4,4-5$。

4. 在 8 与 -8 之间插入三个数，使这五个数成等差数列，用等差中项求插入的三个数。
5. 已知三个数成等差数列，其和为-3，其积为 8，求此三个数。
6. 在 80 与 5 之间插入三个数，使这五个数成等比数列，用等比中项求插入的三个数。
7. 已知三个数成等比数列，它们的积等于 27，它们的平方和等于 91，求此三个数。
8. 判断下面数列当 $n\to\infty$ 时是否有极限，如果有，写出它们的极限。

(1) $a_n=(-1)^n\frac{1}{n^2}$；　(2) $a_n=\frac{n-1}{n+1}$；　(3) $a_n=(-1)^n n$；　(4) $a_n=\sin\frac{n\pi}{2}$。

9. 求下列极限：

(1) $\lim\limits_{n\to\infty}\frac{2n-1}{2n+1}$；　(2) $\lim\limits_{n\to\infty}\left(\frac{3}{n^4}+\frac{1}{n^2}-5\right)$。

6.2 极限与连续

微积分研究的主要对象是函数，它以极限作为主要的工具和方法. 本节将在复习和加深函数有关知识的基础上，讨论函数的极限与连续的概念。

6.2.1 初等函数

1. 基本初等函数

基本初等函数是研究其他更为复杂的函数的基础，表 6-1 列出了基本初等函数的解析式、图像和主要性质，以便于学习时使用。

表 6-1 基本初等函数的图像及其性质

函数名称	表达式	定义域	图像	主要性质
常数函数	$y=c$ (c 为常数)	$(-\infty,+\infty)$		图像过点 $(0,c)$，为平行于 x 轴的一条直线

续表

函数名称	表达式	定义域	图　　像	主要性质
幂函数	$y=x^{\alpha}$ （α 为实数）	随 α 的不同而不同，但在 $(0,+\infty)$ 内总有定义	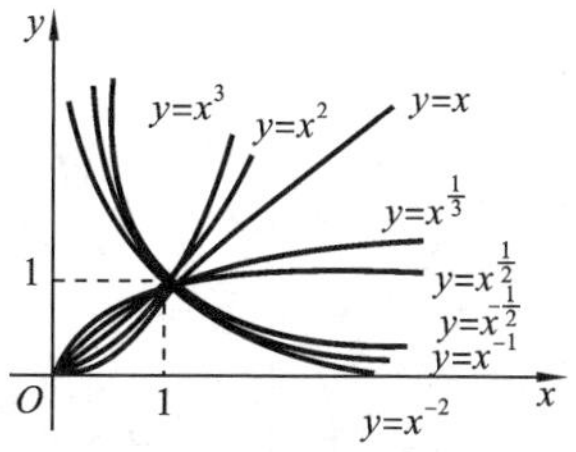y $y=x^3$ $y=x^2$ $y=x$ $y=x^{\frac{1}{3}}$ $y=x^{\frac{1}{2}}$ $y=x^{-\frac{1}{2}}$ $y=x^{-1}$ $y=x^{-2}$ 1 O 1 x	1. 图像过点 $(1,1)$ 2. 若 $\alpha>0$，函数在 $(0,+\infty)$ 内单调增加；若 $\alpha<0$，函数在 $(0,+\infty)$ 内单调减少。
指数函数	$y=a^{x}$ $(a>0,a\neq1)$	$(-\infty,+\infty)$	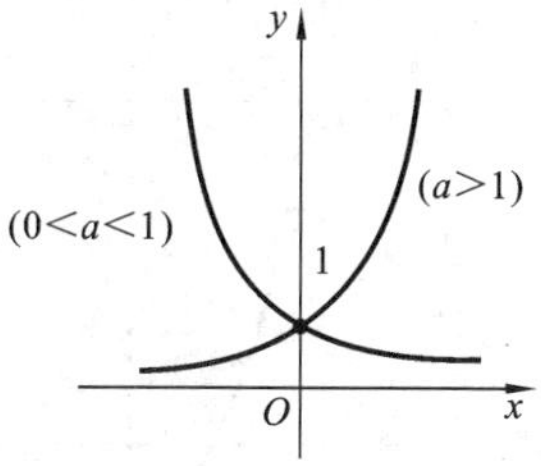y (a>1) (0<a<1) 1 O x	1. 当 $a>1$ 时，函数单调增加；当 $0<a<1$ 时，函数单调减少 2. 图像在 x 轴上方，且都过点 $(0,1)$
对数函数	$y=\log_{a}x$ $(a>0,a\neq1)$	$(0,+\infty)$	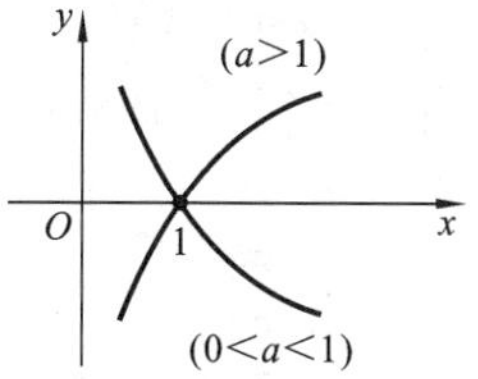y (a>1) O 1 x (0<a<1)	1. 当 $a>1$ 时，函数单调增加；当 $0<a<1$ 时，函数单调减少 2. 图像在 y 轴右侧，且都过点 $(1,0)$
三角函数	$y=\sin x$	$(-\infty,+\infty)$	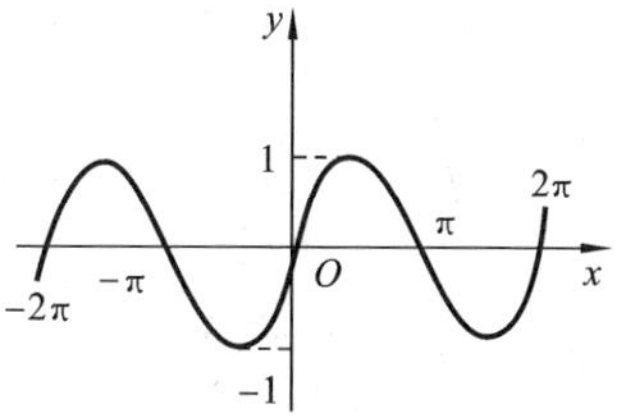y 1 2π π −π O x −2π −1	1. 是奇函数，周期为 2π，是有界函数 2. 在 $\left(2k\pi-\frac{\pi}{2},2k\pi+\frac{\pi}{2}\right)$ 内单调增加；在 $\left(2k\pi+\frac{\pi}{2},2k\pi+\frac{3\pi}{2}\right)$ 内单调减少。$(k\in\mathbf{Z})$
	$y=\cos x$	$(-\infty,+\infty)$	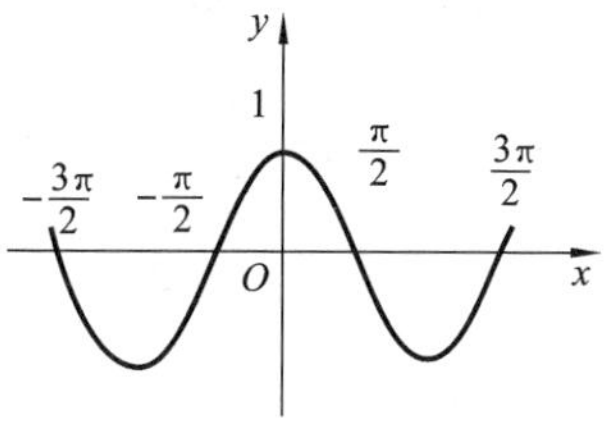y 1 $-\frac{3\pi}{2}$ $-\frac{\pi}{2}$ $\frac{\pi}{2}$ $\frac{3\pi}{2}$ O x	1. 是偶函数，周期为 2π，是有界函数 2. 在 $((2k-1)\pi,2k\pi)$ 内单调增加；在 $(2k\pi,(2k+1)\pi)$ 内单调减少。$(k\in\mathbf{Z})$

续表

函数名称	表达式	定义域	图　　像	主 要 性 质
三角函数	$y=\tan x$	$x\neq k\pi+\frac{\pi}{2}$ $(k\in\mathbf{Z})$	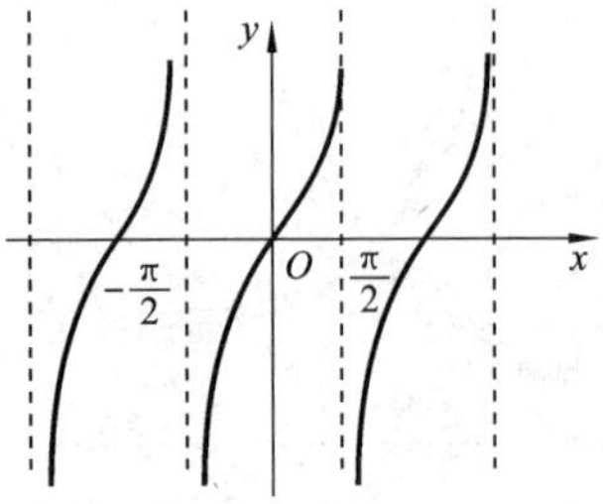	1. 是奇函数，周期为 π，是无界函数 2. 在 $\left(k\pi-\frac{\pi}{2},k\pi+\frac{\pi}{2}\right)$ 内单调增加。$(k\in\mathbf{Z})$
	$y=\cot x$	$x\neq k\pi$ $(k\in\mathbf{Z})$	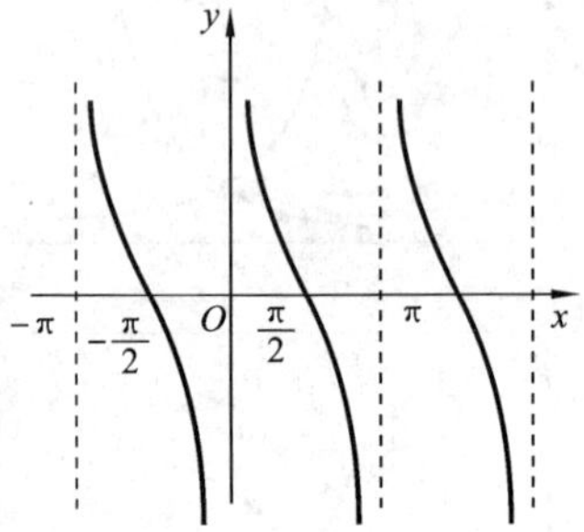	1. 是奇函数，周期为 π，是无界函数 2. 在 $(k\pi,k\pi+\pi)$ 内单调减少。$(k\in\mathbf{Z})$
反三角函数	$y=\arcsin x$	$[-1,1]$	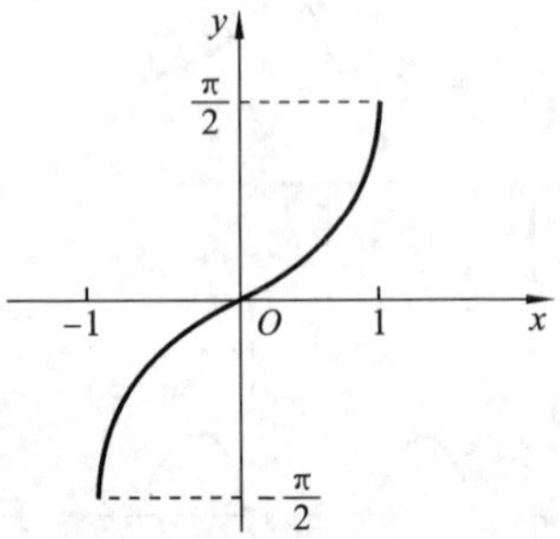	1. 奇函数，单调增加函数，有界 2. $\arcsin(-x)=-\arcsin x$
	$y=\arccos x$	$[-1,1]$	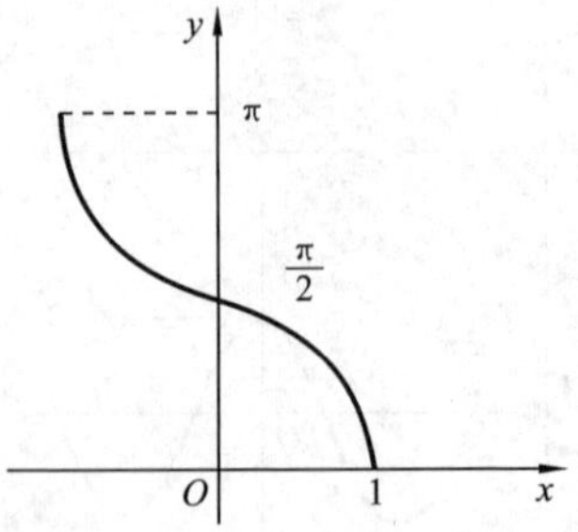	1. 非奇非偶函数，单调减少函数，有界 2. $\arccos(-x)$ $=\pi-\arccos x$

续表

函数名称	表达式	定义域	图　像	主要性质
反三角函数	$y=\arctan x$	$(-\infty,+\infty)$	y, $\frac{\pi}{2}$, O, x, $-\frac{\pi}{2}$	1. 奇函数，单调增加函数，有界 2. $\arctan(-x)=-\arctan x$
	$y=\text{arccot}\,x$	$(-\infty,+\infty)$	y, π, $\frac{\pi}{2}$, O, x	1. 非奇非偶函数，单调减少函数，有界 2. $\text{arccot}(-x)$ $=\pi-\text{arccot}\,x$

2. 复合函数

设函数 $y=f(u)=\sqrt{u}$，$u=\varphi(x)=x^2+1$，若要把 y 表示成 x 的函数，可用代入法来完成：

$$y=f(u)=f[\varphi(x)]=f(x^2+1)=\sqrt{x^2+1}。$$

这个处理过程就是函数的复合过程。一般地有如下定义。

定义 6.7　设 y 是变量 u 的函数，$y=f(u)$，而 u 又是变量 x 的函数，$u=\varphi(x)$，且 $\varphi(x)$ 的函数值全部或部分落在 $f(u)$ 的定义域内，那么 y 通过 u 的联系而成为 x 的函数，叫做由 $y=f(u)$ 和 $u=\varphi(x)$ 复合而成的函数，简称 x 的**复合函数**，记作 $y=f[\varphi(x)]$，其中 u 叫做**中间变量**。

例 17　试将下列各函数 y 表示成 x 的复合函数：

(1) $y=\sqrt[3]{u}$，$u=x^4+x^2+1$；　　(2) $y=\ln u$，$u=3+v^2$，$v=\sec x$。

解　(1) $y=\sqrt[3]{u}=\sqrt[3]{x^4+x^2+1}$，即 $y=\sqrt[3]{x^4+x^2+1}$。

(2) $y=\ln u=\ln(3+v^2)=\ln(3+\sec^2 x)$，即 $y=\ln(3+\sec^2 x)$。

例 18　指出下列各函数的复合过程，并求其定义域：

(1) $y=\sqrt{x^2-3x+2}$；　　(2) $y=e^{\cos 3x}$；　　(3) $y=\ln(2+\tan^2 x)$。

解　(1) $y=\sqrt{x^2-3x+2}$是由 $y=\sqrt{u}$,$u=x^2-3x+2$ 这两个函数复合而成的,要使函数 $y=\sqrt{x^2-3x+2}$有意义,须 $x^2-3x+2\geqslant 0$,解此不等式得 $y=\sqrt{x^2-3x+2}$的定义域为$(-\infty,1]\cup[2,+\infty)$。

(2) $y=\mathrm{e}^{\cos 3x}$是由 $y=\mathrm{e}^u$,$u=\cos v$,$v=3x$ 这三个函数复合而成的,因此 $y=\mathrm{e}^{\cos 3x}$的定义域为$(-\infty,+\infty)$。

(3) $y=\ln(2+\tan^2 x)$是由 $y=\ln u$,$u=2+v$,$v=\tan^2 x$ 这三个函数复合而成的,当 $x=kx+\frac{\pi}{2}$ $(k\in\mathbf{Z})$时 $\tan x$ 不存在,因此 $y=\ln(2+\tan^2 x)$的定义域为$\left\{x\left|x\neq k\pi+\frac{\pi}{2},k\in\mathbf{Z}\right.\right\}$或$\left(k\pi-\frac{\pi}{2},k\pi+\frac{\pi}{2}\right)$ $(k\in\mathbf{Z})$ 。

说明:

(1) 在复合过程中,中间变量可多于一个,如 $y=f(u)$,$u=\varphi(v)$,$v=\psi(x)$,复合后为 $y=f[\varphi(\psi(x))]$。但并不是任何两个函数 $y=f(u)$,$u=\varphi(v)$都可复合成一个函数,只有当内层函数 $u=\varphi(x)$的值域没有超过外层函数 $y=f(u)$的定义域时,两个函数就可以复合成一个新函数,否则便不能复合,例如 $y=\sqrt{u^2-2}$,$u=\sin x$ 就不能复合。

(2) 分析一个复合函数的复合过程时,每个层次都应是基本初等函数或常数与基本初等函数的四则运算式;当分解到常数与自变量的基本初等函数的四则运算式(我们称之为简单函数)时就不再分解了。

3. 初等函数

定义 6.8　由基本初等函数经过有限次四则运算和有限次复合步骤所构成的,并用一个解析式表达的函数称为**初等函数**。

例如,$y=2x^2-1$,$y=\sin\frac{1}{x}$,$y=\mathrm{e}^{\sin^2(2x+1)}$,$y=\ln\cos\mathrm{e}^x$ 等都是初等函数。许多情况下,分段函数不是初等函数,因为在定义域上不能用一个式子表示。例如,符号函数 $y=\mathrm{sgn}x=\begin{cases}-1, x<0\\0, x=0\\1, x>0\end{cases}$ 和取整数函数 $y=[x]$,$x\in\mathbf{R}$,它们都不是初等函数.但是 $y=|x|=\begin{cases}x, x\geqslant 0\\-x, x<0\end{cases}$是初等函数,因为 $y=|x|=\sqrt{x^2}$,它亦可看作由 $y=\sqrt{u}$,$u=x^2$ 复合而成,如图 6-3 所示。

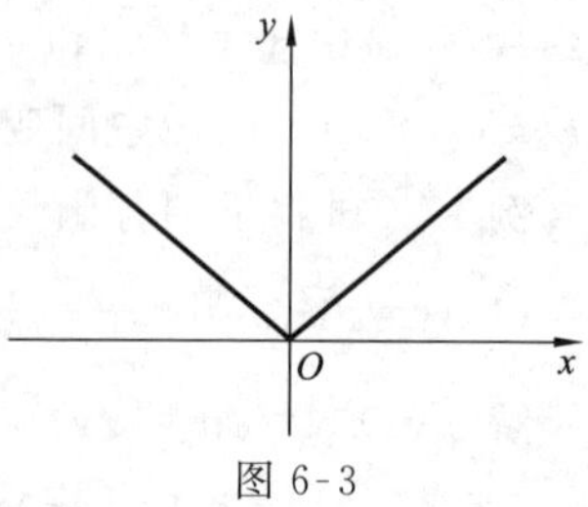

图 6-3

微积分学中所涉及的函数,绝大多数都是初等函数,因此,掌握初等函数的特性和各种运算是非常重要的。不是初等函数的函数叫做非初等函数。

6.2.2　函数的极限

下面我们研究函数的极限。主要讨论函数 $y=f(x)$ 当自变量趋于无穷大($x\to\infty$)时和自变量趋于有限值($x\to x_0$)时两种情况的极限。

1. 当 $x\to\infty$ 时，函数 $f(x)$ 的极限

$x\to\infty$ 表示自变量 x 的绝对值无限增大，为区别起见，把 $x>0$ 且无限增大记为 $x\to+\infty$；把 $x<0$ 且其绝对值无限增大记为 $x\to-\infty$。

反比例函数 $y=\dfrac{1}{x}$ 的图像如图 6-4 所示，x 轴是曲线的一条水平渐近线，也就是说当自变量 x 的绝对值无限增大时，相应的函数值 y 无限逼近常数 0。像这种当 $x\to\infty$ 时，函数 $f(x)$ 的变化趋势，我们有如下定义：

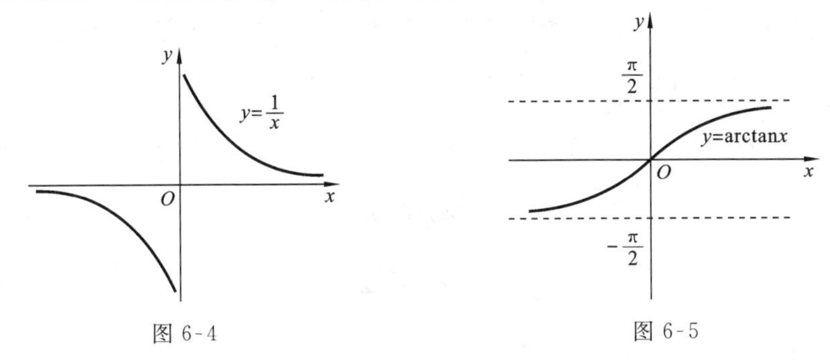

图 6-4　　　　图 6-5

定义 6.9　如果当 $|x|$ 无限增大时，函数 $f(x)$ 的值无限趋近于一个确定的常数 A，则称 A 是函数 $f(x)$ 当 $x\to\infty$ 时的**极限**，记作 $\lim\limits_{x\to\infty}f(x)=A$，或者 $f(x)\to A\ (x\to\infty)$。

如果当 $x\to\infty\ (x\to-\infty)$ 时，函数 $f(x)$ 无限趋近于一个常数 A，则称 A 为函数 $f(x)$ 当 $x\to+\infty\ (x\to-\infty)$ 时的**极限**，记为 $\lim\limits_{x\to+\infty}f(x)=A\ (\lim\limits_{x\to-\infty}f(x)=A)$，或 $f(x)\to A$，当 $x\to+\infty\ (x\to-\infty)$ 时。

由定义，我们有

$$\lim_{x\to\infty}\frac{1}{x}=0,\quad \lim_{x\to+\infty}\frac{1}{x}=0,\quad \lim_{x\to-\infty}\frac{1}{x}=0。$$

例如，对于函数 $y=\arctan x$，从反正切函数的图像(见图 6-5)中可以看出：

$$\lim_{x\to+\infty}\arctan x=\frac{\pi}{2},\quad \lim_{x\to-\infty}\arctan x=-\frac{\pi}{2}。$$

显然，$\lim\limits_{x\to\infty}f(x)=A$ 的充分必要条件是 $\lim\limits_{x\to+\infty}f(x)=\lim\limits_{x\to-\infty}f(x)=A$。对于上面的函数 $f(x)=\arctan x$，由于 $\lim\limits_{x\to+\infty}f(x)\neq\lim\limits_{x\to-\infty}f(x)$，所以 $\lim\limits_{x\to\infty}f(x)$ 不存在。

2. 当 $x\to x_0$ 时，函数 $f(x)$ 的极限

与 $x\to\infty$ 的情形类似，$x\to x_0$ 表示 x 无限趋近于 x_0，它包含以下两种情况：

(1) x 是从大于 x_0 的方向趋近于 x_0，记作 $x\to x_0^+$（或 $x\to x_0+0$）；

(2) x 是从小于 x_0 的方向趋近于 x_0，记作 $x\to x_0^-$（或 $x\to x_0-0$）。

显然 $x\to x_0$ 是指以上两种情况同时存在。

考察当 $x\to 1$ 时，函数 $f(x)=\dfrac{x^2-1}{x-1}$ 的变化趋势。

注意到当 $x\neq 1$ 时，函数 $f(x)=\dfrac{x^2-1}{x-1}=x+1$，所以当 $x\to 1$ 时，$f(x)$ 的值无限接近于常数 2（见图 6-6），像这种当 $x\to x_0$ 时，函数 $f(x)$ 的变化趋势，我们有如下定义：

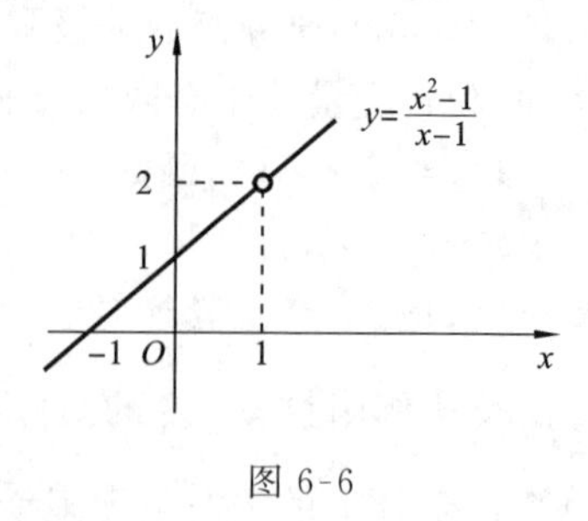

图 6-6

定义 6.10 设函数 $f(x)$ 在点 x_0 的左右近旁有定义（x_0 点可以除外），如果当自变量 x 趋近于 x_0（$x\neq x_0$）时，函数 $f(x)$ 的值无限趋近于一个确定的常数 A，则称 A 为函数 $f(x)$ 当 $x\to x_0$ 时的极限，记作 $\lim\limits_{x\to x_0}f(x)=A$ 或者 $f(x)\to A\ (x\to x_0)$。从上面的例子还可以看出，虽然 $f(x)=\dfrac{x^2-1}{x-1}$ 在 $x=1$ 处没有定义，但当 $x\to 1$ 时函数 $f(x)$ 的极限却是存在的，所以当 $x\to x_0$ 时函数 $f(x)$ 的极限与函数在 $x=x_0$ 处是否有定义无关。

由定义，不难得出：

(1) $\lim\limits_{x\to x_0}C=C$（$C$ 是常数）；

(2) $\lim\limits_{x\to x_0}x=x_0$。

上面讨论了 $x\to x_0$ 时函数 $f(x)$ 的极限，对于 $x\to x_0^+$ 或 $x\to x_0^-$ 时的情形，有如下定义：

定义 6.11 如果当 $x\to x_0^+$（$x\to x_0^-$）时，函数 $f(x)$ 的值无限趋近于一个确定的常数 A，则称 A 为函数 $f(x)$ 当 $x\to x_0^+$（$x\to x_0^-$）时的右（左）极限，记作 $\lim\limits_{x\to x_0^+}f(x)=A$（$\lim\limits_{x\to x_0^-}f(x)=A$），或 $f(x_0+0)=A$（$f(x_0-0)=A$）。左极限和右极限统称为单侧极限。显然，函数的极限与左右极限有如下关系：

定理 6.1 $\lim\limits_{x\to x_0}f(x)=A$ 成立的充分必要条件是

$$\lim_{x\to x_0^+}f(x)=\lim_{x\to x_0^-}f(x)=A。$$

这个定理常用来判断函数的极限是否存在。

例 19 讨论函数 $f(x)=\begin{cases}x+1, & x<0\\ x^2, & 0\leqslant x<1\\ 1, & x\geqslant 1\end{cases}$ 当 $x\to 0$ 时的极限（见图 6-7）。

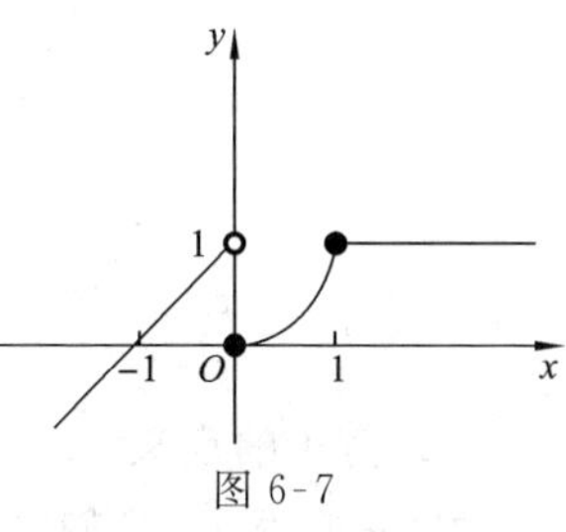

图6-7

解　$f(0-0)=\lim\limits_{x\to 0^-}f(x)=\lim\limits_{x\to 0^-}(x+1)=1$，

$f(0+0)=\lim\limits_{x\to 0^+}f(x)=\lim\limits_{x\to 0^+}x^2=0$，

由于 $f(0-0)\neq f(0+0)$，因此$\lim\limits_{x\to 0}f(x)$不存在。

此例表明，求分段函数在分界点的极限通常要分别考察其左右极限。

特别指出，本书中凡不标明自变量变化过程的极限号 lim，均表示变化过程适用于 $x\to x_0$，$x\to\infty$ 等所有情形。

习　题　6.2

1. 求下列函数的定义域：

(1) $y=\sqrt{x^2-4x+3}$；　(2) $y=\sqrt{4-x^2}+\dfrac{1}{\sqrt{x+1}}$；　(3) $y=\lg(x+2)+1$；

(4) $y=\lg\sin x$；　(5) $y=\dfrac{\sqrt{3-x}}{x}+\arcsin\dfrac{3-2x}{5}$。

2. 设 $f(x)=\begin{cases}2+x, & x<0,\\ 0, & x=0,\\ x^2-1, & 0<x\leqslant 4,\end{cases}$ 求 $f(x)$的定义域及 $f(-1)$，$f(2)$的值，并作出它的图像。

3. 下列函数能否构成复合函数？若能构成，写出 $y=f[\varphi(x)]$，并求其定义域。

(1) $y=u^2, u=3x-1$；　(2) $y=\lg u, u=1-x^2$；　(3) $y=\sqrt{u}, u=-1-x^2$。

4. 写出下列复合函数的复合过程：

(1) $y=\sin^3(8x+5)$；　(2) $y=\tan(\sqrt[3]{x^2+5})$。

5. 根据函数的图像，讨论下列各函数的极限：

(1) $\lim\limits_{x\to\infty}\dfrac{1}{1+x}$；　(2) $\lim\limits_{x\to+\infty}\left(\dfrac{1}{3}\right)^x$；　(3) $\lim\limits_{x\to-\infty}5^x$；　(4) $\lim\limits_{x\to\infty}c$；

(5) $\lim\limits_{x\to\infty}\cos x$；　(6) $\lim\limits_{x\to\infty}\operatorname{arccot}x$；　(7) $\lim\limits_{x\to 1}(2+x^2)$　(8) $\lim\limits_{x\to 2}\dfrac{x^2-4}{x+2}$；

(9) $\lim\limits_{x\to 0^+}\sqrt{x}$；　(10) $\lim\limits_{x\to 0}\sin x$；　(11) $\lim\limits_{x\to 0}\cos\dfrac{1}{x}$；　(12) $\lim\limits_{x\to 0^+}\lg x$。

6. 作出函数 $f(x)=\begin{cases}x^2, & 0<x\leqslant 3\\ 2x-1, & 3<x<5\end{cases}$ 的图像，并求出当 $x\to 3$ 时 $f(x)$的左、右极限。

7. 设 $f(x)=\dfrac{x}{x}$，$\varphi(x)=\dfrac{|x|}{x}$，当 $x\to 0$ 时分别求 $f(x)$与 $\varphi(x)$的左、右极限，问 $\lim\limits_{x\to 0}f(x)$，$\lim\limits_{x\to 0}\varphi(x)$是否存在？

6.3 无穷小与无穷大

6.3.1 无穷小

1. 无穷小的定义

在实际问题中，我们经常遇到极限为零的变量，对于这类变量我们有如下定义：

定义 6.12 当 $x \to x_0(x \to \infty)$时，如果函数 $f(x)$的极限为零，则称 $f(x)$为当 $x \to x_0(x \to \infty)$时的**无穷小量**，简称**无穷小**，记为$\lim\limits_{x \to x_0} f(x)=0$ $(\lim\limits_{x \to \infty} f(x)=0)$或 $f(x) \to 0$，当 $x \to x_0(x \to \infty)$时。

例如，$\lim\limits_{x \to \infty}\dfrac{1}{x}=0$，所以函数 $f(x)=\dfrac{1}{x}$为当 $x \to \infty$时的无穷小，但当 $x \to 1$ 时，$\dfrac{1}{x} \to 1$，$f(x)=\dfrac{1}{x}$就不是无穷小。

因此，说一个函数 $f(x)$是无穷小时，必须指出自变量 x 的变化趋向。应当指出，常量中只有“0”是无穷小，其他的都不是。

2. 无穷小的性质(证明从略)

性质 1 有限个无穷小的代数和是无穷小。

性质 2 有限个无穷小的乘积是无穷小。

性质 3 有界函数与无穷小的乘积为无穷小。

例 20 求$\lim\limits_{x \to \infty}\dfrac{\arctan x}{x}$。

解 由于$\lim\limits_{x \to \infty}\dfrac{1}{x}=0$，$|\arctan x|<\dfrac{\pi}{2}$，由性质 3 得

$$\lim_{x \to \infty}\frac{\arctan x}{x}=0。$$

3. 无穷小量与函数极限的关系

定理 6.2 函数 $f(x)$以常数 A 为极限的充分必要条件是 $f(x)$可以表示为 A 与一个无穷小量 α 之和。

即：如果 $\lim f(x)=A$，则 $f(x)=A+\alpha$，其中 $\lim\alpha=0$；反之，如果，$\lim\alpha=0$，则 $\lim f(x)=A$。

6.3.2 无穷大

与无穷小量相对应的是无穷大量。

定义 6.13 如果当 $x \to x_0(x \to \infty)$时，函数 $f(x)$的绝对值无限增大，则称 $f(x)$

为当 $x \to x_0(x \to \infty)$ 时的**无穷大量**，简称**无穷大**，记为 $\lim\limits_{x \to x_0} f(x) = \infty$ $(\lim\limits_{x \to \infty} f(x) = \infty)$，或 $f(x) \to \infty$，当 $x \to x_0(x \to \infty)$ 时。如果当 $x \to x_0(x \to \infty)$ 时，函数 $f(x) > 0$ 且 $f(x)$ 无限增大，则称 $f(x)$ 为当 $x \to x_0(x \to \infty)$ 时的**正无穷大**，记为 $\lim\limits_{x \to x_0} f(x) = +\infty$ $(\lim\limits_{x \to \infty} f(x) = +\infty)$，或 $f(x) \to \infty$，当 $x \to x_0(x \to \infty)$ 时。

类似地，可以定义 $\lim f(x) = -\infty$。

例如，当 $a > 1$ 时，有

$$\lim_{x \to 0^+} \log_a x = -\infty, \quad \lim_{x \to +\infty} \log_a x = +\infty, \quad \lim_{x \to +\infty} a^x = +\infty。$$

注意：说一个函数是无穷大时，必须要指明自变量变化的趋向；任何一个不论多大的常数，都不是无穷大；“极限为∞”说明这个极限不存在，只是借用记号“∞”来表示$|f(x)|$无限增大的这种趋势，虽然用等式表示，但并不是“真正的”相等。

6.3.3　无穷大与无穷小的关系

定理 6.3　如果 $\lim f(x) = \infty$，则 $\lim \dfrac{1}{f(x)} = 0$；反之，如果 $\lim f(x) = 0$，且 $f(x) \neq 0$，则 $\lim \dfrac{1}{f(x)} = \infty$。

显然

$$\lim_{x \to +\infty} a^{-x} = \lim_{x \to +\infty} \frac{1}{a^x} = 0 \ (a > 1)。$$

例 21　求 $\lim\limits_{x \to 1} \dfrac{2x-1}{x-1}$。

解　因为当 $x \to 1$ 时，分母的极限为 0，所以不能运用极限运算法则。而极限 $\lim\limits_{x \to 1} \dfrac{x-1}{2x-1} = 0$，即当 $x \to 1$ 时，$\dfrac{1}{f(x)} = \dfrac{x-1}{2x-1}$ 是无穷小，那么 $f(x) = \dfrac{2x-1}{x-1}$ 是 $x \to 1$ 时的无穷大，因此 $\lim\limits_{x \to 1} \dfrac{2x-1}{x-1} = \infty$。

6.3.4　无穷小量的阶

不同的无穷小量，趋于零的速度有快有慢，这种区别，我们用无穷小量的比较来加以描述。

定义 6.14　设 α 和 β 都是当 $x \to x_0$（或 $x \to \infty$）时的无穷小。

(1) 如果 $\lim \dfrac{\beta}{\alpha} = 0$，则称 β 是比 α **高阶的无穷小**；记作 $\beta = o(\alpha)$；

(2) 如果 $\lim \dfrac{\beta}{\alpha} = \infty$，则称 β 是比 α **低阶的无穷小**；

(3) 如果 $\lim \frac{\beta}{\alpha}=c$ (c 为非零常数)，则称 α 与 β 为**同阶无穷小**；特别当 $c=1$ 时，称 α 与 β 为**等价无穷小**，记为 $\alpha\sim\beta$。

由于$\lim\limits_{x\to 0}\frac{x^2}{2x}=0$，$\lim\limits_{x\to 0}\frac{x}{x^2}=\infty$，$\lim\limits_{x\to 0}\frac{x}{2x}=\frac{1}{2}$，因此，当 $x\to 0$ 时，x^2 是比 $2x$ 高阶的无穷小，x 是比 x^2 低阶的无穷小，x 和 $2x$ 是同阶的无穷小。

关于等价的无穷小有下面重要的定理。

定理 6.4(等价无穷小的代换定理)　若 $\alpha\sim\alpha'$，$\beta\sim\beta'$，且$\lim\frac{\beta'}{\alpha'}$存在，则有

$$\lim\frac{\beta}{\alpha}=\lim\frac{\beta'}{\alpha'}。$$

例 22　$\lim\limits_{x\to 0}\frac{x\tan x}{1-\cos x}$。

解　$\lim\limits_{x\to 0}\frac{x\tan x}{1-\cos x}=\lim\limits_{x\to 0}\frac{x^2}{\frac{x^2}{2}}=2$。

例 23　$\lim\limits_{x\to 0}\frac{\tan x-\sin x}{x^3}$。

解　因为 $\tan x-\sin x=\tan x(1-\cos x)$，当 $x\to 0$ 时，$\tan x\sim x$，$1-\cos x\sim\frac{x^2}{2}$，所以

$$\lim_{x\to 0}\frac{\tan x-\sin x}{x^3}=\lim_{x\to 0}\frac{\tan x(1-\cos x)}{x^3}=\lim_{x\to 0}\frac{x\cdot\frac{x^2}{2}}{x^3}=\frac{1}{2}。$$

应用等价的无穷小求极限时，要注意以下两点：

(1) 分子分母都是无穷小；

(2) 用等价的无穷小代替时，只能替换整个分子或者分母中的因子，而不能替换分子或分母中的项。

下面是几个常用的等价的无穷小：当 $x\to 0$ 时，

$$\sin x\sim x,\quad \tan x\sim x,\quad \arcsin x\sim x,\quad \arctan x\sim x,\quad (1-\cos x)\sim\frac{x^2}{2},$$

$$\ln(1+x)\sim x,\quad (e^x-1)\sim x,\quad (\sqrt[n]{1+x}-1)\sim\frac{1}{n}x。$$

习　题　6.3

1. 判断题：

(1) 无穷小是一个很小的数；　(2) 无穷大是一个很大的数；

(3) 无穷小和无穷大是互为倒数的量；　(4) 一个函数乘以无穷小后为无穷小。

2. 在下列试题中，哪些是无穷小？哪些是无穷大？

(1) $y_n=(-1)^{n+1}\frac{1}{2^n}\ (n\to\infty)$；　(2) $y=5^{-x}(x\to+\infty)$；

(3) $y=\ln x\ (x>0,x\to0)$；　(4) $y=\frac{x+1}{x^2-4}\ (x\to2)$；

(5) $y=2^{\frac{1}{x}}(x\to-\infty)$；　(6) $y=\frac{x^2}{3x}\ (x\to0)$。

3. 求下列各函数极限：

(1) $\lim\limits_{x\to\infty}\frac{\sin x}{x^2}$；　(2) $\lim\limits_{x\to0}\frac{\sin2x\tan3x}{1-\cos2x}$；　(3) $\lim\limits_{x\to0}\frac{1-\cos x}{\tan2x^2}$。

4. 试比较下列各对无穷小的阶：

(1) 当 $x\to0$ 时，x^2+30x^2 与 x^2；　(2) 当 $x\to1$ 时，$1-\sqrt{x}$与 $1-x$；

(3) 当 $x\to\infty$时，$\frac{1}{x}$与$\frac{1}{x^2}$；　(4) 当 $x\to0$ 时，x 与 $x\cos x$。

6.4　极限的运算

6.4.1　极限的四则运算法则

设 $\lim f(x)=A,\lim g(x)=B$，则

(1) $\lim[f(x)\pm g(x)]=\lim f(x)\pm\lim g(x)=A\pm B$；

(2) $\lim[f(x)g(x)]=\lim f(x)\lim g(x)=AB$；

特别有 $\lim Cf(x)=C\lim f(x)=CA$；

(3) $\lim\frac{f(x)}{g(x)}=\frac{\lim f(x)}{\lim g(x)}=\frac{A}{B}\ (B\neq0)$。

法则(1)、(2)可以推广到有限个函数的情形。这些法则通常叫做极限的四则运算法则。特别地，若 n 为正整数，有

推论 1　$\lim[f(x)]^n=[\lim f(x)]^n=A^n$；

推论 2　$\lim\sqrt[n]{f(x)}=\sqrt[n]{\lim f(x)}=\sqrt[n]{A}$ (n 为偶数时，要假设 $\lim f(x)>0$)。

例 24　求$\lim\limits_{x\to2}(4x^2+3)$。

解　$\lim\limits_{x\to2}(4x^2+3)=\lim\limits_{x\to2}4x^2+\lim\limits_{x\to2}3=4(\lim\limits_{x\to2}x)^2+3=4\times2^2+3=19$。

一般地，如果函数 $f(x)$为多项式，则$\lim\limits_{x\to x_0}f(x)=f(x_0)$。

例 25　求$\lim\limits_{x\to0}\frac{2x^2+3}{4-x}$。

解 由于
$$\lim_{x\to 0}(4-x)=\lim_{x\to 0}4-\lim_{x\to 0}x=4-0=4\neq 0,$$
$$\lim_{x\to 0}(2x^2+3)=2(\lim_{x\to 0}x)^2+\lim_{x\to 0}3=3,$$
因此
$$\lim_{x\to 0}\frac{2x^2+3}{4-x}=\frac{3}{4}。$$

如果$\frac{f(x)}{g(x)}$为有理分式函数，且 $g(x_0)\neq 0$ 时，则有$\lim\limits_{x\to x_0}\frac{f(x)}{g(x)}=\frac{f(x_0)}{g(x_0)}$。

例 26 求$\lim\limits_{x\to 3}\frac{x-3}{x^2-9}$。

解 由于$\lim\limits_{x\to 3}(x^2-9)=0$ 因此不能直接用法则 3，又$\lim\limits_{x\to 3}(x-3)=0$，在 $x\to 3$ 的过程中，$x\neq 3$。因此求此分式极限时，应首先约去非零因子 $x-3$，于是
$$\lim_{x\to 3}\frac{x-3}{x^2-9}=\lim_{x\to 3}\frac{1}{x+3}=\frac{1}{6}。$$

注意：上面的变形只能是在求极限的过程中进行，不要误认为函数$\frac{x-3}{x^2-9}$与函数$\frac{1}{x+3}$是同一函数。

例 27 求$\lim\limits_{x\to\infty}\frac{3x^3-5x^2+1}{8x^3+4x-3}$。

解 因分子、分母都是无穷大，所以不能用法则 3，此时可以用分子、分母中 x 的最高次幂 x^3 同除分子、分母，然后再求极限。
$$\lim_{x\to\infty}\frac{3x^3-5x^2+1}{8x^3+4x-3}=\lim_{x\to\infty}\frac{3-\frac{5}{x}+\frac{1}{x^3}}{8+\frac{4}{x^2}-\frac{3}{x^3}}=\frac{3}{8}。$$

一般地，设 $a_0\neq 0$，$b_0\neq 0$，m，n 为正整数，则有
$$\lim_{x\to\infty}\frac{a_0x^n+a_1x^{n-1}+\cdots+a_n}{b_0x^m+b_1x^{m-1}+\cdots+b_m}=\begin{cases}\frac{a_0}{b_0}, & m=n,\\ 0, & m>n,\\ \infty, & m<n。\end{cases}$$

例 28 $\lim\limits_{x\to 0}\frac{x}{2-\sqrt{4+x}}$。

解 由于分母的极限为零，不能直接用法则 3，故用初等代数方法使分母有理化。
$$\lim_{x\to 0}\frac{x}{2-\sqrt{4+x}}=\lim_{x\to 0}\frac{x(2+\sqrt{4+x})}{(2-\sqrt{4+x})(2+\sqrt{4+x})}=\lim_{x\to 0}\frac{x(2+\sqrt{4+x})}{-x}$$
$$=\lim_{x\to 0}(-2-\sqrt{4+x})=-4。$$

例 29　求极限$\lim\limits_{x\to1}\left(\dfrac{2}{x^2-1}-\dfrac{1}{x-1}\right)$。

解　由于不能直接用法则 3,所以应先通分。

$$原式=\lim_{x\to1}\frac{2-(x+1)}{x^2-1}=\lim_{x\to1}\frac{-(x-1)}{(x-1)(x+1)}=\lim_{x\to1}\frac{-1}{x+1}=-\frac{1}{2}。$$

6.4.2　两个重要极限

在求函数极限时,经常要用到两个重要极限。

1. $\lim\limits_{x\to0}\dfrac{\sin x}{x}=1$ (x 取弧度单位)

我们取$|x|$的一系列趋于零的数值时,得到$\dfrac{\sin x}{x}$的一系列对应值,如表 6-2 所示。

表 6-2

x	$\pm\frac{\pi}{9}$	$\pm\frac{\pi}{18}$	$\pm\frac{\pi}{36}$	$\pm\frac{\pi}{72}$	$\pm\frac{\pi}{144}$	$\pm\frac{\pi}{288}$	…
$\frac{\sin x}{x}$	0.97982	0.99493	0.99873	0.99968	0.99992	0.99998	…

从表中可见,当$|x|$愈来愈接近于零时,$\dfrac{\sin x}{x}$的值愈来愈接近于 1,可以证明:

$$\lim_{x\to0}\frac{\sin x}{x}=1\text{(证略)}。$$

此重要极限有两个特征:

(1) 当 $x\to0$ 时,分子、分母均为无穷小,简记为“$\dfrac{0}{0}$”型;

(2) 正弦符号后面的变量与分母的变量完全相同,即$\lim\limits_{\Delta\to0}\dfrac{\sin\Delta}{\Delta}=1$。

例 30　求$\lim\limits_{x\to0}\dfrac{\sin3x}{2x}$。

解　$\lim\limits_{x\to0}\dfrac{\sin3x}{2x}=\lim\limits_{x\to0}\dfrac{\sin3x}{3x}\cdot\dfrac{3}{2}=\dfrac{3}{2}\lim\limits_{3x\to0}\dfrac{\sin3x}{3x}=\dfrac{3}{2}$。

例 31　$\lim\limits_{x\to0}\dfrac{\tan x}{x}$。

解　$\lim\limits_{x\to0}\dfrac{\tan x}{x}=\lim\limits_{x\to0}\left(\dfrac{\sin x}{x}\cdot\dfrac{1}{\cos x}\right)=\lim\limits_{x\to0}\dfrac{\sin x}{x}\lim\limits_{x\to0}\dfrac{1}{\cos x}=1$。

例 32　$\lim\limits_{x\to0}\dfrac{1-\cos x}{x^2}$。

解 $\lim\limits_{x\to 0}\dfrac{1-\cos x}{x^2}=\lim\limits_{x\to 0}\dfrac{2\sin^2\dfrac{x}{2}}{4\left(\dfrac{x}{2}\right)^2}=\dfrac{1}{2}\lim\limits_{x\to 0}\left[\dfrac{\sin\dfrac{x}{2}}{\dfrac{x}{2}}\right]^2=\dfrac{1}{2}\left[\lim\limits_{\frac{x}{2}\to 0}\dfrac{\sin\dfrac{x}{2}}{\dfrac{x}{2}}\right]^2=\dfrac{1}{2}$。

2. $\lim\limits_{x\to\infty}\left(1+\dfrac{1}{x}\right)^x=\mathrm{e}$ **（e=2.718281…是无理数）**

我们先列表观察$\left(1+\dfrac{1}{x}\right)^x$的变化趋势，如表 6-3 所示。

表 6-3

x	10	10^2	10^3	10^4	10^5	10^6	$\cdots\to+\infty$
$\left(1+\dfrac{1}{x}\right)^x$	2.59374	2.70481	2.71692	2.71815	2.71827	2.71828	$\cdots\to\mathrm{e}$
x	-10	-10^2	-10^3	-10^4	-10^5	-10^6	$\cdots\to-\infty$
$\left(1+\dfrac{1}{x}\right)^x$	2.86792	2.73200	2.71964	2.71841	2.71830	2.71828	$\cdots\to\mathrm{e}$

由上表可以看出，当$|x|\to\infty$时，函数$\left(1+\dfrac{1}{x}\right)^x$的值无限地接近于常数 2.71828…，记这个常数为 e，即$\lim\limits_{x\to\infty}\left(1+\dfrac{1}{x}\right)^x=\mathrm{e}$（证略）。

令$\dfrac{1}{x}=t$，则当$x\to\infty$时，$t\to 0$，于是这个极限又可写成另一种等价形式

$$\lim_{t\to 0}(1+t)^{\frac{1}{t}}=\mathrm{e}。$$

例 33 求$\lim\limits_{x\to\infty}\left(1+\dfrac{3}{x}\right)^x$。

解
$$\lim_{x\to\infty}\left(1+\frac{3}{x}\right)^x=\lim_{x\to\infty}\left[\left(1+\frac{1}{\frac{x}{3}}\right)^{\frac{x}{3}}\right]^3,$$

令$\dfrac{x}{3}=t$，则当$x\to\infty$时，$t\to\infty$，所以

$$\lim_{x\to\infty}\left(1+\frac{3}{x}\right)^x=\lim_{x\to\infty}\left[\left(1+\frac{1}{t}\right)^t\right]^3=\mathrm{e}^3。$$

例 34 求$\lim\limits_{x\to\infty}\left(\dfrac{x+3}{x-1}\right)^{x+3}$。

解
$$\lim_{x\to\infty}\left(\frac{x+3}{x-1}\right)^{x+3}=\lim_{x\to\infty}\left(1+\frac{4}{x-1}\right)^{x+3},$$

令$t=\dfrac{4}{x-1}$，则

$$x=\frac{4}{t}+1,\quad x+3=\frac{4}{t}+4,$$

由于当 $x\to\infty$ 时，$t\to 0$，所以

$$\lim_{x\to\infty}\left(\frac{x+3}{x-1}\right)^{x+3}=\lim_{t\to 0}(1+t)^{\frac{4}{t}+4}=\lim_{t\to 0}(1+t)^{\frac{4}{t}}\cdot(1+t)^4$$
$$=[\lim_{t\to 0}(1+t)^{\frac{1}{t}}]^4[\lim_{t\to 0}(1+t)]^4=e^4。$$

习　题　6.4

1. 求下列极限：

(1) $\lim\limits_{x\to -2}(2x^2-5x+3)$；　(2) $\lim\limits_{x\to 0}\left(2-\frac{3}{x-1}\right)$；　(3) $\lim\limits_{x\to 2}\frac{x-2}{x^2-x-2}$；

(4) $\lim\limits_{x\to 0}\frac{5x^3-2x^2+x}{4x^2+2x}$；　(5) $\lim\limits_{x\to\infty}\frac{3x^2+5x+1}{4x^2-2x+5}$；　(6) $\lim\limits_{x\to\infty}\frac{3x^2+x+6}{x^4-3x^2+3}$；

(7) $\lim\limits_{n\to\infty}\frac{1+2+\cdots+n}{n^2}$；　(8) $\lim\limits_{x\to 0}\frac{x^2}{1-\sqrt{1+x^2}}$；　(9) $\lim\limits_{x\to 4}\frac{\sqrt{2x+1}-3}{\sqrt{x-2}-\sqrt{2}}$；

(10) $\lim\limits_{x\to 1}\left(\frac{2}{x^2-1}-\frac{1}{x-1}\right)$；　(11) $\lim\limits_{x\to\infty}\frac{\sin 2x}{x^2}$；　(12) $\lim\limits_{x\to\infty}\frac{(x^2+x)\arctan x}{x^3-x-3}$。

2. 求下列极限：

(1) $\lim\limits_{x\to 0}\frac{\sin 4x}{\tan 5x}$；　(2) $\lim\limits_{x\to 0}\frac{\sin mx}{\sin nx}$；　(3) $\lim\limits_{x\to\infty}x^2\sin^2\frac{1}{x}$；

(4) $\lim\limits_{x\to\infty}\left(1-\frac{3}{x}\right)^x$；　(5) $\lim\limits_{x\to 0}\sqrt[x]{1+3x}$；　(6) $\lim\limits_{x\to\infty}\left(\frac{2x-1}{2x+1}\right)^x$。

6.5　函数的连续性与间断点

6.5.1　函数连续性的概念

1. 函数的改变量

定义 6.15　设变量 u 从它的初值 u_0 变到终值 u_1，则终值与初值之差 u_1-u_0 就叫做变量 u 的增量，又叫做 u 的改变量，记作 Δu，即 $\Delta u=u_1-u_0$。显然自变量的改变量 $\Delta x=x-x_0$，函数的改变量 $\Delta y=f(x)-f(x_0)$。

2. 函数 $f(x)$ 在点 x_0 处的连续性

函数 $y=f(x)$ 在 x_0 处连续，反映到图像上即为曲线在 x_0 的某个邻域内是连绵不断的、没有间断的，如图 6-8 所示，如果函数是不连续的，其图像就在该点处间断了，如图 6-9 所示。给自变量一个增量 Δx，相应地就有函数的增量 Δy，且当 Δx 趋

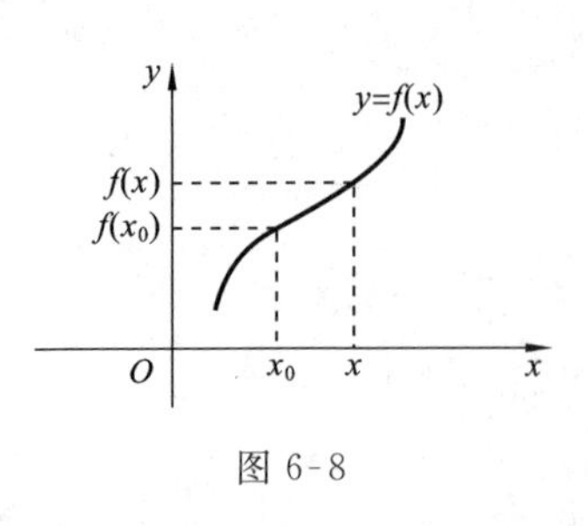

图 6-8

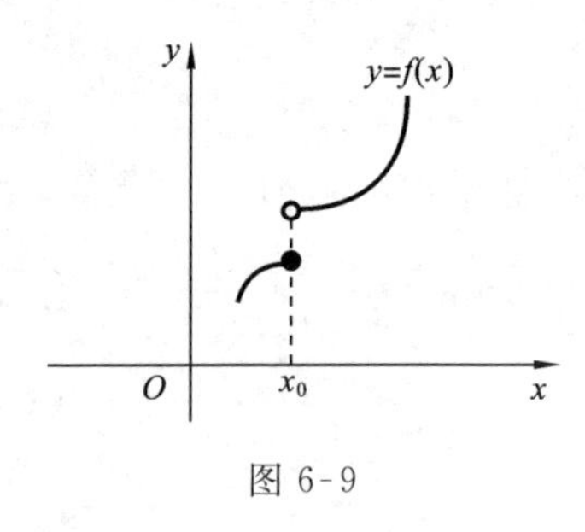

图 6-9

于 0 时，Δy 的绝对值将无限变小。

定义 6.16　设函数 $y=f(x)$ 在点 x_0 及其左右近旁有定义，如果

$$\lim_{\Delta x\to 0}\Delta y=\lim_{\Delta x\to 0}[f(x_0+\Delta x)-f(x_0)]=0,$$

那么称函数 $f(x)$ 在点 x_0 处连续。

令 $x=x_0+\Delta x$，则当 $\Delta x\to 0$ 时，$x\to x_0$，同时 $\Delta y=f(x)-f(x_0)\to 0$ 时，$f(x)\to f(x_0)$，于是有：

定义 6.17　设函数 $y=f(x)$ 在点 x_0 及其左右近旁有定义，且有 $\lim\limits_{x\to x_0}f(x)=f(x_0)$，则称函数 $y=f(x)$ 在点 x_0 处连续。

由定义可知，$f(x)$ 在点 x_0 处连续必须同时满足三个条件：

(1) 函数 $f(x)$ 在点 x_0 有定义；

(2) $\lim\limits_{x\to x_0}f(x)$ 存在；

(3) $\lim\limits_{x\to x_0}f(x)=f(x_0)$。

例 35　判断函数 $f(x)=\begin{cases}x^2+1, x\geqslant 1\\ 3x-1, x<1\end{cases}$ 在点 $x=1$ 处是否连续？

解　$f(x)$ 在点 $x=1$ 处及其附近有定义，$f(1)=1^2+1=2$，且

$$f(1-0)=\lim_{x\to 1^-}f(x)=\lim_{x\to 1^-}(3x-1)=2=f(1),$$

$$f(1+0)=\lim_{x\to 1^+}f(x)=\lim_{x\to 1^+}(x^2+1)=2=f(1),$$

于是
$$f(1-0)=f(1+0)=f(1),$$

因此，函数 $f(x)$ 在 $x=1$ 处连续。

3. 函数 $f(x)$ 在区间 (a,b) 内(或 $[a,b]$ 上)的连续性

定义 6.18　如果函数 $y=f(x)$ 在区间 (a,b) 内每一点连续，则称函数在区间 (a,b) 内连续，区间 (a,b) 称为函数 $y=f(x)$ 的连续区间；如果函数 $f(x)$ 在区间 (a,b) 内连续，并且 $\lim\limits_{x\to a^+}f(x)=f(a)$，$\lim\limits_{x\to b^-}f(x)=f(b)$，则称函数 $f(x)$ 在闭区间 $[a,b]$ 上连续，区间 $[a,b]$ 称为函数 $y=f(x)$ 的连续区间。

在连续区间上，连续函数的图像是一条连绵不断的曲线。

6.5.2　初等函数的连续性

1. 基本初等函数的连续性

基本初等函数在其定义域内都是连续的。

2. 连续函数的和、差、积、商的连续性

如果 $f(x)$，$g(x)$都在点 x_0 处连续，则 $f(x)\pm g(x)$，$f(x)g(x)$，$\dfrac{f(x)}{g(x)}$ $(g(x)\neq 0)$都在点 x_0 处连续（证略）。

3. 复合函数的连续性

设函数 $y=f(u)$在点 u_0 处连续，又函数 $u=\varphi(x)$在点 x_0 处连续，且 $u_0=\varphi(x_0)$，则复合函数 $y=f[\varphi(x)]$在点 x_0 处连续。

这个法则说明了连续函数的复合函数仍为连续函数，并可得到如下结论：

$$\lim_{x\to x_0}f[\varphi(x)]=f[\varphi(x_0)]=f[\lim_{x\to x_0}\varphi(x)]。$$

特别地，当 $\varphi(x)=x$ 时，$\lim\limits_{x\to x_0}f(x)=f(x_0)=f(\lim\limits_{x\to x_0}x)$，这表示对连续函数而言，极限符号与函数符号可以交换次序。

根据上述法则可以证明以下重要定理。

4. 初等函数的连续性

一切初等函数在其定义域内都是连续的。因此，在求初等函数在其定义域内某点处的极限时，只需求函数在该点的函数值即可。

例 36　求下列极限：

(1) $\lim\limits_{x\to\frac{\pi}{2}}\ln\sin x$；　(2) $\lim\limits_{x\to 2}\dfrac{\sqrt{2+x}-2}{x-2}$；

(3) $\lim\limits_{x\to 0}\dfrac{\log_a(1+x)}{x}$ $(a>0,a\neq 1)$；　(4) $\lim\limits_{x\to 0}\dfrac{e^x-1}{x}$。

解　(1) 因为 $x=\dfrac{\pi}{2}$是函数 $y=\ln\sin x$ 定义区间$(0,\pi)$内的一个点，所以

$$\lim_{x\to\frac{\pi}{2}}\ln\sin x=\ln\sin\left(\frac{\pi}{2}\right)=0。$$

(2) 因为 $x=2$ 不是函数$\dfrac{\sqrt{2+x}-2}{x-2}$定义域$[-2,2)\cup(2,+\infty)$内的点，自然不能将 $x=2$ 代入函数计算。当 $x=2$ 时，我们先作变形，再求其极限：

$$\lim_{x\to 2}\frac{\sqrt{2+x}-2}{x-2}=\lim_{x\to 2}\frac{(\sqrt{2+x}-2)(\sqrt{2+x}+2)}{(x-2)(\sqrt{2+x}+2)}=\lim_{x\to 2}\frac{x-2}{(x-2)(\sqrt{2+x}+2)}$$

$$=\lim_{x\to 2}\frac{1}{\sqrt{2+x}+2}=\frac{1}{\sqrt{2+2}+2}=\frac{1}{4}。$$

(3) $\lim\limits_{x\to 0}\dfrac{\log_a(1+x)}{x}=\lim\limits_{x\to 0}\log_a(1+x)^{\frac{1}{x}}=\log[\lim\limits_{x\to 0}(1+x)^{\frac{1}{x}}]=\log_a \mathrm{e}=\dfrac{1}{\ln a}$。

(4) 令 $\mathrm{e}^x-1=t$，则 $x=\ln(1+t)$，且当 $x\to 0$ 时，$t\to 0$。由上题得

$$\lim_{x\to 0}\frac{\mathrm{e}^x-1}{x}=\lim_{t\to 0}\frac{t}{\ln(1+t)}=\lim_{t\to 0}\frac{1}{\dfrac{\ln(1+t)}{t}}=\frac{1}{\ln \mathrm{e}}=1。$$

6.5.3 函数的间断点

定义 6.19 如果函数 $f(x)$ 在点 x_0 处不满足连续的条件，则称函数 $f(x)$ 在点 x_0 处不连续或间断。点 x_0 叫做函数 $f(x)$ 的**不连续点**或**间断点**。

显然，如果函数 $f(x)$ 在点 x_0 处有下列三种情形之一，则点 x_0 为 $f(x)$ 的间断点。

(1) 在点 x_0 处 $f(x)$ 没有定义；

(2) $\lim\limits_{x\to x_0}f(x)$ 不存在；

(3) 虽然 $f(x_0)$ 有定义，且 $\lim\limits_{x\to x_0}f(x)$ 存在，但 $\lim\limits_{x\to x_0}f(x)\neq f(x_0)$。

通常把函数间断点分为两类：函数 $f(x)$ 在点 x_0 处的左右极限都存在的间断点称为第一类间断点；否则称为第二类间断点. 在第一类间断点中左右极限相等的称为可去间断点，不相等的称为跳跃间断点。

例 37 讨论函数 $f(x)=\dfrac{x^2-4}{x-2}$ 的连续性。

解 函数 $f(x)=\dfrac{x^2-4}{x-2}$ 在点 $x=2$ 处没有定义，所以 $x=2$ 是该函数的间断点。由于

$$\lim_{x\to 2}f(x)=\lim_{x\to 2}\frac{x^2-4}{x-2}=\lim_{x\to 2}(x+2)=4,$$

即当 $x\to 2$ 时，极限是存在的，所以 $x=2$ 是第一类的可去间断点（见图 6-10）。

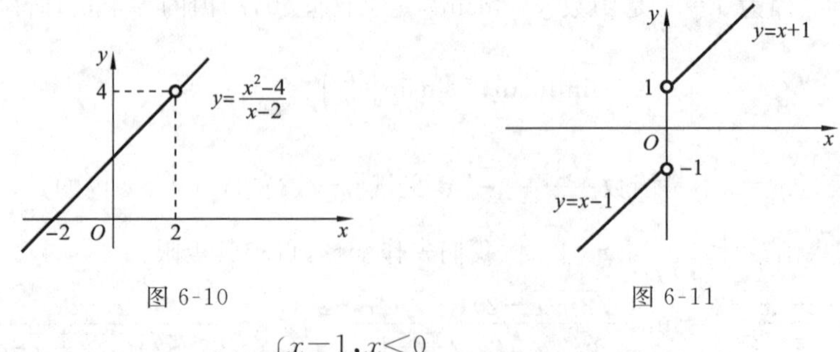

图 6-10　　图 6-11

例 38 讨论函数 $f(x)=\begin{cases}x-1, x<0\\ 0, x=0\\ x+1, x>0\end{cases}$ 在 $x=0$ 处的连续。

解　函数 $f(x)$虽在 $x=0$ 处有定义，但

$$\lim_{x\to 0^-} f(x)=\lim_{x\to 0^-}(x-1)=-1,$$
$$\lim_{x\to 0^+} f(x)=\lim_{x\to 0^+}(x+1)=1,$$

即在点 $x=0$ 处左右极限不相等，所以$\lim\limits_{x\to 0}f(x)$不存在，因此点 $x=0$ 是函数的第一类的跳跃间断点(图 6-11)。

例 39　讨论函数 $y=\dfrac{1}{x}$的间断点，并判断其类型。

解　函数 $y=\dfrac{1}{x}$在 $x=0$ 处无定义，所以 $x=0$ 是间断点。

由于 $\lim\limits_{x\to 0^+}\dfrac{1}{x}=+\infty$，$\lim\limits_{x\to 0^-}\dfrac{1}{x}=-\infty$，即在点 $x=0$ 处左、右极限都不存在。所以 $x=0$是函数的第二类间断点，叫做无穷间断点。

例 40　对于函数 $y=\sin\dfrac{1}{x}$，当 $x\to 0$ 时，$y=\sin\dfrac{1}{x}$的值在 -1 与 1 之间振荡，$\lim\limits_{x\to 0^+}\sin\dfrac{1}{x}$和$\lim\limits_{x\to 0^-}\sin\dfrac{1}{x}$都不存在，所以 $x=0$ 是 $y=\sin\dfrac{1}{x}$的第二类间断点，叫做振荡间断点。

6.5.4　闭区间上连续函数的性质

闭区间上的连续函数有一些重要性质，这些性质在直观上比较明显，因此我们在此只做介绍，不予证明。

定理 6.5(最大值、最小值性质)　设函数 $f(x)$在闭区间$[a,b]$上连续，则函数 $f(x)$在$[a,b]$上一定能取得最大值和最小值。

如图 6-12 所示，函数 $y=f(x)$在区间$[a,b]$上连续，在 ξ_1 处取得最小值 $f(\xi_1)=m$，在 ξ_2 处取得最大值 $f(\xi_2)=M$。

定理 6.6(介值性质)　如果 $f(x)$在$[a,b]$上连续，μ 是介于 $f(x)$的最小值和最大值之间的任一实数，则在点 a 和 b 之间至少可找到一点 ξ，使得 $f(\xi)=\mu$(见图6-13)。

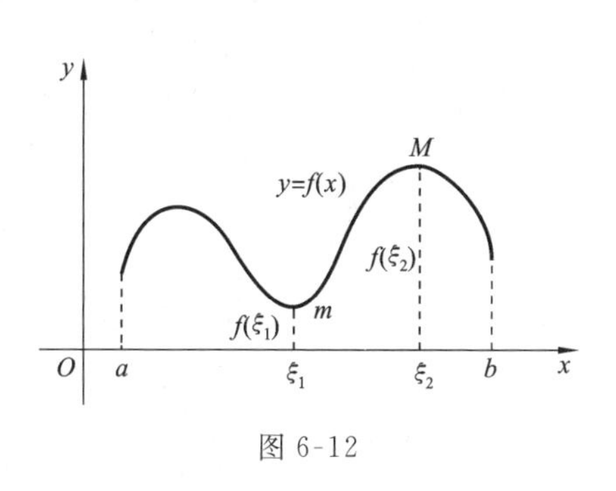

图 6-12

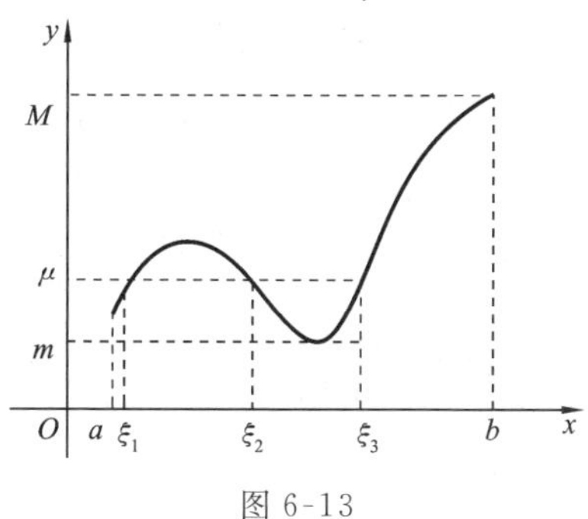

图 6-13

可以看出水平直线 $y=\mu\ (m\leqslant\mu\leqslant M)$，与$[a,b]$上的连续曲线 $y=f(x)$至少相交一次，如果交点的横坐标为 $x=\xi$，则有 $f(\xi)=\mu$。

推论(方程根的存在定理)　如果函数 $f(x)$在闭区间$[a,b]$上连续，且 $f(a)$与 $f(b)$异号，则至少存在一点 $\xi\in(a,b)$使得 $f(\xi)=0$。

如图 6-14 所示，$f(a)<0$，$f(b)>0$，连续曲线上的点由 A 到 B，至少要与 x 轴相交一次。设交点为 ξ，则 $f(\xi)=0$。

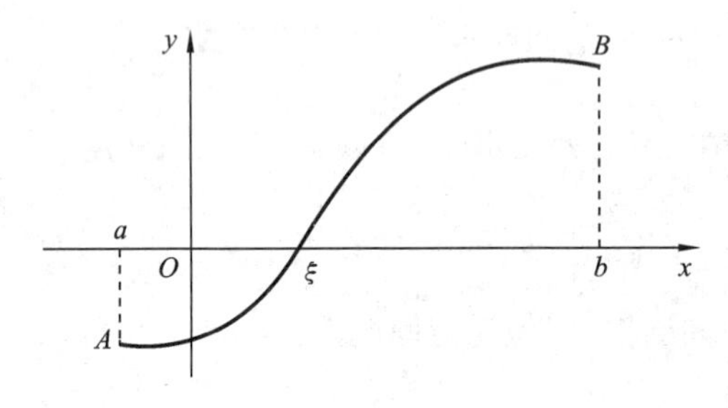

图 6-14

例 41　证明方程 $x^4+x=1$ 至少有一个根介于 0 和 1 之间。

证明　设 $f(x)=x^4+x-1$，则 $f(x)$的$[0,1]$上连续，且

$$f(0)=-1<0,\quad f(1)=1>0。$$

根据方程根的存在定理，至少存在一点 $\xi\in(0,1)$，使 $f(\xi)=0$，此即说明了方程 $x^4+x=1$ 至少有一个根介于 0 和 1 之间。

习　题　6.5

1. 设函数 $f(x)=\begin{cases} x, & 0<x<1, \\ 2, & x=1, \\ 2-x, & 1<x<2, \end{cases}$ 讨论函数 $f(x)$在 $x=1$ 处的连续性，并求函数的连续区间。

2. 求下列函数的间断点，并判断其类型。

(1) $f(x)=x\cos\dfrac{1}{x}$；　　(2) $f(x)=\dfrac{x^2-1}{x^2-3x+2}$；

(3) $f(x)=\begin{cases} x+1, & 0<x\leqslant 1, \\ 2-x, & 1<x\leqslant 3。\end{cases}$

3. 在下列函数中，当 K 取何值时，函数 $f(x)$在其定义域内连续？

(1) $f(x)=\begin{cases} Ke^x, & x<0, \\ K^2+x, & x\geqslant 0; \end{cases}$　　(2) $f(x)=\begin{cases} \dfrac{\sin 2x}{x}, & x<0, \\ 3x^2-2x+K, & x\geqslant 0。\end{cases}$

4. 证明方程 $x2^x-1=0$ 至少有一个小于 1 的正根。

第 7 章　导数与微分及其应用

导数和微分是微分学的基本概念。导数概念最初是从寻找曲线的切线以及确定变速直线运动的瞬时速度而产生的，它在理论上和实践中有着广泛的应用，微分是伴随着导数而产生的概念。本章将首先介绍导数的概念、计算方法及其应用，然后介绍微分的概念和计算，并简单地介绍微分的应用。

7.1　导数的概念

7.1.1　变化率问题举例

1. 变速直线运动的瞬时速度

设一质点作变速直线运动。它运动的路程 s 是时间 t 的函数，记作 $s=s(t)$。下面求质点在某一时刻 t_0 的速度 $v(t_0)$。

从 t_0 到 $t_0+\Delta t$ 这一段时间内，质点的平均速度为

$$\bar{v}=\frac{\Delta s}{\Delta t}=\frac{s(t_0+\Delta t)-s(t_0)}{\Delta t},$$

当时间间隔 $|\Delta t|$ 很小时，物体运动的快慢变化不大，可以用平均速度 $\bar{v}$ 近似地表示质点在时刻 t_0 的速度 $v(t_0)$。可以想象，$|\Delta t|$ 越小，近似程度就越高，即 $\bar{v}$ 越接近 $v(t_0)$。

因此当 $\Delta t\to 0$ 时，$\bar{v}\to v(t_0)$，即

$$v(t_0)=\lim_{\Delta t\to 0}\bar{v}=\lim_{\Delta t\to 0}\frac{\Delta s}{\Delta t}=\lim_{\Delta t\to 0}\frac{s(t_0+\Delta t)-s(t_0)}{\Delta t}$$

2. 曲线的切线的斜率

设曲线的方程为 $y=f(x)$（见图 7-1），$M(x_0,y_0)$ 为曲线 $y=f(x)$ 上一点，下面来求点 $M(x_0,y_0)$ 处的切线的斜率 k。

在曲线上另取一点 $P(x_0+\Delta x,y_0+\Delta y)$，连接 M 与 P 得割线 MP，当点 P 沿曲线接近于点 M 时，割线 MP 的极限位置 MT 叫做曲线 $y=f(x)$ 在点 M 处的切线。

设割线 MP 的倾斜角为 φ，切线 MT 的倾斜角为 θ，则当点 P 沿曲线趋向于点 M（即 $\Delta x\to 0$）时，有 $\varphi\to\theta$，从而有 $\tan\varphi\to\tan\theta$，于是

$$k=\tan\theta=\lim_{\Delta x\to 0}\tan\varphi=\lim_{\Delta x\to 0}\frac{\Delta y}{\Delta x}=\lim_{\Delta x\to 0}\frac{f(x_0+\Delta x)-f(x_0)}{\Delta x}。$$

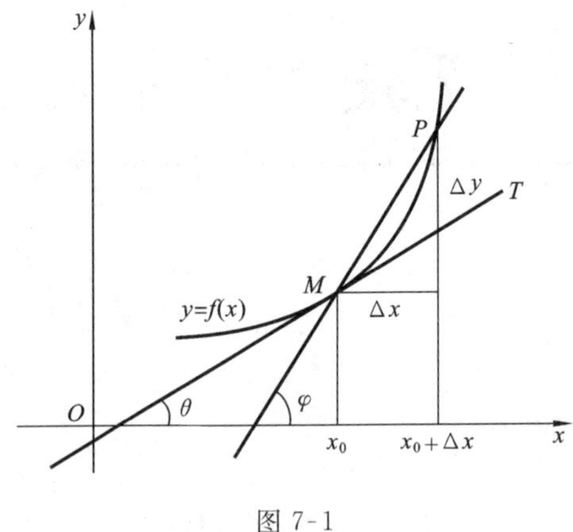

图 7-1

7.1.2　导数的概念

上述两个问题，一个是物理问题，一个是几何问题，它们的实际意义不同，但解决问题的数学方法是相同的，都把所求的量归结为求当自变量的改变量趋向于零时，函数的改变量与自变量的改变量之比的极限。这类极限问题，在其他实际问题里也会遇到，如电学中的电流等等。如果撇开这些问题的实际意义，抽象出它们在数量方面的共性，就可以得到函数的导数的定义。

定义 7.1　设函数 $y=f(x)$在点 x_0 及其附近有定义，当自变量 x 在点 x_0 处有改变量 Δx 时，相应地函数 y 有改变量 $\Delta y=f(x_0+\Delta x)-f(x_0)$。如果极限

$$\lim_{\Delta x\to 0}\frac{\Delta y}{\Delta x}=\lim_{\Delta x\to 0}\frac{f(x_0+\Delta x)-f(x_0)}{\Delta x}$$

存在，则称函数 $y=f(x)$在点 x_0 处可导，并称此极限值为函数 $y=f(x)$在点 x_0 处的**导数**，记作 $f'(x_0)$、$y'|_{x=x_0}$、$\left.\frac{\mathrm{d}y}{\mathrm{d}x}\right|_{x=x_0}$或$\left.\frac{\mathrm{d}f(x)}{\mathrm{d}x}\right|_{x=x_0}$，即

$$f'(x_0)=\lim_{\Delta x\to 0}\frac{\Delta y}{\Delta x}=\lim_{\Delta x\to 0}\frac{f(x_0+\Delta x)-f(x_0)}{\Delta x}。$$

如果极限不存在，则称函数 $y=f(x)$在点 x_0 处不可导。

如果函数 $y=f(x)$在区间(a,b)内的每一点都可导，则称函数 $y=f(x)$在区间(a,b)内可导，这时，对于(a,b)内的每一个确定的 x 值，都对应着一个确定的函数值 $f'(x)$，于是就确定了一个新的函数，叫做函数 $y=f(x)$的**导函数**，记作 $f'(x)$、y'、$\frac{\mathrm{d}y}{\mathrm{d}x}$或$\frac{\mathrm{d}f(x)}{\mathrm{d}x}$等，即

$$f'(x)=\lim_{\Delta x\to 0}\frac{f(x+\Delta x)-f(x)}{\Delta x},\quad x\in(a,b)。$$

在不致混淆的情况下，导函数也简称**导数**。

显然，函数 $y=f(x)$ 在点 x_0 处的导数 $f'(x_0)$ 就是导函数 $f'(x)$ 在点 $x=x_0$ 处的函数值，即

$$f'(x_0)=f'(x)\big|_{x=x_0}。$$

根据导数的定义，上述两个实际问题又可叙述为：

(1) 作变速直线运动的物体在时刻 t_0 的瞬时速度，就是路程函数 $s=f(t)$ 在 t_0 处对时间 t 的导数，即 $v(t_0)=\left.\dfrac{\mathrm{d}s}{\mathrm{d}t}\right|_{t=t_0}$；

(2) 曲线 $y=f(x)$ 在点 $M(x_0,f(x_0))$ 处的切线斜率，就是函数 $y=f(x)$ 在点 x_0 处对自变量 x 的导数，即 $k=\left.\dfrac{\mathrm{d}y}{\mathrm{d}x}\right|_{x=x_0}$。

7.1.3　求导数举例

由导数的定义可知，求 $y=f(x)$ 的导数 y' 的一般步骤如下：

(1) 求出函数的改变量 $\Delta y=f(x+\Delta x)-f(x)$；

(2) 算比值 $\dfrac{\Delta y}{\Delta x}$；

(3) 求极限 $\lim\limits_{\Delta x\to 0}\dfrac{\Delta y}{\Delta x}$。

例1　求函数 $y=x^2$ 在 $x_0=1$ 处的导数，即 $f'(1)$。

解　(1) 求出函数的改变量 $\Delta y=f(1+\Delta x)-f(1)=(1+\Delta x)^2-1^2=2\Delta x+(\Delta x)^2$；

(2) 算比值 $\dfrac{\Delta y}{\Delta x}=\dfrac{2\Delta x+(\Delta x)^2}{\Delta x}=2+\Delta x\ (\Delta x\neq 0)$；

(3) 求极限 $f'(1)=\lim\limits_{\Delta x\to 0}\dfrac{\Delta y}{\Delta x}=\lim\limits_{\Delta x\to 0}(2+\Delta x)=2$。

所以

$$f'(1)=2。$$

例2　求 $y=C$（C 为常数）的导数。

解　(1) 求出函数的改变量 $\Delta y=C-C=0$；

(2) 算比值 $\dfrac{\Delta y}{\Delta x}=\dfrac{0}{\Delta x}=0$；

(3) 求极限 $y'=\lim\limits_{\Delta x\to 0}\dfrac{\Delta y}{\Delta x}=0$，即

$$(C)'=0。$$

例3　求 $y=x^n(n\in\mathbf{N})$ 的导数。

解　(1) 求出函数的改变量

$$\Delta y=(x+\Delta x)^n-x^n=nx^{n-1}\Delta x+\mathrm{C}_n^2x^{n-2}(\Delta x)^2+\cdots+(\Delta x)^n；$$

(2) 算比值

$$\frac{\Delta y}{\Delta x}=nx^{n-1}+C_n^2x^{n-2}\Delta x+\cdots+(\Delta x)^{n-1};$$

(3) 求极限

$$y'=\lim_{\Delta x\to 0}\frac{\Delta y}{\Delta x}=nx^{n-1},$$

从而有

$$(x^n)'=nx^{n-1}。$$

可以证明,一般的幂函数 $y=x^\alpha$(α 为实数)的导数为

$$(x^\alpha)'=\alpha x^{\alpha-1}。$$

例如

$$(\sqrt{x})'=(x^{\frac{1}{2}})'=\frac{1}{2}x^{-\frac{1}{2}}=\frac{1}{2\sqrt{x}},\quad \left(\frac{1}{x}\right)'=(x^{-1})'=-x^{-2}=-\frac{1}{x^2}。$$

类似的,根据导数的定义还可以得到

$$(\sin x)'=\cos x;\quad (\cos x)'=-\sin x;$$

$$(a^x)'=a^x\ln a;\quad (\log_a x)'=\frac{1}{x\ln a}。$$

特别地,当 $a=\mathrm{e}$ 时,有

$$(\mathrm{e}^x)=\mathrm{e}^x,\quad (\ln x)'=\frac{1}{x}。$$

幂函数、指数函数、对数函数、正弦函数、余弦函数的导数公式是计算导数的基本公式,应当熟记。其余基本初等函数的导数公式将在后面给出。

7.1.4 导数的几何意义和物理意义

由前面的讨论可知:函数 $y=f(x)$ 在点 x_0 处的导数的几何意义就是曲线 $y=f(x)$ 在点 $(x_0,f(x_0))$ 处的切线斜率。

如果 $f'(x_0)$ 存在,则曲线 $y=f(x)$ 在点 $M(x_0,f(x_0))$ 处的切线方程为 $y-f(x_0)=f'(x_0)(x-x_0)$。

例 4 已知曲线 $y=x^2$,试求:(1) 曲线在点(1,1)处的切线方程;(2) 曲线上哪一点处的切线与直线 $y=4x-1$ 平行?

解 (1) 因为 $y'=2x$,根据导数的几何意义,曲线 $y=x^2$ 在点(1,1)处的切线的斜率为 $y'|_{x=1}=2$,故所求的切线方程为

$$y-1=2(x-1),\quad 即\quad 2x-y-1=0。$$

(2) 设所求的切点为 $M(x_0,y_0)$,曲线 $y=x^2$ 在点 M 处的切线斜率为

$$y'|_{x=x_0}=2x|_{x=x_0}=2x_0,$$

切线与直线 $y=4x-1$ 平行时,它们的斜率相等,即 $2x_0=4$,所以 $x_0=2$,此时 y_0

$=4$,所以曲线在点 $M(2,4)$ 处的切线与直线 $y=4x-1$ 平行。

对于不同的物理量,导数的物理意义不同。如变速直线运动的路程函数 $s=s(t)$ 的导数就是速度,即 $s'(t)=v(t)$。

$Q=Q(t)$ 是通过导体某截面的电量,它是时间 t 的函数,$Q(t)$ 对时间的导数,就是电流,即 $Q'(t)=i(t)$。

习　题　7.1

1. 物体作直线运动,运动方程为 $s=3t^2-5t$,求:
   (1) 物体在2秒到 $(2+\Delta t)$ 秒的平均速度;
   (2) 物体在2秒时的速度;
   (3) 物体在 t_0 秒到 $(t+t_0)$ 秒的平均速度;
   (4) 物体在 t_0 秒时的速度。
2. 利用导数定义求下列函数的导数:
   (1) $y=1/x^2$;　(2) $y=\cos x$;　(3) $y=ax+b$ (a,b 都是常数)。
3. 求下列函数的导数:
   (1) $y=\sqrt[3]{x^2}$;　(2) $y=1/\sqrt{x}$;　(3) $y=x^{-3}$;
   (4) $y=x^2\sqrt[3]{x}$;　(5) $y=\dfrac{x^2\sqrt{x}}{\sqrt[4]{x}}$。
4. 求下列曲线在指定点处的切线方程:
   (1) $y=x^3$ 在点 $(1,1)$ 处;
   (2) $y=\ln x$ 在点 $(\mathrm{e},1)$ 处。
5. 在抛物线 $y=x^2$ 上依次取 $M_1(1,1)$,$M_2(3,9)$ 两点,过这两点作割线,问抛物线上哪一点的切线平行于这条割线?

7.2　导数的求导法则

7.2.1　函数四则运算的求导法则

法则1　设函数 $u(x)$ 与 $v(x)$ 在点 x 处可导,则函数 $u\pm v, uv, \dfrac{u}{v}$ $(v\neq 0)$ 在点 x 处可导,并且

(1) $(u\pm v)'=u'\pm v'$;

(2) $(uv)'=u'v+uv'$;

(3) $\left(\dfrac{u}{v}\right)'=\dfrac{u'v-uv'}{v^2}$ $(v\neq 0)$。

证明从略。

在法则(2)中，若 $v(x)=C$（C 为常数），则

$$[Cu(x)]'=Cu'(x)。$$

例 5　求函数 $y=\sqrt{x}-3\sin x+\log_3 x+\cos\frac{\pi}{3}$ 的导数。

解

$$\begin{aligned} y'&=\left[\sqrt{x}-3\sin x+\log_3 x+\cos\frac{\pi}{3}\right]' \\ &=(\sqrt{x})'-(3\sin x)'+(\log_3 x)'+\left(\cos\frac{\pi}{3}\right)' \\ &=\frac{1}{2\sqrt{x}}-3\cos x+\frac{1}{x\ln 3}。\end{aligned}$$

例 6　求函数 $y=x^4\ln x$ 的导数。

解　$y'=(x^4\ln x)'=(x^4)'\ln x+x^4(\ln x)'=4x^3\ln x+x^4(1/x)=x^3(4\ln x+1)$。

例 7　求函数 $y=\tan x$ 的导数。

解　$y'=(\tan x)'=\left(\dfrac{\sin x}{\cos x}\right)'=\dfrac{(\sin x)'\cos x-\sin x(\cos x)'}{(\cos x)^2}$

$$=\frac{\cos^2 x+\sin^2 x}{\cos^2 x}=\sec^2 x,$$

即

$$(\tan x)'=\sec^2 x。$$

用类似的方法可得 $(\cot x)'=-\csc^2 x$。

例 8　求函数 $y=\sec x$ 的导数。

解　$y'=(\sec x)'=\left(\dfrac{1}{\cos x}\right)'=-\dfrac{(\cos x)'}{(\cos x)^2}=\dfrac{\sin x}{\cos^2 x}=\sec x\tan x$，

即

$$(\sec x)'=\sec x\tan x。$$

用类似的方法可得

$$(\csc x)'=-\csc x\cot x。$$

例 9　设 $f(x)=\dfrac{\cos x}{1+\sin x}$，求 $f'\left(\dfrac{\pi}{4}\right)$ 和 $f'\left(\dfrac{\pi}{2}\right)$。

解　因为

$$\begin{aligned} f'(x)&=\frac{(\cos x)'(1+\sin x)-\cos x(1+\sin x)'}{(1+\sin x)^2} \\ &=\frac{-\sin x(1+\sin x)-\cos x\cos x}{(1+\sin x)^2} \\ &=\frac{-(1+\sin x)}{(1+\sin x)^2}=-\frac{1}{1+\sin x},\end{aligned}$$

所以

$$f'\left(\frac{\pi}{4}\right)=-\frac{1}{1+\sin\frac{\pi}{4}}=-\frac{1}{1+\frac{\sqrt{2}}{2}}=\sqrt{2}-2;$$

$$f'\left(\frac{\pi}{2}\right)=-\frac{1}{1+\sin\left(\frac{\pi}{2}\right)}=-\frac{1}{1+1}=-\frac{1}{2}。$$

7.2.2　复合函数的求导法则

到现在为止,虽然利用函数的四则运算求导法则和基本初等函数的导数公式会求一些简单函数的导数,但在实际问题中遇到较多的复合函数,如 $\ln\sin x$,$\sin\frac{2x}{1+x^2}$ 等,如何求它们的导数? 为此下面给出复合函数的求导法则。

法则 2　设函数 $u=\varphi(x)$ 在点 x 处可导,函数 $y=f(u)$ 在对应点 u 处可导,则复合函数 $y=f[\varphi(x)]$ 在点 x 处可导,且有

$$\{f[\varphi(x)]\}'=f'(u)\varphi'(x),$$

上式也可写成

$$y'_x=y'_u\cdot u'_x \quad 或 \quad \frac{\mathrm{d}y}{\mathrm{d}x}=\frac{\mathrm{d}y}{\mathrm{d}u}\cdot\frac{\mathrm{d}u}{\mathrm{d}x}。$$

证明从略。

复合函数的求导法则可以推广到有限次复合的复合函数中去. 例如,设 $y=f(u)$,$u=\varphi(x)$,$v=\psi(x)$ 都可导,则

$$\frac{\mathrm{d}y}{\mathrm{d}x}=\frac{\mathrm{d}y}{\mathrm{d}u}\cdot\frac{\mathrm{d}u}{\mathrm{d}v}\cdot\frac{\mathrm{d}v}{\mathrm{d}x}。$$

复合函数的求导法则是微分法中重要的一个法则,这个法则是把复合函数的导数用构成它的各函数的导数表达出来。

例 10　求函数 $y=(1-3x+x^2)^5$ 的导数。

解　由于 $y=(1-3x+x^2)^5$ 是由 $y=u^5$,$u=1-3x+x^2$ 复合而成,所以

$$\frac{\mathrm{d}y}{\mathrm{d}x}=\frac{\mathrm{d}y}{\mathrm{d}u}\cdot\frac{\mathrm{d}u}{\mathrm{d}x}=5u^4\cdot(-3+2x)=5(2x-3)(1-3x+x^2)^4。$$

例 11　设 $y=\cos(x^2+3)$,求 $\frac{\mathrm{d}y}{\mathrm{d}x}$。

解　因 $y=\cos(x^2+3)$ 是由 $y=\cos u$,$u=x^2+3$ 复合而成,所以

$$\frac{\mathrm{d}y}{\mathrm{d}x}=\frac{\mathrm{d}y}{\mathrm{d}u}\cdot\frac{\mathrm{d}u}{\mathrm{d}x}=-\sin u\cdot(2x+0)=-2x\sin(x^2+3)。$$

如对复合函数的复合过程掌握熟练、正确,则可不写出中间变量,只要记住复合过程,就可进行复合函数的导数计算。

例 12　设 $y=\sec^2\frac{x}{2}$,求 y'。

解

$$y'=\left(\sec^2\frac{x}{2}\right)'=2\sec\frac{x}{2}\cdot\left(\sec\frac{x}{2}\right)'$$

$$=2\sec\frac{x}{2}\cdot\sec\frac{x}{2}\tan\frac{x}{2}\cdot\left(\frac{x}{2}\right)'$$

$$=2\sec\frac{x}{2}\cdot\sec\frac{x}{2}\tan\frac{x}{2}\cdot\frac{1}{2}=\sec^2\frac{x}{2}\tan\frac{x}{2}。$$

例 13 设 $y=\ln\tan 2x$，求 y'。

解 $y'=(\ln\tan 2x)'=\dfrac{1}{\tan 2x}\cdot(\tan 2x)'=\dfrac{1}{\tan 2x}\cdot\sec^2 2x(2x)'$

$$=\frac{2\sec^2 2x}{\tan 2x}=\frac{4}{\sin 4x}。$$

例 14 设 $y=\ln(x+\sqrt{x^2+a^2})\ (a>0)$，求 y'。

解 $y'=[\ln(x+\sqrt{x^2+a^2})]'=\dfrac{1}{x+\sqrt{x^2+a^2}}(x+\sqrt{x^2+a^2})'$

$$=\frac{1}{x+\sqrt{x^2+a^2}}\left(1+\frac{2x}{2\sqrt{x^2+a^2}}\right)=\frac{1}{\sqrt{x^2+a^2}}。$$

7.2.3 基本初等函数的求导公式

前面我们推得了一些基本初等函数的导数公式，现将所有的基本初等函数的求导公式归纳如下：

(1) $(C)'=0$； (2) $(x^\alpha)'=\alpha x^{\alpha-1}$； (3) $(e^x)'=e^x$；

(4) $(a^x)'=a^x\ln a$； (5) $(\log_a x)'=\dfrac{1}{x\ln a}$； (6) $(\ln x)'=\dfrac{1}{x}$；

(7) $(\sin x)'=\cos x$； (8) $(\cos x)'=-\sin x$； (9) $(\tan x)'=\sec^2 x$；

(10) $(\cot x)'=-\csc^2 x$； (11) $(\sec x)'=\sec x\tan x$；

(12) $(\csc x)'=-\csc x\cot x$； (13) $(\arcsin x)'=\dfrac{1}{\sqrt{1-x^2}}$；

(14) $(\arccos x)'=-\dfrac{1}{\sqrt{1-x^2}}$； (15) $(\arctan x)'=\dfrac{1}{1+x^2}$；

(16) $(\text{arccot}\,x)'=-\dfrac{1}{1+x^2}$。

习 题 7.2

1. 求下列函数在指定点处的导数：

(1) $f(x)=x\sin x+\dfrac{1}{2}\cos x, x=\dfrac{\pi}{4}$； (2) $f(x)=\dfrac{x-\sin x}{x+\sin x}, x=\dfrac{\pi}{2}$。

2. 求下列函数的导数：

(1) $y=\dfrac{x^4+x^2+1}{\sqrt{x}}$； (2) $y=\sqrt[3]{x^2}-3\tan x+\ln 4$；

(3) $y=x^3\ln x$；　　(4) $y=\dfrac{\sin x}{\sin x+\cos x}$。

3. 求下列函数的导数：

(1) $y=(x^2-3x-5)^4$；　　(2) $y=3\sin(x^2+1)$；

(3) $y=\cot^2(5-2x)$；　　(4) $y=\dfrac{1}{x-\sqrt{x^2+a^2}}\ (a>0)$；

(5) $y=\arctan 3x^2$；　　(6) $y=2^{\ln x}$；

(7) $y=x^{10}+10^x$；　　(8) $y=\ln\sin 3x$；

(9) $y=\mathrm{e}^{\arctan\sqrt{x}}$；　　(10) $y=\ln^2 x+\ln x^2$；

(11) $y=x\sin^2 x-\cos x^2$。

7.3　二阶导数

7.3.1　二阶导数的概念

定义 7.2　一般地，函数 $y=f(x)$ 的导数 $y'=f'(x)$ 仍然是 x 的函数，如果它能求导，我们把 $y'=f'(x)$ 的导数叫做函数 $y=f(x)$ 的二阶导数，记作 y''，$f''(x)$ 或 $\dfrac{\mathrm{d}^2y}{\mathrm{d}x^2}$，即

$$y''=(y')',\quad f''(x)=[f'(x)]',\quad \frac{\mathrm{d}^2y}{\mathrm{d}x^2}=\frac{\mathrm{d}}{\mathrm{d}x}\left(\frac{\mathrm{d}y}{\mathrm{d}x}\right)。$$

相应地，把 $y=f(x)$ 的导数 $f'(x)$ 叫做函数 $y=f(x)$ 的一阶导数。

7.3.2　二阶导数的力学意义

二阶导数有明显的力学意义，如质点作变速直线运动的路程函数为 $s=f(t)$，则速度 $v(t)=f'(t)$，而加速度 $a(t)=v'(t)=[f'(t)]'=f''(t)$，即加速度 a 是路程函数 $s=f(t)$ 对时间 t 的二阶导数。

例 15　求下列函数的二阶导数：

(1) $y=\cos^2\dfrac{x}{2}$；　　(2) $y=\ln(1-x^2)$；　　(3) $y=\mathrm{e}^{-t}\cos t$。

解　(1)
$$y'=\left(\cos^2\frac{x}{2}\right)'=2\cos\frac{x}{2}\left(-\sin\frac{x}{2}\right)\frac{1}{2}=-\frac{1}{2}\sin x,$$

$$y''=\left(-\frac{1}{2}\sin x\right)'=-\frac{1}{2}\cos x。$$

(2)
$$y'=[\ln(1-x^2)]'=-\frac{2x}{1-x^2},$$

$$y''=\left(-\frac{2x}{1-x^2}\right)'=\frac{-2(1-x^2)-(-2x)(-2x)}{(1-x^2)^2}=-\frac{2(1+x^2)}{(1-x^2)^2}。$$

(3)
$$y'=(e^{-t}\cos t)'=-e^{-t}\cos t-e^{-t}\sin t=-e^{-t}(\cos t+\sin t),$$
$$y''=e^{-1}(\cos t+\sin t)-e^{-t}(-\sin t+\cos t)=2e^{-t}\sin t。$$

例 16　设 $y=f(x)=\arctan x$，求 $f'(0)$，$f''(0)$。

解　因为
$$y'=(\arctan x)'=\frac{1}{1+x^2},$$
$$y''=\left(\frac{1}{1+x^2}\right)'=-\frac{2x}{(1+x^2)^2},$$
所以
$$f'(0)=\frac{1}{1+0}=1,\quad f''(0)=0。$$

例 17　已知物体作变速直线运动，其运动方程为 $s=\frac{1}{5}t^5+\frac{1}{3}t^3-\frac{1}{2}t+4$ (m)，求物体在时刻 $t=2$ (s)时的加速度。

解　因为
$$s=\frac{1}{5}t^5+\frac{1}{3}t^3-\frac{1}{2}t+4\ (\text{m}),$$
所以
$$v=s'=t^4+t^2-\frac{1}{2},\quad a=s''=4t^3+2t,$$
那么
$$a|_{t=2}=4\times 2^3+2\times 2=36\ (\text{m/s}^2)。$$

习　题　7.3

1. 求下列函数的二阶导数：

(1) $y=xe^{x^2}$；　　(2) $y=\ln(1-x^2)$；

(3) $y=(1+x^2)\arctan x$；　　(4) $y=\sqrt{a^2-x^2}$。

2. 设 $f(x)=\cos\ln x$，求 $f''(e)$。

7.4　洛必塔法则

在极限的学习中，我们遇到过如下情形：在某个变化过程中 $f(x)$、$g(x)$都趋于零(或都趋于无穷大)，$\frac{f(x)}{g(x)}$的极限可能存在，也可能不存在，我们把这种极限叫做**未定式**，分别称为$\frac{0}{0}$型或$\frac{\infty}{\infty}$型的未定式。我们也曾通过适当的变形求出某些未定式的极限。下面介绍一种简便而有效的求未定式极限的方法——**洛必塔法则**。

法则 3　若函数 $f(x)$与 $g(x)$满足：

(1) $\lim\limits_{x\to x_0}f(x)=0$ (或∞)，$\lim\limits_{x\to x_0}g(x)=0$ (或∞) $\left(即\frac{f(x)}{g(x)}为\frac{0}{0}或\frac{\infty}{\infty}\right)$；

(2) $f(x)$与$g(x)$在x_0某个邻域内可导(点x_0除外),且$g'(x)\neq 0$;

(3) $\lim\limits_{x\to x_0}\frac{f'(x)}{g'(x)}=A$ (或∞)。则有$\lim\limits_{x\to x_0}\frac{f(x)}{g(x)}=\lim\limits_{x\to x_0}\frac{f'(x)}{g'(x)}=A$ (或∞)。

证明从略。

例 18　求$\lim\limits_{x\to 0}\frac{e^x-1}{x}$。

解　由洛必塔法则得

$$\lim_{x\to 0}\frac{e^x-1}{x}\xlongequal{\frac{0}{0}}\lim_{x\to 0}\frac{(e^x-1)'}{(x)'}=\lim_{x\to 0}\frac{e^x}{1}=1。$$

例 19　求$\lim\limits_{x\to 0}\frac{\ln(1+x)}{x^2}$。

解　由洛必塔法则得

$$\lim_{x\to 0}\frac{\ln(1+x)}{x^2}\xlongequal{\frac{0}{0}}\lim_{x\to 0}\frac{[\ln(1+x)]'}{(x^2)'}=\lim_{x\to 0}\frac{1}{2x(1+x)}=\infty。$$

例 20　求$\lim\limits_{x\to\frac{\pi}{2}}\frac{\cos x}{x-\frac{\pi}{2}}$。

解　由洛必塔法则得

$$\lim_{x\to\frac{\pi}{2}}\frac{\cos x}{x-\frac{\pi}{2}}\xlongequal{\frac{0}{0}}\lim_{x\to\frac{\pi}{2}}\frac{(\cos x)'}{\left(x-\frac{\pi}{2}\right)'}=\lim_{x\to\frac{\pi}{2}}\frac{-\sin x}{1}=-1。$$

如果$\frac{f'(x)}{g'(x)}$当$x\to x_0$时,仍属$\frac{0}{0}$或$\frac{\infty}{\infty}$型,且仍满足洛必塔法则中的条件,那么可继续应用洛必塔法则进行计算,即

$$\lim_{x\to x_0}\frac{f(x)}{g(x)}\xlongequal{\frac{0}{0}}\lim_{x\to x_0}\frac{f'(x)}{g'(x)}\xlongequal{\frac{0}{0}}\lim_{x\to x_0}\frac{f''(x)}{g''(x)}。$$

例 21　求$\lim\limits_{x\to 1}\frac{x^3-3x+2}{x^3-x^2-x+1}$。

解　$$\lim_{x\to 1}\frac{x^3-3x+2}{x^3-x^2-x+1}\xlongequal{\frac{0}{0}}\lim_{x\to 1}\frac{(x^3-3x+2)'}{(x^3-x^2-x+1)'}=\lim_{x\to 1}\frac{3x^2-3}{3x^2-2x-1}$$

$$\xlongequal{\frac{0}{0}}\lim_{x\to 1}\frac{6x}{6x-2}=\frac{3}{2}。$$

注意:若所求极限已不是未定式,则不能再应用洛必塔法则,否则会导致错误的结果。

例 22　求$\lim\limits_{x\to 0}\frac{e^x-e^{-x}-2x}{x-\sin x}$。

解 $\lim\limits_{x\to 0}\frac{e^x-e^{-x}-2x}{x-\sin x}\overset{\frac{0}{0}}{=\!=}\lim\limits_{x\to 0}\frac{e^x+e^{-x}-2}{1-\cos x}\overset{\frac{0}{0}}{=\!=}\lim\limits_{x\to 0}\frac{e^x-e^{-x}}{\sin x}\overset{\frac{0}{0}}{=\!=}\lim\limits_{x\to 0}\frac{e^x+e^{-x}}{\cos x}=2$。

式中$\lim\limits_{x\to 0}\frac{e^x+e^{-x}}{\cos x}$已不是未定式。

上述法则是关于 $x\to x_0$ 时的未定式，对于 $x\to\infty$时同样适用。

例 23 求 $\lim\limits_{x\to+\infty}\frac{\frac{\pi}{2}-\arctan x}{\frac{1}{x}}$。

解 $\lim\limits_{x\to+\infty}\frac{\frac{\pi}{2}-\arctan x}{\frac{1}{x}}\overset{\frac{0}{0}}{=\!=}\lim\limits_{x\to+\infty}\frac{-\frac{1}{1+x^2}}{-\frac{1}{x^2}}=\lim\limits_{x\to+\infty}\frac{x^2}{1+x^2}=1$。

例 24 求 $\lim\limits_{x\to+\infty}\frac{\ln x}{x^3}$。

解 $\lim\limits_{x\to+\infty}\frac{\ln x}{x^3}\overset{\frac{\infty}{\infty}}{=\!=}\lim\limits_{x\to+\infty}\frac{(\ln x)'}{(x^3)'}=\lim\limits_{x\to+\infty}\frac{\frac{1}{x}}{3x^2}=\lim\limits_{x\to+\infty}\frac{1}{3x^3}=0$。

例 25 求 $\lim\limits_{x\to+\infty}\frac{x^n}{e^x}$（$n$ 为正整数）。

解 $\lim\limits_{x\to+\infty}\frac{x^n}{e^x}\overset{\frac{\infty}{\infty}}{=\!=}\lim\limits_{x\to+\infty}\frac{nx^{n-1}}{e^x}\overset{\frac{\infty}{\infty}}{=\!=}\lim\limits_{x\to+\infty}\frac{n(n-1)x^{n-2}}{e^x}\overset{\frac{\infty}{\infty}}{=\!=}\cdots=\lim\limits_{x\to+\infty}\frac{n!}{e^x}=0$。

习　题　7.4

1. 用洛必塔法则求下列极限。

(1) $\lim\limits_{x\to 0}\frac{\ln(1+x)}{x}$；　(2) $\lim\limits_{x\to a}\frac{x^m-a^m}{x^n-a^n}$；　(3) $\lim\limits_{x\to\frac{\pi}{6}}\frac{1-2\sin x}{\cos 3x}$；

(4) $\lim\limits_{x\to 0}\frac{e^x-e^{-x}}{\tan x}$；　(5) $\lim\limits_{x\to\infty}\frac{x^3+2x^2-1}{2x^3-3x+5}$；　(6) $\lim\limits_{x\to+\infty}\frac{e^x}{\ln x}$。

7.5 函数的单调性的判定法

7.5.1 函数单调性的判定定理

一般地，根据函数在区间内单调增减性的定义，如果函数 $y=f(x)$在区间 I 上单调增加，则其图像是一条沿 x 轴正方向逐渐上升的曲线（见图 7-2(a)）。从图上还可以看到曲线上各点的切线的倾斜角 α 都是锐角，其斜率 $\tan\alpha>0$，即 $f'(x)>0$；如果

函数 $y=f(x)$在区间 I 上单调减少，则其图像是一条沿 x 轴正方向逐渐下降的曲线(见图 7-2(b))，从图上还可以看到曲线上各点的切线的倾斜角 α 都是钝角，其斜率 $\tan\alpha<0$，即 $f'(x)<0$。这充分说明在函数可导的条件下，函数的单调增减性问题可以转化为函数的一阶导数的正负性问题。

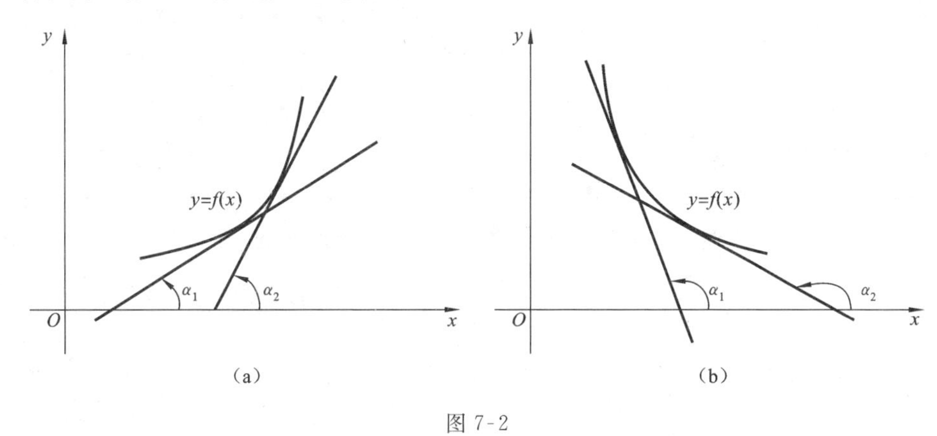

图 7-2

反过来，如果在区间 I 上 $f'(x)>0$，则函数 $y=f(x)$在 I 上是否单调增加？如果 $f'(x)<0$，则函数 $y=f(x)$在 I 上是否单调减少？回答是肯定的。

下面给出函数单调性的判定定理。

定理 7.1　设函数 $y=f(x)$在区间$[a,b]$上连续，在区间(a,b)内可导，那么

(1) 如果 $f'(x)>0$，则 $f(x)$在区间$[a,b]$上单调增加(简记为↗)；

(2) 如果 $f'(x)<0$，则 $f(x)$在区间$[a,b]$上单调减少(简记为↘)；

(3) 如果 $f'(x)=0$，则 $f(x)=C$ (C 为常数)。

定理中的闭区间$[a,b]$换成开区间(a,b)或半开区间$[a,b)$，$(a,b]$以及无穷区间，相应的结论仍然成立。

7.5.2　函数的单调性的判定举例

例 26　判定函数 $y=\ln x$ 的单调性。

解　函数 $y=\ln x$ 在其定义域$(0,+\infty)$内可导，且 $y'=\dfrac{1}{x}>0$，所以函数 $y=\ln x$ 在其定义域$(0,+\infty)$内是单调增加的。

应当注意，在区间$[a,b]$内如果恒有 $f'(x)\geqslant0$ (或 $f'(x)\leqslant0$)，等号仅仅在有限个点处成立，那么函数 $f(x)$在区间$[a,b]$内仍是单调增加(或减少)的。

例如，函数 $y=x^3$ 的导数 $y'=3x^2\geqslant0$，等号仅在 $x=0$ 是成立的，而在其余各点都有 $y'>0$，由它的图像可知，函数 $y=x^3$ 在其定义域$(-\infty,+\infty)$内是单调增加的。

例 27　讨论函数 $f(x)=2x^3-6x^2+1$ 的单调性。

解　函数的定义域为$(-\infty,+\infty)$，

$$f'(x)=6x^2-12x=6x(x-2),$$

令$f'(x)=0$得点$x_1=0,x_2=2$。点$x_1=0,x_2=2$把定义域分成三个小区间，列表讨论(表7-1)。

表7-1

x	$(-\infty,0)$	0	$(0,2)$	2	$(2,+\infty)$
$f'(x)$	+	0	−	0	+
$f(x)$	↗		↘		↗

所以，函数$f(x)$在区间$(-\infty,0)$，$(2,+\infty)$为单调增加，在区间$[0,2]$为单调减少。

例28　确定函数$f(x)=x^3-3x^2-9x+1$的单调区间。

解　函数的定义域为$(-\infty,+\infty)$，

$$f'(x)=3x^2-6x-9=3(x+1)(x-3),$$

令$f'(x)=0$得点$x_1=-1,x_2=3$。点$x_1=-1,x_2=3$把定义域分成三个小区间，列表讨论(表7-2)。

表7-2

x	$(-\infty,-1)$	−1	$(-1,3)$	3	$(3,+\infty)$
$f'(x)$	+	0	−	0	+
$f(x)$	↗		↘		↗

所以，函数的单调增区间为$(-\infty,-1)$，$(3,+\infty)$，单调减区间为$[-1,3]$。

习　题　7.5

1. 求下列函数的单调区间：

(1) $f(x)=2x^2-\ln x$；　　(2) $f(x)=2x^3-6x^2-18x-7$；

(3) $f(x)=(x-1)(x+1)^3$；　　(4) $y=\sin x,x\in\left(-\frac{\pi}{2},\frac{3\pi}{2}\right)$。

7.6　函数的极值及其求法

7.6.1　极值

定义7.3　设函数$y=f(x)$在区间(a,b)内有意义，x_0是(a,b)内的一个点，若点x_0附近的函数值都小于(或都大于)$f(x_0)$，则称$f(x_0)$为函数$f(x)$的一个**极大值**

（或**极小值**），点 x_0 叫做函数的**极大点**（或**极小点**）。函数的极大值和极小值统称为**极值**，极大点和极小点统称为**极值点**。

图 7-3 中，$f(x_1)$，$f(x_4)$是函数 $f(x)$的极大值，x_1，x_4 是函数的极大点；$f(x_2)$，$f(x_5)$是函数 $f(x)$的极小值，x_2，x_5 是函数的极小点。

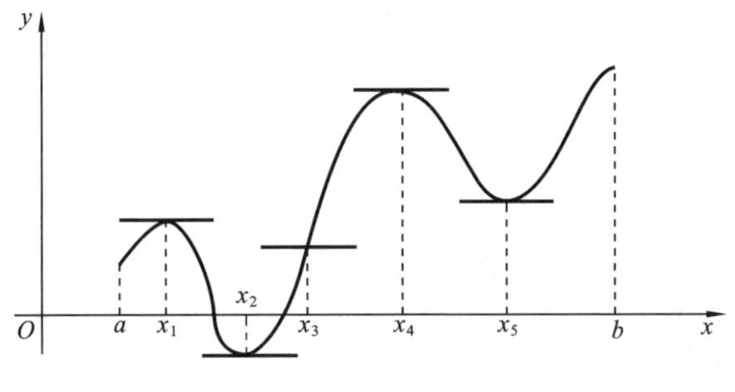

图 7-3

极值是一个局部性概念，它是与极值点附近的函数值比较为最大值或最小值，而不是整个定义域内的最大值和最小值。由于极大值和极小值的比较范围不同，因而极大值不一定比极小值大。如图 7-3 所示，$f(x_1)$是极大值，$f(x_2)$，$f(x_5)$是极小值，极大值 $f(x_1)$大于极小值 $f(x_2)$，但小于极小值 $f(x_5)$，所以极大值不一定大于极小值。

如何求函数的极值？从图 7-3 可以看出，如果函数是可导的，则曲线在极值点处所对应的切线一定平行于 x 轴，所以在极值点的导数为零，因此有：

定理 7.2　若函数 $f(x)$在点 x_0 可导，且在点 x_0 取得极值，则函数 $f(x)$在点 x_0 的导数 $f'(x_0)=0$。

定义 7.4　使导数为零的点（即方程 $f'(x)=0$ 的实根）叫做函数 $f(x)$的**驻点**。

注意：可导函数的极值点必定是它的驻点，但是反过来，函数的驻点并不一定是它的极值点，图 7-3 中点 $x=x_3$，就是这类的点。

从图 7-4 可以看出，在极大点 x_0 的左边是增区间，右边是减区间，因此当 x 自左至右通过点 x_0 时，导数由正变负；从图 7-5 可以看出，在极小点 x_0 的左边是减区间，右边是增区间，因此当 x 自左至右通过点 x_0 时，导数由负变正。

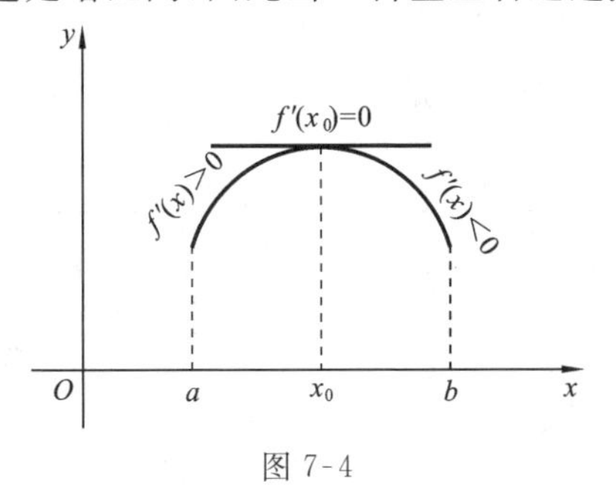

图 7-4

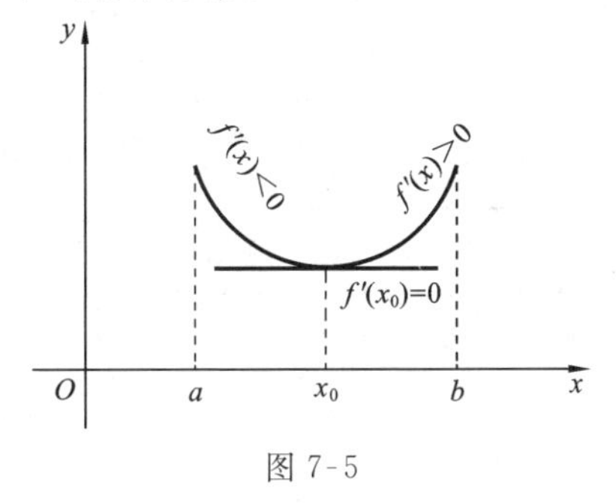

图 7-5

由此得出函数极值的判定定理：

定理 7.3　设函数 $f(x)$在点 x_0 及其附近可导，且 $f'(x_0)=0$，当 x 值渐增经过点 x_0 时，

(1) 如果 $f'(x)$由正变负，则函数 $f(x)$在点 x_0 取得极大值；

(2) 如果 $f'(x)$由负变正，则函数 $f(x)$在点 x_0 取得极小值；

(3) 如果 $f'(x)$不变号，则函数 $f(x)$在点 x_0 没有极值。

证明从略。

由定理 7.2、定理 7.3 得到求函数极值的一般方法如下：

(1) 求函数的定义域；

(2) 求 $f'(x)$，令 $f'(x)=0$，求出 $f(x)$的全部驻点及不可导点；

(3) 用驻点及不可导点把函数的定义区间分为若干部分区间，判别 $f'(x)$在各部分区间内的符号，确定极值点；

(4) 把极值点代入函数 $f(x)$中算出极值。

例 29　求函数 $f(x)=2x^3-9x^2+12x+1$ 的极值。

解　$f(x)$的定义域为$(-\infty,+\infty)$，

$$f'(x)=6x^2-18x+12=6(x-1)(x-2),$$

令 $f'(x)=0$ 得驻点 $x_1=1,x_2=2$。讨论如表 7-3 所示。

表 7-3

x	$(-\infty,1)$	1	$(1,2)$	2	$(2,+\infty)$
$f'(x)$	+	0	−	0	+
$f(x)$	↗	极大值 6	↘	极小值 5	↗

由表 7-3 可知，当 $x=1$ 时，函数有极大值 $f(1)=6$；当 $x=2$ 时，函数有极小值 $f(2)=5$。

例 30　求函数 $f(x)=(x-1)(x+1)^3$ 的极值。

解　函数的定义域为$(-\infty,+\infty)$，

$$f'(x)=(x+1)^3+3(x-1)(x+1)^2=2(x+1)^2(2x-1),$$

令 $f'(x)=0$ 得驻点 $x_1=-1,x_2=\frac{1}{2}$。讨论如表 7-4 所示。

表 7-4

x	$(-\infty,-1)$	-1	$(-1,1/2)$	$1/2$	$(1/2,+\infty)$
$f'(x)$	−	0	−	0	+
$f(x)$	↘	无极值	↘	极小值 $-27/16$	↗

由表 7-4 可知，函数的极小值是 $f\left(\frac{1}{2}\right)=-\frac{27}{16}$，驻点 $x_1=-1$ 不是极值点。

7.6.2　函数的最大值和最小值

在生产实际中，常常会遇到要求在一定条件下，如何使材料最省，效率最高，利润最大等问题，在数学上，这类问题就是求函数的最大值或最小值问题。

如果函数 $f(x)$ 在闭区间 $[a,b]$ 上连续，则 $f(x)$ 在区间 $[a,b]$ 上必有最大值和最小值(简称最值)。如图 7-6 所示，x_1,x_2,x_3,x_4,x_5,x_6 都是函数 $f(x)$ 的极值点，函数在极值点 x_3 取得最小值 $f(x_3)$，在端点 $x=a$ 取得最大值 $f(a)$。

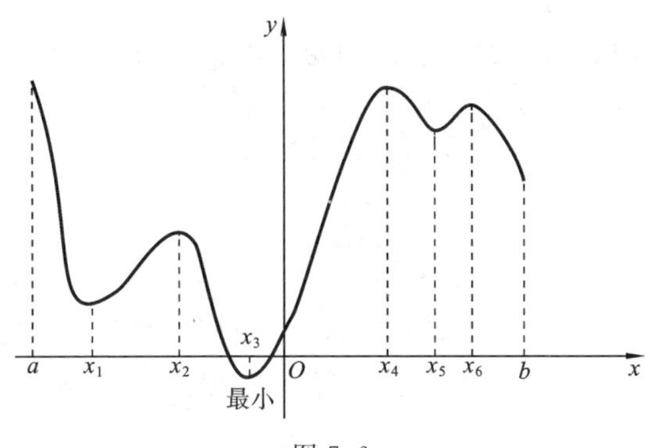

图 7-6

由于函数的最大值和最小值只可能在极值点或闭区间的端点上取得，所以可用下面的方法求函数 $y=f(x)$ 在区间 $[a,b]$ 上的最大值和最小值：

(1) 求出所有的驻点；

(2) 求出上面各点的函数值和区间端点的函数值；

(3) 比较上面各函数值的大小，其中最大的就是最大值，最小的就是最小值。

例 31　求函数 $f(x)=x^4-8x^2+1$ 在区间 $[-3,3]$ 上的最大值和最小值。

解　(1)
$$f'(x)=4x^3-16x=4x(x+2)(x-2),$$
令 $f'(x)=0$，得驻点
$$x_1=-2,\quad x_2=0,\quad x_3=2。$$

(2) 计算得 $f(-2)=f(2)=-15$，$f(0)=1$，$f(-3)=f(3)=10$。

(3) 比较上面各函数值的大小，得函数在区间 $[-3,3]$ 上的最大值为 $f(-3)=f(3)=10$，最小值为 $f(-2)=f(2)=-15$。

例 32　求函数 $f(x)=x\ln x$ 在区间 $[1,e]$ 上的最大值和最小值。

解
$$f'(x)=\ln x+1,$$
因为在 $(1,e)$ 内，$f'(x)>0$，所以函数，$f(x)=x\ln x$ 在区间 $[1,e]$ 上单调增加，其最小值为 $f(1)=0$，最大值为 $f(e)=e$。

通常，实际问题中的可导函数 $f(x)$，如果在某区间内只有一个极值点 x_0，则 $f(x_0)$就是函数的最大值(或最小值)。在处理实际问题时，如果可以断定可导函数在某区间内有最大(小)值，而且函数 $f(x)$在该区间内又只有一个极值点 x_0，那么不必判断就可断言，$f(x_0)$就是所要求的最大(小)值。

例 33　把一根半径为 R 的圆木锯成矩形条木，问矩形的长和宽多大时，条木的截面积最大?

解　设矩形的长为 x，则宽为 $\sqrt{4R^2-x^2}$，矩形的截面积(见图 7-7)为

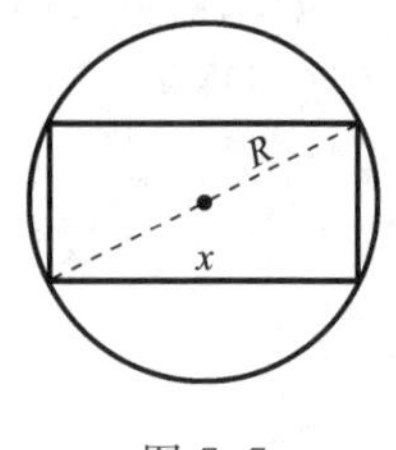

图 7-7

$$A=x\sqrt{4R^2-x^2}\ (0<x<2R)。$$

现在来求 x 为何值时，函数 A 在区间$(0,2R)$内取得最大值。

$$A'=\sqrt{4R^2-x^2}+x\frac{-2x}{2\sqrt{4R^2-x^2}}=\frac{2(2R^2-x^2)}{\sqrt{4R^2-x^2}},$$

令 $A'=0$ 得 $x_1=-\sqrt{2}R$(舍去)，$x_2=\sqrt{2}R$。

由于函数 A 在$(0,2R)$内只有一个驻点 $x=\sqrt{2}R$，而从实际情况可知，函数 A 的最大值一定存在，因此，当 $x=\sqrt{2}R$ 时，函数 A 取得最大值，此时，矩形的宽为

$$\sqrt{4R^2-(\sqrt{2}R)^2}=\sqrt{2}R,$$

也就是说，当矩形的长、宽都为$\sqrt{2}R$ 时，条木的截面积最大。

例 34　在利率开放的情况下，银行的存款总量与银行向储户支付的存款年利率的平方成正比。某银行能以平均 6%的贷款利率把总存款的 90%贷出，问它向储户支付的存款年利率定位何值时利润最大?

解　设银行的存款年利率为 r，则存款总量为

$$y=kr^2(k\text{ 是比例系数，利率 }r>0),$$

银行向储户支付的利息为

$$y\cdot r=kr^2\cdot r=kr^3。$$

银行的贷款利息收入为

$$0.9y\times 0.06=0.054kr^2,$$

则银行的利润为

$$L=0.054kr^2-kr^3,\quad L'_r=0.108kr-3kr^2,$$

令 $L'_r=0$，即得驻点 $r=0.036$，因此年利率 $r=0.036=3.6\%$时利润最大。

习　题　7.6

1. 求下列函数的极值：

(1) $y=x^3-3x+3$；　(2) $y=x-\ln(1+x)$；　(3) $y=2e^x-e^{-x}$。

2. 求下列函数的最大值和最小值：

（1）$y=x+2\sqrt{x}, 0\leqslant x\leqslant 4$；　　（2）$y=2x-\sin 2x, \frac{\pi}{4}\leqslant x\leqslant \pi$。

3. 做一个底面为长方形的带盖盒子，其体积为 96 cm^3，其底边呈 1∶2 的关系。问各边长为多少时，才能使盒子表面积最小？

7.7　微分及其应用

7.7.1　微分的概念

我们先看一个简单的例子。

一块正方形金属薄片，由于温度的变化，其边长由 x_0 变化到 $x_0+\Delta x$，问其面积改变了多少（见图 7-8）？

设此薄片边长为 x，面积为 y，则 $y=x^2$。当边长由 x_0 变化到 $x_0+\Delta x$ 时，面积的改变量为

$$\Delta y=(x_0+\Delta x)^2-x_0^2=2x_0\Delta x+(\Delta x)^2,$$

它分成两部分，第一部分为 $2x_0\Delta x$，当 $|\Delta x|$ 很小时，如果用 $2x_0\Delta x$ 作为 Δy 的近似值，其误差为 $(\Delta x)^2$。当 $|\Delta x|$ 很小时，可忽略不计，即

$$\Delta y\approx 2x_0\Delta x。$$

由于 $y=f(x)=x^2$，$f'(x_0)=2x_0$，上式又可写作

$$\Delta y\approx f'(x_0)\Delta x。$$

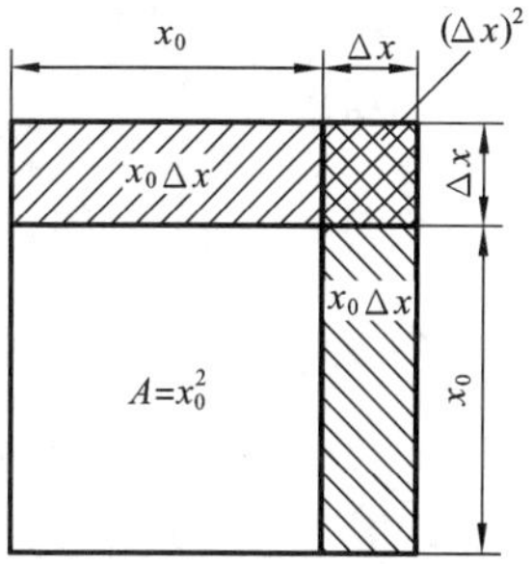

图 7-8

可以证明这个式子对一般的可导函数 $f(x)$ 都成立。

对于一般的函数，我们有下面的定义。

定义 7.5　如果函数 $y=f(x)$ 在点 x_0 处的导数 $f'(x_0)$ 存在，则称函数 $f'(x_0)\Delta x$ 为函数 $y=f(x)$ 在点 x_0 处的**微分**，记作 $\mathrm{d}y|_{x=x_0}$，即

$$\mathrm{d}y|_{x=x_0}=f'(x_0)\Delta x。$$

例 35　求函数 $y=x^2+1$ 在 $x=1$，$\Delta x=0.1$ 时的改变量 Δy 和微分 $\mathrm{d}y$。

解

$$\begin{aligned}\Delta y&=f(x+\Delta x)-f(x)=(x+\Delta x)^2+1-(x^2+1)\\&=2x\Delta x+(\Delta x)^2,\end{aligned}$$

所以

$$\Delta y|_{\substack{x=1\\ \Delta x=0.1}}=2\times 1\times 0.1+0.1^2=0.21,$$

而

$$\mathrm{d}y=f'(x)\Delta x=(x^2+1)'\Delta x=2x\Delta x,$$

所以

$$\mathrm{d}y|_{\substack{x=1\\ \Delta x=0.1}}=2\times 1\times 0.1=0.2。$$

由于自变量 x 的微分 $\mathrm{d}x=(x)'\Delta x=\Delta x$，所以 $y=f(x)$ 在点 x_0 的微分又可记作

$$\mathrm{d}y\big|_{x=x_0}=f'(x)\mathrm{d}x,$$

函数 y 的微分

$$\mathrm{d}y=f'(x)\mathrm{d}x。$$

由上式可得，$f'(x)=\dfrac{\mathrm{d}y}{\mathrm{d}x}$，因此导数$\dfrac{\mathrm{d}y}{\mathrm{d}x}$可以看作函数的微分 $\mathrm{d}y$ 与自变量的微分 $\mathrm{d}x$ 的商，故导数也叫做**微商**。

7.7.2　微分的计算

例 36　求下列函数的微分。

(1) $y=x^2\mathrm{e}^x$；　(2) $y=\dfrac{\sin x}{x}$；　(3) $y=\sin^2 x$；　(4) $y=\cos 2x\ln^2 x$。

解　(1) $\mathrm{d}y=(x^2\mathrm{e}^x)'\mathrm{d}x=(2x\mathrm{e}^x+x^2\mathrm{e}^x)\mathrm{d}x$。

(2) $\mathrm{d}y=\left(\dfrac{\sin x}{x}\right)'\mathrm{d}x=\dfrac{x\cos x-\sin x}{x^2}\mathrm{d}x$。

(3) $\mathrm{d}y=(\sin^2 x)'\mathrm{d}x=2\sin x\cos x\mathrm{d}x=\sin 2x\mathrm{d}x$。

(4) $$\begin{aligned}\mathrm{d}y&=(\cos 2x\ln^2 x)'\mathrm{d}x=\left(-2\sin 2x\ln^2 x+2\cos 2x\ln x\cdot\frac{1}{x}\right)\mathrm{d}x\\&=2\left(\frac{\cos 2x\ln x}{x}-\sin 2x\ln^2 x\right)\mathrm{d}x。\end{aligned}$$

例 37　在括号里填上适当的函数，使下列等式成立(此类式子叫凑微分式)：

(1) $\dfrac{1}{1+x^2}\mathrm{d}x=\mathrm{d}(\qquad)$；　(2) $\cos 3x\mathrm{d}x=\mathrm{d}(\qquad)$；

(3) $\mathrm{d}(\qquad)=\mathrm{e}^x\mathrm{d}x$；　(4) $\mathrm{d}[\ln(2x+3)]=(\qquad)\mathrm{d}x$。

解　(1) 因为　$(\arctan x+C)'=\dfrac{1}{1+x^2}$ (C 为常数)，

所以　$$\frac{1}{1+x^2}\mathrm{d}x=\mathrm{d}(\arctan x+C)。$$

(2) 因为　$$\mathrm{d}(\sin 3x+C_1)=3\cos 3x\mathrm{d}x,$$

所以　$$\cos 3x\mathrm{d}x=\mathrm{d}\left(\frac{1}{3}\sin 3x+C\right)。$$

(3) 因为　$$(\mathrm{e}^x+C)'=\mathrm{e}^x,$$

所以　$$\mathrm{d}(\mathrm{e}^x+C)=\mathrm{e}^x\mathrm{d}x。$$

(4) 因为　$$[\ln(2x+3)]'=\frac{2}{2x+3},$$

所以　$$\mathrm{d}[\ln(2x+3)]=\left(\frac{2}{2x+3}\right)\mathrm{d}x。$$

7.7.3　微分在近似计算中的应用举例

工程设计和科学研究都离不开数值计算，而在计算过程中经常用到复杂的公式，或遇到繁杂的数据。为简便起见，往往要寻求简单的近似公式或简单的计算方法。利用微分概念能使我们在这些方面得到满意的结果。下面我们讨论微分在近似计算上的应用。

我们知道，当函数 $y=f(x)$ 在点 x_0 处的导数 $f'(x_0)\neq 0$ 且 $|\Delta x|$ 很小时，有

$$\Delta y\approx \mathrm{d}y=f'(x_0)\Delta x,$$

此式可用于计算函数改变量 Δy 的近似值，该式也可表示为

$$\Delta y=f(x_0+\Delta x)-f(x_0)\approx f'(x_0)\Delta x,$$

即

$$f(x_0+\Delta x)\approx f(x_0)+f'(x_0)\Delta x\ 。$$

在上式中令 $x_0+\Delta x=x$，则

$$f(x)\approx f(x_0)+f'(x_0)(x-x_0)。$$

可用于计算 $f(x_0+\Delta x)$ 或 $f(x)$ 的近似值。

例 38　一个充满气的气球，半径为 4 m，升空后，因外部气压降低，气球的半径增大了 10 cm，问气球的体积近似增加多少？

解　球的体积公式是

$$V=\frac{4}{3}\pi r^3。$$

当 r 由 4 m 增加到 $(4+0.1)$ m 时，V 增加了 ΔV，

$$\Delta V\approx \mathrm{d}V,$$

而 $\mathrm{d}V=V'\mathrm{d}r=4\pi r^2\mathrm{d}r$，即

$$\Delta V\approx 4\pi r^2\mathrm{d}r。$$

此处 $\mathrm{d}r=0.1$ m，$r=4$ m，代入上式得体积近似增加值

$$\Delta V\approx 4\times 3.14\times 4^2\times 0.1\approx 20\ (\mathrm{m}^3)。$$

例 39　计算 $\cos 30°30'$ 的近似值。

解　设函数 $f(x)=\cos x$，取 $x_0=30°=\frac{\pi}{6}$，$\Delta x=\frac{\pi}{360}$。因为 $f'(x)=-\sin x$，$f\left(\frac{\pi}{6}\right)=\frac{\sqrt{3}}{2}$，$f'\left(\frac{\pi}{6}\right)=-\frac{1}{2}$。代入公式 $f(x_0+\Delta x)\approx f(x_0)+f'(x_0)\Delta x$，得

$$\cos\left(\frac{\pi}{6}+\frac{\pi}{360}\right)\approx\cos\frac{\pi}{6}+\left(-\sin\frac{\pi}{6}\right)\frac{\pi}{360},$$

即

$$\cos 30°30'\approx\frac{\sqrt{3}}{2}-\frac{1}{2}\times 0.0087\approx 0.866-0.0024=0.864。$$

在公式 $f(x)\approx f(x_0)+f'(x_0)(x-x_0)$ 中取 $x_0=0$，得 $f(x)\approx f(0)+f'(0)x$，应用此式可以建立以下几个工程上常用的近似公式。

假设$|x|$很小,则有:

(1) $\sqrt[n]{1+x}\approx 1+\dfrac{x}{n}$ ($n\in\mathbf{N}$);

(2) $\sin x\approx x$ (x 为弧度);

(3) $\tan x\approx x$ (x 为弧度);

(4) $e^x\approx 1+x$;

(5) $\ln(1+x)\approx x$。

下面对(1)与(4)进行证明。

证明 对(1)取 $f(x)=\sqrt[n]{1+x}$,则有 $f(0)=1$,$f'(x)=\dfrac{1}{n}(1+x)^{\frac{1}{n}-1}$,$f'(0)=\dfrac{1}{n}$。代入式 $f(x)\approx f(0)+f'(0)x$ 得 $\sqrt[n]{1+x}\approx 1+\dfrac{x}{n}$。

对(4)取 $f(x)=e^x$,则有 $f(0)=1$,$f'(x)=e^x$,$f'(0)=1$。代入式 $f(x)\approx f(0)+f'(0)x$ 得 $e^x\approx 1+x$。

例 40 求 $\sqrt[3]{126}$ 的近似值。

解 $\sqrt[3]{126}=\sqrt[3]{125+1}=5\times\sqrt[3]{1+\dfrac{1}{125}}$,由 $\sqrt[n]{1+x}\approx 1+\dfrac{x}{n}$ 得

$$\sqrt[3]{126}\approx 5\times\left(1+\frac{1}{3}\times\frac{1}{125}\right)\approx 5.013。$$

例 41 求 $e^{-0.003}$ 的近似值。

解 由公式 $e^x\approx 1+x$ 得

$$e^{-0.003}\approx 1-0.003=0.997。$$

习 题 7.7

1. 求下列函数的微分:

   (1) $y=(2x^3-3x^2+6x)^2$; (2) $y=e^{\sin 3x}$;

   (3) $y=\sin^2(2x+3)$; (4) $y=(e^x+e^{-x})^2$。

2. 将适当的函数填入下列括号,使等式成立:

   (1) d( )$=\cos\omega t\,dt$; (2) d( )$=e^{-2x}dx$;

   (3) $d(\sin^4 x)=$( )dx; (4) $d(\sin 4x)=$( )dx。

3. 利用微分求近似值:

   (1) $e^{0.2}$; (2) $\ln 1.04$; (3) $\sqrt[3]{998}$; (4) $\sin 30°30'$。

4. 一个平面圆环,它的内径为 10 cm,宽为 0.1 cm,求其面积的近似值与精确值。

第 8 章　积分及其应用

前面我们已经研究了一元函数微分学，但在科学技术和实际生活中，还存在着另一类与求导数或求微分相反的问题，这就是一元函数积分学。微分学与积分学无论在概念的确定上还是运算方法上，都可以说是互逆的。本章将从实际问题出发引入定积分的概念，并讨论其相应的性质、计算方法和简单应用。

8.1　定积分的概念

8.1.1　两个实例

1. 曲边梯形的面积

在生产实际和科学技术中，常常需要计算平面图形的面积。虽然在初中我们已经知道了四边形以及圆的面积的计算方法，但是对于由任意连续曲线所围成的平面图形的面积仍不会计算。下面就来研究这类平面图形面积的计算问题。

先讨论这类平面图形中最基本的一种图形——曲边梯形。

曲边梯形是指在直角坐标系中，由连续曲线 $y=f(x)$ 与三条直线 $x=a$，$x=b$，$y=0$ 所围成的图形如图 8-1 所示，M_1MNN_1 就是一个曲边梯形。在 x 轴上的线段 M_1N_1 称为曲边梯形的底边，曲线段 $\overset{\frown}{MN}$ 称为曲边梯形的曲边。

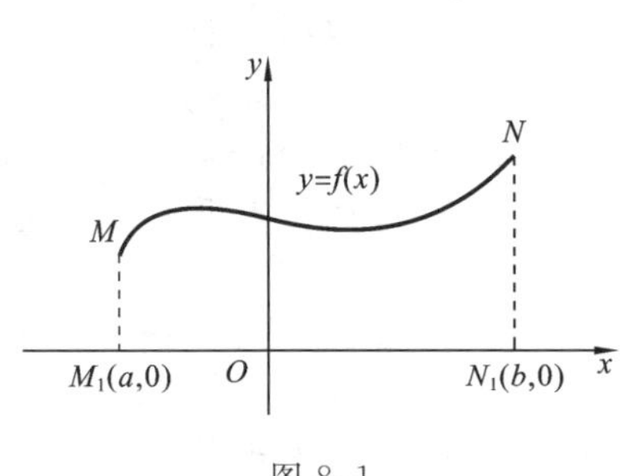

图 8-1

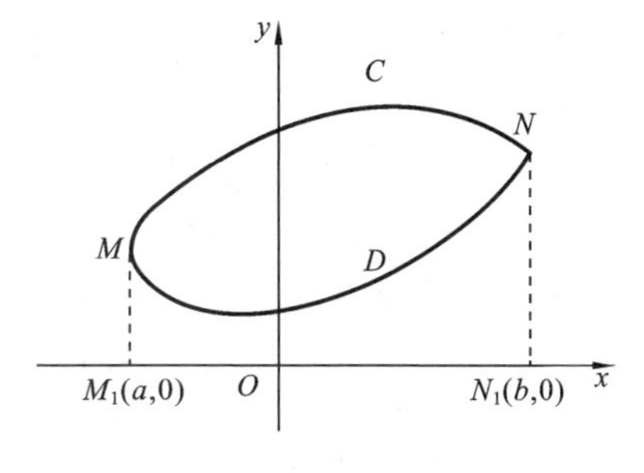

图 8-2

曲线围成的平面图形的面积，在适当选择坐标系后，往往可以化为两个曲边梯形面积的差。例如，图 8-2 中曲线 $MDNC$ 所围成的面积 A_{MDNC} 可以化为曲边梯形面积 $A_{MM_1N_1NC}$ 和曲边梯形面积 $A_{MM_1N_1ND}$ 的差，即

$$A_{MDNC}=A_{MM_1N_1NC}-A_{MM_1N_1ND}。$$

由此可见，只要求得曲边梯形的面积，计算曲线所围成的平面图形面积就迎刃而解。

设 $y=f(x)$ 在$[a,b]$上连续，且 $f(x)\geqslant 0$，求以曲线 $y=f(x)$ 为曲边，底为$[a,b]$的曲边梯形的面积 A。

为了计算曲边梯形面积 A，如图 8-3 所示，我们用一组垂直于 x 轴的直线把整个曲边梯形分割成许多小曲边梯形。因为每一个小曲边梯形的底边是很窄的，而 $f(x)$ 又是连续变化的，所以，可用这个小曲边梯形的底边作为宽、以它底边上任一点 ξ_i 所对应的函数值 $f(\xi_i)$ 作为长的小矩形面积来近似表示这个小曲边梯形的面积。再把所有这些小矩形面积加起来，就可以得到曲边梯形面积 A 的近似值。由图可知，分割越细密，所有小矩形面积之和越接近曲边梯形的面积 A。当分割无限细密时，所有小矩形面积之和的极限就是曲边梯形面积 A 的精确值。

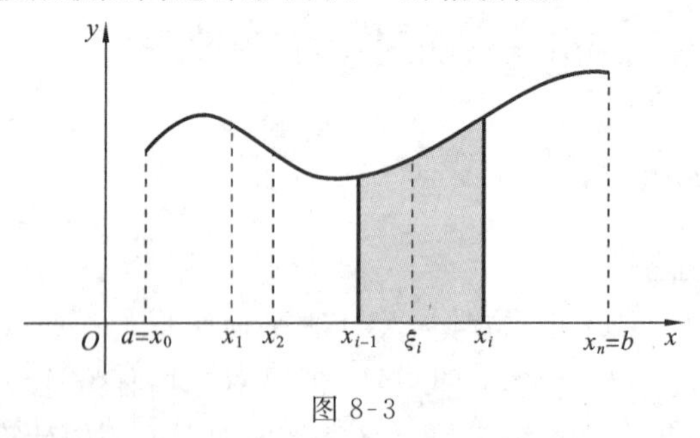

图 8-3

根据上面的分析，曲边梯形面积可按下述步骤来计算。

(1) 分割：任取分点

$$a=x_0<x_1<x_2<\cdots<x_{i-1}<x_i<\cdots<x_{n-1}<x_n=b,$$

把曲边梯形的底$[a,b]$分成 n 个小区间：$[x_0,x_1]$，$[x_1,x_2]$，…，$[x_{i-1},x_i]$，…，$[x_{n-1},x_n]$，小区间$[x_{i-1},x_i]$的长记为 $\Delta x_i=x_i-x_{i-1}(i=1,2,\cdots,n)$，过各分点作垂直于 x 轴的直线，把整个曲边梯形分成 n 个小曲边梯形，其中第 i 个小曲边梯形的面积记为 $\Delta A_i(i=1,2,\cdots,n)$。

(2) 近似：在第 i 个小曲边梯形的底$[x_{i-1},x_i]$上任取一点 $\xi_i(x_{i-1}\leqslant\xi_i\leqslant x_i)$，它所对应的函数值是 $f(\xi_i)$，用相应的宽为 Δx_i，长为 $f(\xi_i)$的小矩形面积来近似代替这个小曲边梯形的面积，即

$$\Delta A_i\approx f(\xi_i)\Delta x_i\quad(i=1,2,\cdots,n)。$$

(3) 求和：把 n 个小矩形面积相加得和式 $\sum_{i=1}^{n}f(\xi_i)\Delta x_i$，它就是曲边梯形的面积 A 的近似值，即

$$A\approx\sum_{i=1}^{n}f(\xi_i)\Delta x_i。$$

(4) 取极限：分割越细，$\sum_{i=1}^{n}f(\xi_i)\Delta x_i$ 就越接近曲边梯形的面积 A。当最长的小

区间长趋近于零，即 $\|\Delta x_i\| \to 0$（$\|\Delta x_i\|$ 表示最长的小区间长度）时，和式 $\sum_{i=1}^{n} f(\xi_i)\Delta x_i$ 的极限就是 A，即

$$A = \lim_{\|\Delta x_i\| \to 0} \sum_{i=1}^{n} f(\xi_i)\Delta x_i。$$

可见，曲边梯形的面积是一个和式的极限。

2. 变速直线运动的路程

设一物体沿直线运动，已知速度 $v=v(t)$ 是时间区间 $[a,b]$ 上的连续函数，且 $v(t) \geqslant 0$，求这物体在这段时间内所经过的路程 s。

我们知道，对于匀速直线运动，有公式：路程=速度×时间。但是，现在速度是变量，因此，所求路程 s 不能直接按匀速直线运动的路程公式计算。因为在很短的一段时间内速度的变化很小，近似于匀速运动，所以可以用匀速直线运动的路程作为这段很短时间内路程的近似值。由此，我们采用与求曲边梯形面积相仿的四个步骤来计算路程 s。

(1) 分割：任取分点

$$a=t_0<t_1<t_2<\cdots<t_{i-1}<t_i\cdots<t_{n-1}<t_n=b,$$

把时间区间 $[a,b]$ 分成 n 个小区间：$[t_0,t_1]$，$[t_1,t_2]$，…，$[t_{i-1},t_i]$，…，$[t_{n-1},t_n]$，小区间 $[t_{i-1},t_i]$ 的长度记为 $\Delta t_i=t_i-t_{i-1}(i=1,2,\cdots,n)$，物体在第 i 段时间 $[t_{i-1},t_i]$ 内所走的路程为 $\Delta s_i(i=1,2,\cdots,n)$。

(2) 近似：在小区间 $[t_{i-1},t_i]$ 上，用其中任一时刻 ξ_i 的速度 $v(\xi_i)(t_{i-1}\leqslant\xi_i\leqslant t_i)$ 来近似代替变化的速度 $v(t)$，从而得到 Δs_i 的近似值：$\Delta s_i \approx v(\xi_i)\Delta t_i(i=1,2,\cdots,n)$。

(3) 求和：把 n 段时间上的路程相加，得和式 $\sum_{i=1}^{n} v(\xi_i)\Delta t_i$，它就是时间区间 $[a,b]$ 上的路程 s 的近似值：

$$s \approx \sum_{i=1}^{n} v(\xi_i)\Delta t_i。$$

(4) 取极限：当最长的小区间长度趋近于零，即 $\|\Delta t_i\| \to 0$ 时，和式 $\sum_{i=1}^{n} v(\xi_i)\Delta t_i$ 的极限就是路程 s 的精确值，即

$$s = \lim_{\|\Delta t_i\| \to 0} \sum_{i=1}^{n} v(\xi_i)\Delta t_i。$$

可见，变速直线运动的路程也是一个和式的极限。

8.1.2　定积分的定义

在上述两个例子中，虽然所计算的量具有不同的实际意义（前者是几何量，后者是物理量），但如果抽去它们的实际意义，可以看出计算这些量的思想方法和步骤都

是相同的,并且最终归结为求一个和式的极限.对于这种和式的极限,给出下面的定义。

定义 8.1 设函数 $y=f(x)$在区间$[a,b]$上有定义,任取分点

$$a=x_0<x_1<x_2<\cdots<x_{i-1}<x_i<\cdots<x_n=b,$$

将区间$[a,b]$分成 n 个小区间$[x_{i-1},x_i](i=1,2,\cdots,n)$,其长度为 $\Delta x_i=x_i-x_{i-1}(i=1,2,\cdots,n)$,在每个小区间$[x_{i-1},x_i]$上任取一点 ξ_i,作乘积 $f(\xi_i)\Delta x_i(i=1,2,\cdots,n)$,得和式 $\sum\limits_{i=1}^{n}f(\xi_i)\Delta x_i$。如果不讨论对区间$[a,b]$采取何种分法及 ξ_i 如何选取,当最长的小区间的长度趋于零,即 $\|\Delta x_i\|\to 0$ 时,和式 $\sum\limits_{i=1}^{n}f(\xi_i)\Delta x_i$ 的极限存在,则此极限值叫做函数 $f(x)$在区间$[a,b]$上的定积分,记作 $\int_a^b f(x)\mathrm{d}x$,即

$$\lim_{\|\Delta x_i\|\to 0}\sum_{i=1}^{n}f(\xi_i)\Delta x_i=\int_a^b f(x)\mathrm{d}x,$$

其中 $f(x)$叫做**被积函数**,$f(x)\mathrm{d}x$ 叫做**被积表达式**,x 叫做**积分变量**,a 与 b 分别叫做积分的**下限**与**上限**,$[a,b]$叫做**积分区间**。

如果定积分 $\int_a^b f(x)\mathrm{d}x$ 存在,则称 $f(x)$在$[a,b]$上可积。

根据积分的定义,前面两个实例可分别写成如下形式的定积分:

(1) 曲边梯形的面积 A 等于曲边 $y=f(x)$在其底所在的区间$[a,b]$上的定积分

$$A=\int_a^b f(x)\mathrm{d}x;$$

(2) 变速直线运动的物体所经过的路程 s 等于其速度 $v=v(t)$在时间区间$[a,b]$上的定积分

$$s=\int_a^b v(t)\mathrm{d}t。$$

注意:(1) 当和式 $\sum\limits_{i=1}^{n}f(\xi_i)\Delta x_i$ 的极限存在时,其极限仅与被积函数 $f(x)$及积分区间$[a,b]$有关,而与区间$[a,b]$的分法及 ξ_i 点的取法无关。

如果不改变被积函数和积分区间,而积分变量 x 用其他字母,例如 t 或 u 来代替,那么极限值不变,也就是定积分的值不变,即

$$\int_a^b f(x)\mathrm{d}x=\int_a^b f(t)\mathrm{d}t=\int_a^b f(u)\mathrm{d}u。$$

所以我们说,定积分的值与被积函数及积分区间有关,而与积分变量无关。

(2) 在上述定义中,a 总是小于 b 的。为了以后计算方便起见,对 $a>b$ 及 $a=b$ 的情况,给出以下的补充定义:

$$\int_a^b f(x)\mathrm{d}x=-\int_b^a f(x)\mathrm{d}x(a>b),$$

$$\int_a^a f(x)\mathrm{d}x = 0。$$

8.1.3　定积分的几何意义

我们已经知道，如果函数 $f(x)$ 在 $[a,b]$ 上连续且 $f(x)\geqslant 0$，那么定积分 $\int_a^b f(x)\mathrm{d}x$ 就表示以 $y=f(x)$ 为曲边的曲边梯形的面积。

如果函数 $f(x)$ 在 $[a,b]$ 上连续，且 $f(x)\leqslant 0$ 时，由于定积分 $\int_a^b f(x)\mathrm{d}x = \lim\limits_{\|\Delta x_i\|\to 0}\sum\limits_{i=1}^{n} f(\xi_i)\Delta x_i$ 的右端和式中每一项 $f(\xi_i)\Delta x_i$ 都是负值（$\Delta x_i>0$），其绝对值 $|f(\xi_i)\Delta x_i|$ 表示小矩形的面积。因此，定积分 $\int_a^b f(x)\mathrm{d}x$ 也是一个负数，从而

$$\int_a^b f(x)\mathrm{d}x = -A \quad 或 \quad A = -\int_a^b f(x)\mathrm{d}x,$$

其中 A 是由连续曲线 $y=f(x)$，直线 $x=a$，$x=b$ 及 x 轴所围成的曲边梯形面积（见图 8-4）。

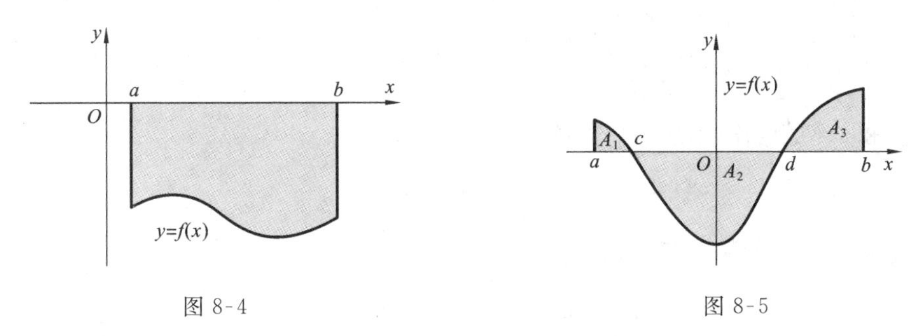

图 8-4　　　　图 8-5

如果 $f(x)$ 在 $[a,b]$ 上连续，且有时为正有时为负，如图 8-5 所示。连续曲线 $y=f(x)$，直线 $x=a$，$x=b$ 及 x 轴所围成的图形是由三个曲边梯形组成，那么由定积分定义可得

$$\int_a^b f(x)\mathrm{d}x = A_1 - A_2 + A_3。$$

总之，定积分 $\int_a^b f(x)\mathrm{d}x$ 在各种实际问题中所代表的实际意义尽管不同，但它的数值在几何上都可用曲边梯形面积的代数和来表示，这就是定积分的几何意义。

例 1　利用定积分表示图 8-6 中(a)、(b)、(c)、(d)的阴影部分的面积。

解　图 8-6(a)中的阴影部分的面积为

$$A = \int_0^a x^2\mathrm{d}x。$$

图 8-6(b)中的阴影部分的面积为

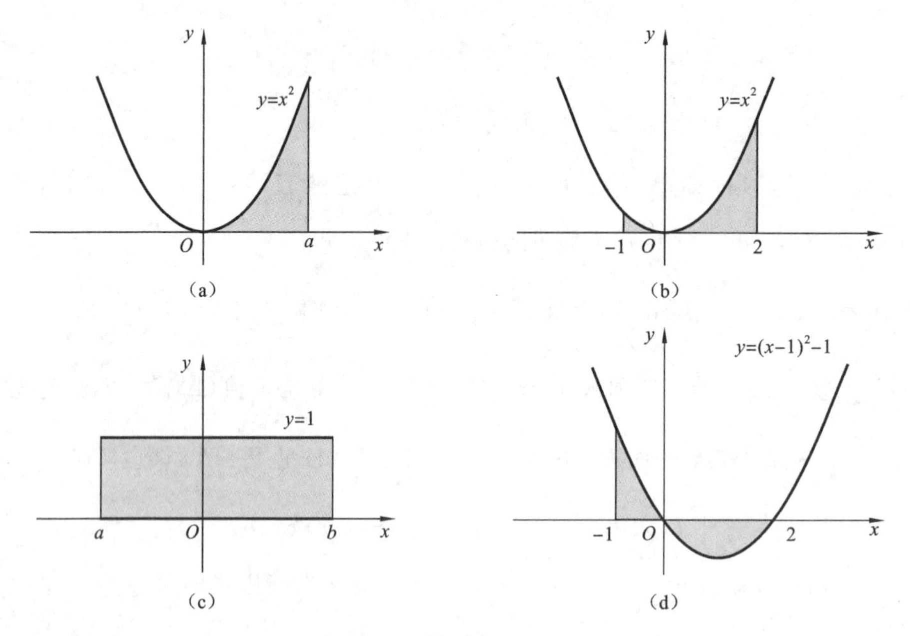

图 8-6

$$A=\int_{-1}^{2}x^{2}\mathrm{d}x。$$

图 8-6(c)中的阴影部分的面积为

$$A=\int_{a}^{b}\mathrm{d}x=b-a。$$

图 8-6(d)中的阴影部分的面积为

$$A=\int_{-1}^{0}[(x-1)^{2}-1]\mathrm{d}x-\int_{0}^{2}[(x-1)^{2}-1]\mathrm{d}x。$$

定积分的几何意义直观地告诉我们，如果函数 $y=f(x)$在$[a,b]$上连续，那么由 $y=f(x),x=a,x=b$ 和 x 轴所围成的曲边梯形面积的代数和是一定存在的。也就是说，定积分 $\int_{a}^{b}f(x)\mathrm{d}x$ 一定存在。这样可以得到下面的定积分的存在定理。

定理 8.1 如果函数 $y=f(x)$在闭区间$[a,b]$上连续，则函数 $y=f(x)$在$[a,b]$上可积，即

$$\int_{a}^{b}f(x)\mathrm{d}x=\lim_{\|\Delta x_i\|\to 0}\sum_{i=1}^{n}f(\xi_i)\Delta x_i$$

一定存在(证明从略)。

习 题 8.1

1. 利用定积分的几何意义，判断下列定积分的值是正的还是负的(不必计算)：

(1) $\int_0^{\frac{\pi}{2}}\sin x\mathrm{d}x$；　(2) $\int_{-\frac{\pi}{2}}^{0}\sin x\cos x\mathrm{d}x$；　(3) $\int_{-1}^{2}x^2\mathrm{d}x$。

2. 利用定积分的几何意义说明下列各式成立：

(1) $\int_0^{2\pi}\sin x\mathrm{d}x=0$；　(2) $\int_0^{\pi}\sin\mathrm{d}x=2\int_0^{\frac{\pi}{2}}\sin x\mathrm{d}x$。

3. 利用定积分表示下列各图中阴影部分的面积：

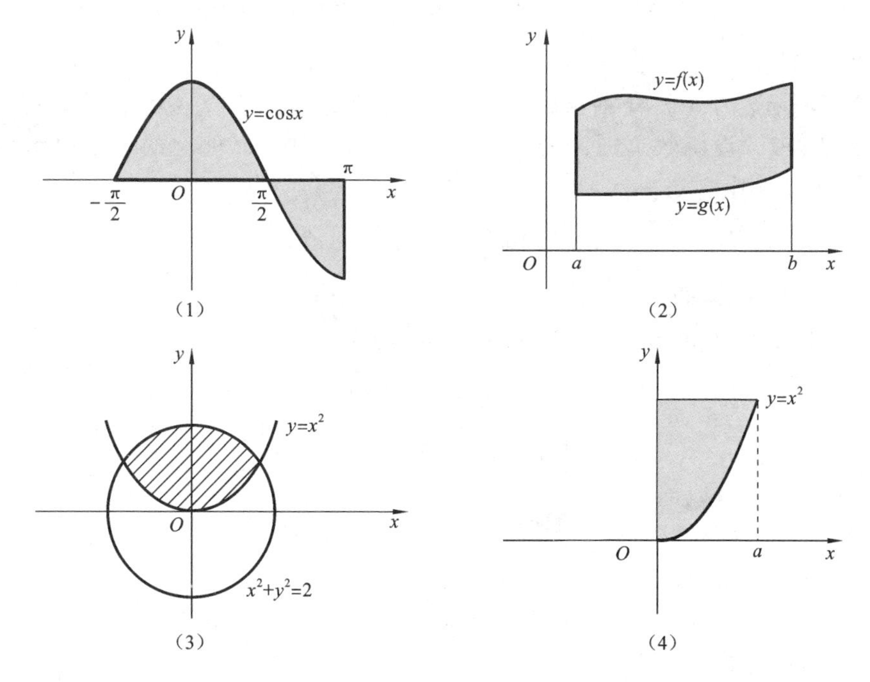

8.2　牛顿-莱布尼兹公式

利用定义计算定积分的值是十分麻烦的，有时甚至无法计算。下面我们来寻找计算定积分新的方法。

我们先回顾变速直线运动的路程问题。

一方面，如果物体以速度 $v(t)$ 作直线运动，那么在时间区间 $[a,b]$ 上经过的路程为 $s=\int_a^b v(t)\mathrm{d}t$；另一方面，如果物体经过的路程 s 是时间 t 的函数 $s(t)$，那么物体从 $t=a$ 到 $t=b$ 所经过的路程还可以表示为 $s(b)-s(a)$，因此有

$$\int_a^b v(t)\mathrm{d}t=s(b)-s(a)$$

这表明一个定积分的值可以用一个函数在积分区间 $[a,b]$ 上的改变量 $s(b)-s(a)$ 来

表示。而由导数的物理意义可知 $s'(t)=v(t)$，所以已知导函数 $s'(t)=v(t)$，如何求函数 $s(t)$就成为计算定积分的关键。

定义 8.2 若 $F'(x)=f(x)$或 $\mathrm{d}F(x)=f(x)\mathrm{d}x$，则称 $F(x)$为 $f(x)$的一个**原函数**。

例如，函数 $F(x)=x^2$ 是函数 $f(x)=2x$ 的一个原函数，函数 $F(x)=\sin x$ 是函数 $f(x)=\cos x$ 的一个原函数，函数 $F(x)=\arctan x+\mathrm{e}^x+1$ 是函数 $f(x)=\dfrac{1}{1+x^2}+\mathrm{e}^x$ 的一个原函数。

有了原函数的概念，下面给出微积分基本定理。

定理 8.2 设函数 $F(x)$是连续函数 $f(x)$在区间$[a,b]$上的一个原函数，即 $F'(x)=f(x)$，则

$$\int_a^b f(x)\mathrm{d}x=F(b)-F(a)。\tag{8-1}$$

此公式称为**牛顿-莱布尼兹公式**。

为了使用方便，此公式还可以写成下面的形式：

$$\int_a^b f(x)\mathrm{d}x=[F(x)]_a^b$$

或

$$\int_a^b f(x)\mathrm{d}x=F(x)\big|_a^b。$$

由公式(8-1)可知，$\int_a^b f(x)\mathrm{d}x$ 的计算步骤如下：

(1) 求 $f(x)$的一个原函数 $F(x)$；

(2) 计算函数值的改变量 $F(b)-F(a)$。

例 2 计算下列定积分

(1) $\int_0^1 x^2\mathrm{d}x$； (2) $\int_0^{\frac{\pi}{2}}\sin x\mathrm{d}x$； (3) $\int_0^2 \mathrm{e}^x\mathrm{d}x$。

解 (1) 因为$\left(\dfrac{1}{3}x^3\right)'=x^2$，所以$\dfrac{1}{3}x^3$ 是 x^2 的一个原函数，于是

$$\int_0^1 x^2\mathrm{d}x=\left[\frac{1}{3}x^3\right]_0^1=\frac{1}{3}\times1^3-\frac{1}{3}\times0^3=\frac{1}{3}。$$

(2) 因为$(\cos x)'=-\sin x$，所以$(-\cos x)'=\sin x$，于是

$$\int_0^{\frac{\pi}{2}}\sin x\mathrm{d}x=-\cos x\Big|_0^{\frac{\pi}{2}}=-\cos\frac{\pi}{2}-(-\cos 0)=0-(-1)=1。$$

(3) 因为$(\mathrm{e}^x)'=\mathrm{e}^x$，于是

$$\int_0^2\mathrm{e}^x\mathrm{d}x=\mathrm{e}^x\big|_0^2=\mathrm{e}^2-1。$$

习 题 8.2

1. 什么是一个函数的原函数？如果一个函数的原函数存在，那么它的原函数是否唯

一？若不唯一，则有多少个？

2. 试求下列函数 $f(x)$ 的原函数。

(1) $f(x)=x^3$； (2) $f(x)=5\sin x$； (3) $f(x)=\dfrac{1}{\sin^2 x}$； (4) $f(x)=e^{2x}$。

3. 求下列定积分：

(1) $\int_1^2 \sqrt{x}\mathrm{d}x$； (2) $\int_0^\pi \cos x\mathrm{d}x$。

8.3 定积分的性质

利用定积分的定义，可以得到定积分的以下基本性质。

在下面各性质中，假定函数 $f(x)$ 和 $g(x)$ 在$[a,b]$上都是连续的。

性质 1 $\int_a^b [f(x)\pm g(x)]\mathrm{d}x=\int_a^b f(x)\mathrm{d}x\pm\int_a^b g(x)\mathrm{d}x$。

这就是说，函数的代数和的定积分等于它们的定积分的代数和，这个性质可以推广到有限个连续函数的代数和的定积分。

性质 2 $\int_a^b kf(x)\mathrm{d}x=k\int_a^b f(x)\mathrm{d}x$ （k 为常数）。

下面几个性质，可以用定积分的几何意义加以说明。

性质 3 $\int_a^b f(x)\mathrm{d}x=\int_a^c f(x)\mathrm{d}x+\int_c^b f(x)\mathrm{d}x$。

这就是说，如果 $f(x)$ 分别在$[a,b]$，$[a,c]$，$[c,b]$上连续，那么 $f(x)$ 在$[a,b]$上的定积分等于 $f(x)$ 在$[a,c]$和$[c,b]$上的定积分的和。

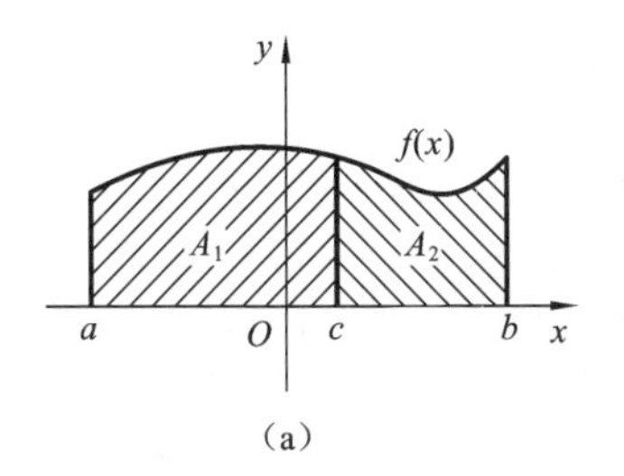

(a)

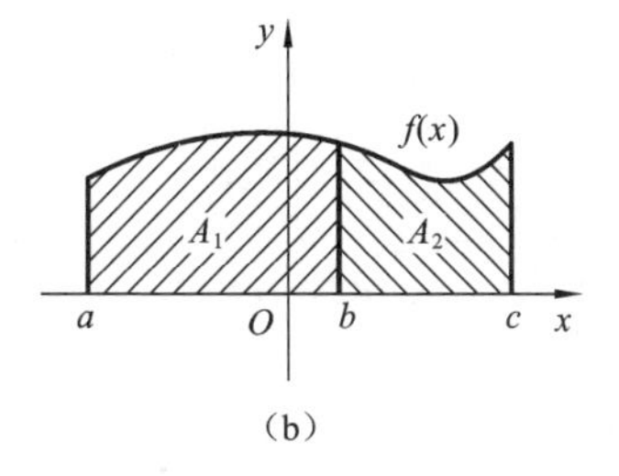

(b)

图 8-7

当 $a<c<b$ 时，由图 8-7(a)可知，由 $y=f(x)$，$x=a$，$x=b$ 和 x 轴围成的曲边梯形的面积 $A=A_1+A_2$。因为

$$A=\int_a^b f(x)\mathrm{d}x,\quad A_1=\int_a^c f(x)\mathrm{d}x,\quad A_2=\int_c^b f(x)\mathrm{d}x,$$

所以
$$\int_a^b f(x)\mathrm{d}x=\int_a^c f(x)\mathrm{d}x+\int_c^b f(x)\mathrm{d}x,$$

即性质 3 成立。

当 $a<b<c$ 时，即 c 点在$[a,b]$外，由图 8-7(b)可知

$$\int_a^c f(x)\mathrm{d}x = A_1 + A_2 = \int_a^b f(x)\mathrm{d}x + \int_b^c f(x)\mathrm{d}x,$$

所以

$$\int_a^b f(x)\mathrm{d}x = \int_a^c f(x)\mathrm{d}x - \int_b^c f(x)\mathrm{d}x = \int_a^c f(x)\mathrm{d}x + \int_c^b f(x)\mathrm{d}x,$$

显然，性质 3 也成立。

总之，不论 c 点是在$[a,b]$内还是在$[a,b]$外，只要上述两个积分存在，那么性质 3 总是正确的。

性质 4 $\int_a^b \mathrm{d}x = b - a$。

这就是说，被积函数 $f(x)\equiv 1$ 时，$\int_a^b \mathrm{d}x = b-a$。这个性质从图 8-8 可以直接获得。

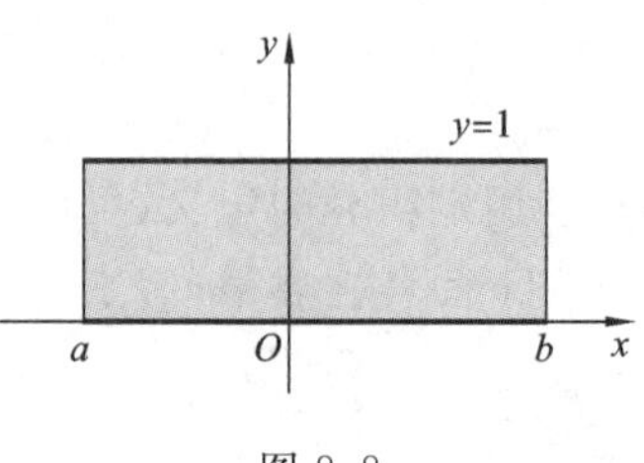

图 8-8

性质 5 如果在区间$[a,b]$上有 $f(x)\geqslant 0$，则 $\int_a^b f(x)\mathrm{d}x \geqslant 0 (a<b)$。

性质 6 如果在区间$[a,b]$上有 $f(x)\geqslant g(x)$，则

$$\int_a^b f(x)\mathrm{d}x \geqslant \int_a^b g(x)\mathrm{d}x \ (a<b)。$$

例 3 求积分 $\int_0^2 f(x)\mathrm{d}x$，其中 $f(x)=\begin{cases} x, & 0\leqslant x\leqslant 1, \\ 3x-2, & 1<x\leqslant 2。\end{cases}$

解 由性质 3 得

$$\int_0^2 f(x)\mathrm{d}x = \int_0^1 f(x)\mathrm{d}x + \int_1^2 f(x)\mathrm{d}x = \int_0^1 x\mathrm{d}x + \int_1^2 (3x-2)\mathrm{d}x$$

$$= \int_0^1 x\mathrm{d}x + 3\int_1^2 x\mathrm{d}x - 2\int_1^2 \mathrm{d}x。$$

由于$\left(\frac{1}{2}x^2\right)'=x$，所以$\frac{1}{2}x^2$ 是 x 的一个原函数，由于$(x)'=1$，所以 x 是 1 的一个原函数，从而

$$原式=\frac{1}{2}x^2\Big|_0^1 + 3\times\frac{1}{2}x^2\Big|_1^2 - 2\times x\Big|_1^2 = 3。$$

习 题 8.3

1. 已知$\int_a^b f(x)\mathrm{d}x = p$，$\int_a^b [f(x)]^2\mathrm{d}x = q$，求下列定积分的值。

(1) $\int_a^b [4f(x)+3]\mathrm{d}x$； (2) $\int_a^b [4f(x)+3]^2\mathrm{d}x$。

2. 设 $f(x)=\begin{cases} x, & -1\leqslant x\leqslant 0, \\ 3x^2, & 0<x\leqslant 3, \end{cases}$ 求积分 $\int_{-1}^{3} f(x)\mathrm{d}x$。

8.4　不定积分

8.4.1　原函数族

由牛顿-莱布尼兹公式已经知道，如何求被积函数在积分区间上的一个原函数是计算定积分的关键。下面就来研究与原函数有关的定理以及如何求原函数的问题。

我们来考察，若被积函数 $f(x)=2x$ 时，因为

$$(x^2)'=2x,\quad (x^2+1)'=2x,\quad (x^2-\sqrt{3})'=2x,$$

$$\left(x^2+\frac{1}{4}\right)'=2x,\quad (x^2+C)'=2x,$$

其中 C 为任意常数，所以 $x^2,x^2+1,x^2-\sqrt{3},x^2+\frac{1}{4},x^2+C$ 等都是 $2x$ 的原函数。由此可知，函数 $f(x)=2x$ 的原函数有无穷多个。

一般地，有下述结论(原函数族定理)：

定理 8.3　如果函数 $f(x)$有原函数 $F(x)$，则它就有无穷多个原函数，并且其中任意两个原函数的差是常数。

这样，若 $F(x)$是 $f(x)$的原函数，则 $f(x)$的所有原函数可以写成 $F(x)+C$(C 是任意常数)的形式. 这种形式就是原函数的一般表达式，我们把 $F(x)+C$ 称为 $f(x)$ 的原函数族。由于原函数族是一类很重要的运算，为方便计，下面引入不定积分的概念和记号。

8.4.2　不定积分

定义 8.3　若函数 $F(x)$是函数 $f(x)$一个原函数，则称 $f(x)$的全部原函数 $F(x)+C$ 为 $f(x)$的**不定积分**，记为

$$\int f(x)\mathrm{d}x = F(x)+C,$$

其中“$\int$”叫做**积分号**，$f(x)$叫做**被积函数**，$f(x)\mathrm{d}x$ 叫做**被积表达式**，x 叫做**积分变量**。

为了简便起见，今后在不致发生混淆的情况下，不定积分也简称为积分，求不定积分的运算和方法分别称为积分运算和积分法。

需要指出的是 $\int_a^b f(x)\mathrm{d}x$ 与 $\int f(x)\mathrm{d}x$ 虽然记号比较相像，但前一个是一个数值，

后一个是一族函数。

例 4 求下列不定积分：

(1) $\int x^3 \mathrm{d}x$； (2) $\int \mathrm{e}^x \mathrm{d}x$。

解 (1) 由于$\left(\frac{x^4}{4}\right)' = x^3$，所以

$$\int x^3 \mathrm{d}x = \frac{x^4}{4} + C。$$

(2) 由于$(\mathrm{e}^x)' = \mathrm{e}^x$，所以

$$\int \mathrm{e}^x \mathrm{d}x = \mathrm{e}^x + C。$$

从原函数和不定积分的概念可以知道，"求不定积分"和"求导数"或"求微分"互为逆运算，即有

$$\left[\int f(x)\mathrm{d}x\right]' = f(x), \quad 或 \quad \mathrm{d}\left[\int f(x)\mathrm{d}x\right] = f(x)\mathrm{d}x,$$

$$\int F'(x)\mathrm{d}x = F(x) + C, \quad 或 \quad \int \mathrm{d}F(x) = F(x) + C。$$

这就是说：若先积分后微分，则两者的作用互相抵消；反过来，若先微分后积分，则应该在抵消后加上任意常数。

8.4.3 直接积分法

1. 不定积分的基本公式

由于不定积分是微分的逆运算，因此，我们可以从导数的基本公式得到相应的积分基本公式，现把它们列表对照如下（见表 8-1）：

表 8-1

	$F'(x) = f(x)$	$\int f(x)\mathrm{d}x = F(x) + C$
1	$(x)' = 1$	$\int \mathrm{d}x = x + C$
2	$\left(\frac{x^{a+1}}{a+1}\right)' = x^a$	$\int x^a \mathrm{d}x = \frac{x^{a+1}}{a+1} + C \quad (a \neq -1)$
3	$(\ln x)' = \frac{1}{x} \quad (x > 0)$ $[\ln(-x)]' = \frac{1}{x} \quad (x < 0)$	$\int \frac{1}{x}\mathrm{d}x = \ln\|x\| + C$
4	$(\arctan x)' = \frac{1}{1+x^2}$	$\int \frac{1}{1+x^2}\mathrm{d}x = \arctan x + C$

续表

	$F'(x)=f(x)$	$\int f(x)\mathrm{d}x=F(x)+C$
5	$(\arcsin x)'=\dfrac{1}{\sqrt{1-x^2}}$	$\int\dfrac{1}{\sqrt{1-x^2}}\mathrm{d}x=\arcsin x+C$
6	$\left(\dfrac{a^x}{\ln a}\right)'=a^x$	$\int a^x\mathrm{d}x=\dfrac{a^x}{\ln a}+C$
7	$(\mathrm{e}^x)'=\mathrm{e}^x$	$\int\mathrm{e}^x\mathrm{d}x=\mathrm{e}^x+C$
8	$(\sin x)'=\cos x$	$\int\cos x\mathrm{d}x=\sin x+C$
9	$(-\cos x)'=\sin x$	$\int\sin x\mathrm{d}x=-\cos x+C$
10	$(\tan x)'=\sec^2x$	$\int\sec^2x\mathrm{d}x=\tan x+C$
11	$(-\cot x)'=\csc^2x$	$\int\csc^2x\mathrm{d}x=-\cot x+C$
12	$(\sec x)'=\sec x\tan x$	$\int\sec x\tan x\mathrm{d}x=\sec x+C$
13	$(-\csc x)'=\csc x\tan x$	$\int\csc x\cot x\mathrm{d}x=-\csc x+C$

上述 13 个公式是求不定积分的基础，必须熟记。

例 5　求：(1) $\int\frac{1}{x^2}\mathrm{d}x$；　　(2) $\int x\sqrt[3]{x}\mathrm{d}x$。

解　(1) $\int\frac{1}{x^2}\mathrm{d}x=\int x^{-2}\mathrm{d}x=\frac{x^{-2+1}}{-2+1}+C=-\frac{1}{x}+C$。

(2) $\int x\sqrt[3]{x}\mathrm{d}x=\int x^{\frac{4}{3}}\mathrm{d}x=\frac{x^{\frac{4}{3}+1}}{\frac{4}{3}+1}+C=\frac{3}{7}x^{\frac{7}{3}}+C$。

例 5 表明，对某些分式或根式函数求积分，可先把它们化为 x^a 的形式，然后应用幂函数的积分公式求积分。

2. 不定积分的线性法则

法则 1　两个函数的代数和的积分等于各个函数的积分的代数和，即

$$\int[f_1(x)\pm f_2(x)]\mathrm{d}x=\int f_1(x)\mathrm{d}x\pm\int f_2(x)\mathrm{d}x。$$

上述法则对于有限个函数的代数和也是成立的。

法则 2　被积表达式中的常数因子可以提到积分号的前面，即当 k 为不等于零的常数时，有

$$\int kf(x)\mathrm{d}x = k\int f(x)\mathrm{d}x。$$

在实际运算中，注意要把法则 1 和法则 2 结合起来用。

例 6　求$\int(2x^3+1-\mathrm{e}^x)\mathrm{d}x$。

解　根据积分法则，得

$$\int(2x^3+1-\mathrm{e}^x)\mathrm{d}x = 2\int x^3\mathrm{d}x+\int\mathrm{d}x-\int\mathrm{e}^x\mathrm{d}x,$$

然后再应用基本公式，得

$$\int(2x^3+1-\mathrm{e}^x)\mathrm{d}x = 2\cdot\frac{x^4}{4}+x-\mathrm{e}^x+C=\frac{1}{2}x^4+x-\mathrm{e}^x+C。$$

其中每一项的积分虽然都应当有一个积分常数，但是这里并不需要在每一项后面各加上一个积分常数。因为任意常数之和还是任意常数，所以这里只把它们的和 C 写在末尾。以后仿之。

应当注意，检验积分结果是否正确，只要把结果求导，看它的导数是否等于被积函数。如上例，由于

$$\left(\frac{1}{2}x^4+x-\mathrm{e}^x+C\right)'=x^3+1-\mathrm{e}^x,$$

所以结果是正确的。

在求积分问题中，可以直接用积分基本公式和运算法则求出结果（见例 6）。但有时，被积函数常需要经过适当的恒等变形（包括代数和三角的恒等变形），再利用积分的运算法则，然后运用基本公式求出结果，这样的积分方法，叫做**直接积分法**。

例 7　求$\int(x^2+2)x\mathrm{d}x$。

解
$$\begin{aligned}\int(x^2+2)x\mathrm{d}x &= \int(x^3+2x)\mathrm{d}x\\ &=\int x^3\mathrm{d}x+\int 2x\mathrm{d}x=\frac{1}{4}x^4+x^2+C。\end{aligned}$$

例 8　求$\int\frac{x^3-3x^2+2x+4}{x^2}\mathrm{d}x$。

解
$$\begin{aligned}\int\frac{x^3-3x^2+2x+4}{x^2}\mathrm{d}x &= \int\left(x-3+\frac{2}{x}+\frac{4}{x^2}\right)\mathrm{d}x\\ &=\int x\mathrm{d}x-3\int\mathrm{d}x+2\int\frac{1}{x}\mathrm{d}x+4\int\frac{1}{x^2}\mathrm{d}x\\ &=\frac{1}{2}x^2-3x+2\ln|x|-\frac{4}{x}+C。\end{aligned}$$

例 9 求$\int\left(\cos x-a^{x}+\frac{1}{\cos^{2}x}\right)\mathrm{d}x$。

解 $$\int\left(\cos x-a^{x}+\frac{1}{\cos^{2}x}\right)\mathrm{d}x=\int\cos x\mathrm{d}x-\int a^{x}\mathrm{d}x+\int\sec^{2}x\mathrm{d}x$$

$$=\sin x-\frac{a^{x}}{\ln a}+\tan x+C。$$

例 10 求$\int\frac{2x^{2}+1}{x^{2}(x^{2}+1)}\mathrm{d}x$。

解 在积分基本公式中没有这种类型的积分公式,我们可以先把被积函数作恒等变形,再逐项求积分。

$$\int\frac{2x^{2}+1}{x^{2}(x^{2}+1)}\mathrm{d}x=\int\frac{x^{2}+1+x^{2}}{x^{2}(x^{2}+1)}\mathrm{d}x=\int\frac{x^{2}+1}{x^{2}(x^{2}+1)}\mathrm{d}x+\int\frac{x^{2}}{x^{2}(x^{2}+1)}\mathrm{d}x$$

$$=\int\frac{1}{x^{2}}\mathrm{d}x+\int\frac{1}{x^{2}+1}\mathrm{d}x=-\frac{1}{x}+\arctan x+C。$$

例 11 求$\int\frac{x^{4}}{1+x^{2}}\mathrm{d}x$。

解 $$\int\frac{x^{4}}{1+x^{2}}\mathrm{d}x=\int\frac{x^{4}-1+1}{1+x^{2}}\mathrm{d}x=\int\frac{(x^{2}+1)(x^{2}-1)+1}{1+x^{2}}\mathrm{d}x$$

$$=\int(x^{2}-1)\mathrm{d}x+\int\frac{1}{1+x^{2}}\mathrm{d}x=\frac{x^{3}}{3}-x+\arctan x+C。$$

例 12 求$\int\tan^{2}x\mathrm{d}x$。

解 先利用三角恒等式进行变形,然后再求积分。

$$\int\tan^{2}x\mathrm{d}x=\int(\sec^{2}x-1)\mathrm{d}x=\int\sec^{2}x\mathrm{d}x-\int\mathrm{d}x=\tan x-x+C。$$

例 13 求$\int\frac{\cos 2x}{\cos x-\sin x}\mathrm{d}x$。

解 $$\int\frac{\cos 2x}{\cos x-\sin x}\mathrm{d}x=\int\frac{\cos^{2}x-\sin^{2}x}{\cos x-\sin x}\mathrm{d}x$$

$$=\int\frac{(\cos x+\sin x)(\cos x-\sin x)}{\cos x-\sin x}\mathrm{d}x$$

$$=\int(\cos x+\sin x)\mathrm{d}x\quad(\cos x\neq\sin x,\text{即 }\tan x\neq 1)$$

$$=\sin x-\cos x+C。$$

例 14 已知物体以速度 $v=2t^{2}+1$ (m/s) 沿 Os 轴作直线运动。当 $t=1$ s 时,物体经过的路程为 3 m,求物体的运动规律。

解 设所求的运动规律为 $s=s(t)$,于是有

$$[s(t)]'=v=2t^{2}+1,$$

$$s(t)=\int(2t^2+1)\mathrm{d}t=\frac{2}{3}t^3+t+C。$$

将题设的条件：$t=1$ 时，$s=3$，代入上式得

$$3=\frac{2}{3}+1+C,$$

即

$$C=\frac{4}{3}。$$

于是所求的物体的规律为

$$s(t)=\frac{2}{3}t^3+t+\frac{4}{3}。$$

8.4.4　换元积分法

1. 第一类换元积分法

用直接积分法所能计算的不定积分是非常有限的，因此，有必要进一步研究不定积分的求法。这里先介绍第一类换元积分法它是与微分学中的复合函数求导法则相对应的积分方法。为了说明这种方法，我们先看下面的例子。

例 15　求$\int\cos 3x\mathrm{d}x$。

解　在基本积分公式中虽有

$$\int\cos x\mathrm{d}x=\sin x+C,$$

但我们这里不能直接应用，这是因为被积函数 $\cos 3x$ 是一个复合函数，如果先把原积分作适当的变形，然后套用公式，就可以求出结果：

$$\begin{aligned}\int\cos 3x\mathrm{d}x&=\int\frac{1}{3}\cos 3x\mathrm{d}(3x)\xlongequal{令\ 3x=u}\frac{1}{3}\int\cos u\mathrm{d}u\\&=\frac{1}{3}\sin u+C\xlongequal{回代\ u=3x}\frac{1}{3}\sin 3x+C。\end{aligned}$$

验证：$\left(\frac{1}{3}\sin 3x+C\right)'=\cos 3x$。

所以$\frac{1}{3}\sin 3x+C$ 确实是 $\cos 3x$ 的原函数，这说明上面的方法是正确的。

例 15 的解法特点是引入变量 $u=3x$，从而把原积分化为积分变量为 u 的积分，再用基本积分公式求解。它就是利用$\int\cos x\mathrm{d}x=\sin x+C$ 得

$$\int\cos u\mathrm{d}u=\sin u+C。$$

现在进一步问，如果更一般地，若$\int f(x)\mathrm{d}x=F(x)+C$ 成立，那么当 u 是 x 的任

一可导函数 $u=\varphi(x)$ 时，式子 $\int f(u)\mathrm{d}u=F(u)+C$ 是否成立？回答是肯定的。

这个结论充分表明：在基本积分公式中，自变量 x 换成任一可导函数 $u=\varphi(x)$ 时，公式仍成立，这就大大扩大了基本积分公式的使用范围。

一般地，若不定积分的被积表达式能写成

$$f[\varphi(x)]\varphi'(x)\mathrm{d}x=f[\varphi(x)]\mathrm{d}\varphi(x)$$

的形式，则令 $u=\varphi(x)$，当积分 $\int f(u)\mathrm{d}u=F(u)+C$ 容易用直接积分法求得时，就按下述方法计算不定积分：

$$\begin{aligned}\int f[\varphi(x)]\varphi'(x)\mathrm{d}x&=\int f[\varphi(x)]\mathrm{d}\varphi(x)\\&\xlongequal{\text{令 }\varphi(x)=u}\int f(u)\mathrm{d}u=F(u)+C\\&\xlongequal{\text{回代 }u=\varphi(x)}F[\varphi(x)]+C\end{aligned}$$

通常把这样的积分方法叫做**第一类换元积分法**。

例 16　求 $\int(3x+2)^{10}\mathrm{d}x$。

解　基本积分公式中有

$$\int x^{a}\mathrm{d}x=\frac{x^{a+1}}{a+1}+C\quad(a\neq-1),$$

因为 $3\mathrm{d}x=\mathrm{d}(3x+2)$，所以

$$\begin{aligned}\int(3x+2)^{10}\mathrm{d}x&=\frac{1}{3}\int(3x+2)^{10}\mathrm{d}(3x+2)\xlongequal{\text{令 }3x+2=u}\frac{1}{3}\int u^{10}\mathrm{d}u=\frac{1}{33}u^{11}+C\\&\xlongequal{\text{回代 }u=3x+2}\frac{1}{33}(3x+2)^{11}+C。\end{aligned}$$

从上两例可以看出，求积分时经常需要用到下面这样的微分式子：

(1) $\mathrm{d}[a\varphi(x)]=a\mathrm{d}\varphi(x)$，即常系数可以从微分号内移出移进。如

$$2\mathrm{d}x=\mathrm{d}(2x),\quad \mathrm{d}(-x)=-\mathrm{d}x,\quad \mathrm{d}\left(\frac{1}{2}x^{2}\right)=\frac{1}{2}\mathrm{d}(x^{2})。$$

(2) $\mathrm{d}\varphi(x)=\mathrm{d}[\varphi(x)\pm b]$，即微分号内的函数可加(或减)一个常数。如

$$\mathrm{d}x=\mathrm{d}(x+1),\quad \mathrm{d}(x^{2})=\mathrm{d}(x^{2}\pm1)。$$

上例是把这两个微分性质结合起来运用得到 $\mathrm{d}x=\frac{1}{3}\mathrm{d}(3x-1)$。

例 17　求 $\int\sqrt{ax+b}\,\mathrm{d}x\ (a\neq0)$。

解　$\int\sqrt{ax+b}\,\mathrm{d}x=\frac{1}{a}\int\sqrt{ax+b}\,\mathrm{d}(ax+b)\xlongequal{\text{令 }ax+b=u}\frac{1}{a}\int u^{\frac{1}{2}}\mathrm{d}u=\frac{2}{3a}u^{\frac{3}{2}}+C$

$$\xlongequal{\text{回代 } u=ax+b} \frac{2}{3a}(ax+b)\sqrt{ax+b}+C。$$

例 18　求$\int xe^{x^2}dx$。

解　$\int xe^{x^2}dx=\frac{1}{2}\int e^{x^2}d(x^2)\xlongequal{\text{令 } x^2=u}\frac{1}{2}\int e^u du=\frac{1}{2}e^u+C$

$$\xlongequal{\text{回代 } u=x^2}\frac{1}{2}e^{x^2}+C。$$

例 19　求$\int\frac{\ln x}{x}dx$。

解　$\int\frac{\ln x}{x}dx=\int\ln x d(\ln x)\xlongequal{\text{令 } \ln x=u}\int u du=\frac{1}{2}u^2+C\xlongequal{\text{回代 } u=\ln x}\frac{1}{2}\ln^2 x+C$。

由上面例题可以看出,用第一类换元积分法计算积分时,关键是把被积表达式凑成两部分,使其中一部分为 $d\varphi(x)$,另一部分为 $\varphi(x)$ 的函数 $f[\varphi(x)]$。因此,通常又把**第一类换元积分法**称为**凑微分法**。

在凑微分时,常要用到下面的微分式子,熟悉它们是有助于求不定积分的。

$$dx=\frac{1}{a}d(ax+b)\quad(a\neq 0);$$

$$xdx=\frac{1}{2}d(x^2);$$

$$\frac{1}{x}dx=d\ln|x|;$$

$$\frac{1}{\sqrt{x}}dx=2d\sqrt{x};$$

$$\frac{1}{x^2}dx=-d\left(\frac{1}{x}\right);$$

$$\frac{1}{1+x^2}dx=d(\arctan x);$$

$$\frac{1}{\sqrt{1-x^2}}dx=d(\arcsin x);$$

$$e^x dx=d(e^x);$$

$$\sin x dx=-d(\cos x);$$

$$\cos x dx=d(\sin x);$$

$$\sec^2 x dx=d(\tan x);$$

$$\csc^2 x dx=-d(\cot x);$$

$$\sec x\tan x dx=d(\sec x);$$

$$\csc x\cot x dx=-d(\csc x)。$$

显然,微分式子绝非只有这些,大量的式子是要根据具体问题具体分析,读者应在熟记基本积分公式和一些常用微分式子的基础上，通过大量的练习积累经验，才能逐步掌握这一重要的积分方法。

例 20　求$\int \frac{\sin(\sqrt{x}+1)}{\sqrt{x}}dx$。

解　$$\int \frac{\sin(\sqrt{x}+1)}{\sqrt{x}}dx = 2\int \sin(\sqrt{x}+1)d(\sqrt{x}) = 2\int \sin(\sqrt{x}+1)d(\sqrt{x}+1)$$

$$\xlongequal{令\sqrt{x}+1=u} 2\int \sin u du = -2\cos u + C$$

$$\xlongequal{回代\ u=\sqrt{x}+1} -2\cos(\sqrt{x}+1)+C。$$

当运算比较熟练后，设变量代换 $\varphi(x)=u$ 和回代这两个步骤，可省略不写。

例 21　求$\int \frac{dx}{a^2+x^2}\ (a>0)$。

解　$$\int \frac{dx}{a^2+x^2} = \frac{1}{a^2}\int \frac{dx}{1+\left(\frac{x}{a}\right)^2} = \frac{1}{a}\int \frac{d\left(\frac{x}{a}\right)}{1+\left(\frac{x}{a}\right)^2} = \frac{1}{a}\arctan\frac{x}{a}+C。$$

类似地，可得

$$\int \frac{dx}{\sqrt{a^2-x^2}} = \arcsin\frac{x}{a}+C \quad (a>0)。$$

有时需要通过代数或三角恒等变换，把被积函数适当变形再用凑微分法求积分。

例 22　求$\int \frac{dx}{x^2-a^2}$。

解　$$\int \frac{dx}{x^2-a^2} = \int \frac{dx}{(x+a)(x-a)} = \frac{1}{2a}\int \frac{(x+a)-(x-a)}{(x+a)(x-a)}dx$$

$$= \frac{1}{2a}\int\left(\frac{1}{x-a}-\frac{1}{x+a}\right)dx = \frac{1}{2a}\left[\int \frac{d(x-a)}{x-a} - \int \frac{d(x+a)}{x+a}\right]$$

$$= \frac{1}{2a}[\ln|x-a|-\ln|x+a|]+C = \frac{1}{2a}\ln\left|\frac{x-a}{x+a}\right|+C。$$

例 23　求$\int \tan x dx$。

解　$$\int \tan x dx = \int \frac{\sin x}{\cos x}dx = -\int \frac{d(\cos x)}{\cos x} = -\ln|\cos x|+C。$$

类似地，可得

$$\int \cot x dx = \ln|\sin x|+C。$$

例 24　求$\int \cos^3 x dx$。

解 $\int\cos^3 x\mathrm{d}x = \int\cos^2 x\cdot\cos x\mathrm{d}x = \int(1-\sin^2 x)\mathrm{d}(\sin x)$

$$= \int\mathrm{d}(\sin x) - \int\sin^2 x\mathrm{d}(\sin x) = \sin x - \frac{\sin^3 x}{3} + C。$$

例 25 求$\int\cos^2 x\mathrm{d}x$。

解 如果仿照例24的方法化为$\int\cos x\mathrm{d}(\sin x)$是求不出结果的。需要先用半角公式作恒等变换,然后再求积分,即

$$\int\cos^2 x\mathrm{d}x = \int\frac{1+\cos 2x}{2}\mathrm{d}x = \frac{1}{2}\int\mathrm{d}x + \frac{1}{2}\int\cos 2x\mathrm{d}x$$

$$= \frac{1}{2}x + \frac{1}{4}\int\cos 2x\mathrm{d}(2x) = \frac{1}{2}x + \frac{1}{4}\sin 2x + C。$$

类似地,可得

$$\int\sin^2 x\mathrm{d}x = \frac{x}{2} - \frac{1}{4}\sin 2x + C。$$

例 26 求$\int\tan x\sec^3 x\mathrm{d}x$。

解 $\int\tan x\sec^3 x\mathrm{d}x = \int\sec^2 x\mathrm{d}(\sec x) = \frac{\sec^3 x}{3} + C。$

注意:同一积分,可以有几种不同的解法,其结果在形式上可能不同,但实际上它们最多只是积分常数有区别。

例 27 求$\int\sin x\cos x\mathrm{d}x$。

解 1 $\int\sin x\cos x\mathrm{d}x = \int\sin x\mathrm{d}(\sin x) = \frac{1}{2}\sin^2 x + C_1。$

解 2 $\int\sin x\cos x\mathrm{d}x = -\int\cos x\mathrm{d}(\cos x) = -\frac{1}{2}\cos^2 x + C_2。$

解 3 $\int\sin x\cos x\mathrm{d}x = \frac{1}{2}\int\sin 2x\mathrm{d}x = \frac{1}{4}\int\sin 2x\mathrm{d}(2x) = -\frac{1}{4}\cos 2x + C_3。$

利用三角公式不难验证上例三种解法的结果彼此只相差一个常数,但很多的积分要把结果化为相同的形式有时会有一定的困难。事实上,要检查积分是否正确,正如前面指出的那样,只要对所得的结果求导,如果这个导数与被积函数相同,那么结果就是正确的。

2. 第二类换元积分法

上面讨论的第一类换元法是选择新积分变量u,令$u=\varphi(x)$进行换元。但对于某些被积函数来说,还可以采用另一种换元法。具体做法是:在计算$\int f(x)\mathrm{d}x$时,适当地选择$x=\varphi(t)$进行换元,如果积分$\int f[\varphi(t)]\varphi'(t)\mathrm{d}t$容易用直接积分法求得,那么就

按下述方法计算不定积分：

$$\int f(x)\mathrm{d}x \xlongequal{\text{令 } x=\varphi(t)} \int f[\varphi(t)]\varphi'(t)\mathrm{d}t = F(t)+C \xlongequal{\text{回代 } t=\varphi^{-1}(x)} F[\varphi^{-1}(x)]+C$$

通常把这样的积分方法叫做**第二类换元积分法**。

例 28　求$\int \frac{\mathrm{d}x}{1+\sqrt{x}}$。

解　求这个积分困难在于被积函数中含有根式$\sqrt{x}$，为了去掉根式，容易想到令$\sqrt{x}=t$，即 $x=t^2(t>0)$，于是 $\mathrm{d}x=2t\mathrm{d}t$。把它们代入积分式，得

$$\begin{aligned}\int \frac{\mathrm{d}x}{1+\sqrt{x}} &= \int \frac{2t}{1+t}\mathrm{d}t = 2\int \frac{1+t-1}{1+t}\mathrm{d}t \\ &= 2\left[\int \mathrm{d}t - \int \frac{1}{1+t}\mathrm{d}t\right] \\ &= 2[t-\ln(1+t)]+C。\end{aligned}$$

为了使所得结果仍用旧变量 x 来表示，把 $t=\sqrt{x}$ 回代上式，最后得

$$\int \frac{\mathrm{d}x}{1+\sqrt{x}} = 2[\sqrt{x}-\ln(1+\sqrt{x})]+C。$$

从例 28 可以看出，第二类换元积分法的特点是：它的换元表达式 $x=t^2$ 中新变量 t 处于自变量的地位，而在第一类换元法中新变量 u 是因变量。还值得注意的是在令 $x=t^2$ 的同时给出了 $t>0$ 的条件，这一方面是使被积函数中的$\sqrt{x}$在代换后等于 t，而不必写成 $|t|$，另一方面是在最后需要回代时，保证它的反函数是单值的 $t=\sqrt{x}$，所以一般在用第二类换元积分法时，为了保证 $x=\varphi(t)$ 的反函数 $t=\varphi^{-1}(x)$ 存在，及原来的积分有意义，通常要求 $x=\varphi(t)$ 有连续导数且 $\varphi'(t)\neq 0$。为了解题简便起见，我们约定在本章各题中所设 $x=\varphi(t)$ 都是在某一区间内满足有连续的导数且 $\varphi'(t)\neq 0$ 的条件的。

例 29　求$\int \frac{\mathrm{d}x}{\sqrt{x}+\sqrt[3]{x}}$。

解　令 $x=t^6$，这时$\sqrt{x}=t^3$，$\sqrt[3]{x}=t^2$，$\mathrm{d}x=6t^5\mathrm{d}t$，因此

$$\begin{aligned}\int \frac{\mathrm{d}x}{\sqrt{x}+\sqrt[3]{x}} &= \int \frac{6t^5\mathrm{d}t}{t^3+t^2} = 6\int \frac{t^3\mathrm{d}t}{t+1} \\ &= 6\int \frac{(t^3+1)-1}{t+1}\mathrm{d}t \\ &= 6\int \left(t^2-t+1-\frac{1}{t+1}\right)\mathrm{d}t\end{aligned}$$

$$= 2t^3 - 3t^2 + 6t - 6\ln(t+1) + C。$$

由于 $x = t^6$，所以 $t = \sqrt[6]{x}$，于是，所求积分为

$$\int \frac{\mathrm{d}x}{\sqrt{x} + \sqrt[3]{x}} = 2\sqrt{x} - 3\sqrt[3]{x} + 6\sqrt[6]{x} - 6\ln(\sqrt[6]{x} + 1) + C。$$

8.4.5 分部积分法

上面我们在复合函数求导法则的基础上，得到了换元积分法，这是一个重要的积分法，但有时对某些类型的积分，换元积分法往往不能奏效，如 $\int x\cos x\mathrm{d}x$，$\int \mathrm{e}^x\cos x\mathrm{d}x$，$\int \ln x\mathrm{d}x$，$\int \arcsin x\mathrm{d}x$，等等。为此，将给出这一类函数的积分的积分方法——**分部积分法**。

设函数 $u = u(x)$ 及 $v = v(x)$ 具有连续导数，则

$$\int u\mathrm{d}v = uv - \int v\mathrm{d}u \tag{8-2}$$

上式叫**分部积分公式**。这个公式的作用在于把求左边的不定积分 $\int u\mathrm{d}v$ 转化为求右边的不定积分 $\int v\mathrm{d}u$，如果 $\int u\mathrm{d}v$ 不易求得，而 $\int v\mathrm{d}u$ 容易求得，利用这个公式，就起到了化难为易的作用。

例如，求 $\int x\cos x\mathrm{d}x$ 时，如果选取 $u = x$，$\mathrm{d}v = \cos x\mathrm{d}x = \mathrm{d}(\sin x)$，代入分部积分公式中得

$$\int x\cos x\mathrm{d}x = \int x\mathrm{d}(\sin x) = x\sin x - \int \sin x\mathrm{d}x,$$

其中 $\int \sin x\mathrm{d}x$ 容易求出，于是

$$\int x\cos x\mathrm{d}x = x\sin x + \cos x + C。$$

如果选取 $u = \cos x$，$\mathrm{d}v = x\mathrm{d}x = \mathrm{d}\left(\frac{x^2}{2}\right)$，代入分部积分公式中得

$$\int x\cos x\mathrm{d}x = \frac{x^2}{2}\cos x + \int \frac{x^2}{2}\sin x\mathrm{d}x。$$

上式右端的积分比原来的积分更不容易求出。

由此可见，如果 u 和 $\mathrm{d}v$ 选取不当，就求不出结果。所以在应用分部积分法时，恰当地选取 u 和 $\mathrm{d}v$ 是一个关键。选取 u 和 $\mathrm{d}v$ 一般要考虑下面两点：

(1) v 要容易求得；

(2) $\int v\mathrm{d}u$ 要比 $\int u\mathrm{d}v$ 容易积出。

例 30　求$\int xe^x dx$。

解　选取 $u = x, dv = e^x dx = d(e^x)$,则

$$\int xe^x dx = \int xd(e^x) = xe^x - \int e^x dx = xe^x - e^x + C。$$

例 31　求$\int x^2 \ln x dx$。

解　选取 $u = \ln x, dv = x^2 dx = d\left(\frac{x^3}{3}\right)$,则

$$\begin{aligned}\int x^2 \ln x dx &= \int \ln x d\left(\frac{x^3}{3}\right) = \frac{x^3}{3}\ln x - \int \frac{x^3}{3} d(\ln x) = \frac{x^3}{3}\ln x - \frac{1}{3}\int x^3 \cdot \frac{1}{x} dx \\ &= \frac{x^3}{3}\ln x - \frac{1}{3}\int x^2 dx = \frac{x^3}{3}\ln x - \frac{x^3}{9} + C。\end{aligned}$$

对分部积分法熟练后,计算时 u 和 dv 可默记在心里不必写出。

例 32　求$\int x\arctan x dx$。

解

$$\begin{aligned}\int x\arctan x dx &= \int \arctan x d\left(\frac{x^2}{2}\right) = \frac{x^2}{2}\arctan x - \int \frac{x^2}{2} d(\arctan x) \\ &= \frac{x^2}{2}\arctan x - \frac{1}{2}\int \frac{x^2}{1+x^2} dx \\ &= \frac{x^2}{2}\arctan x - \frac{1}{2}\int \left(\frac{1+x^2-1}{1+x^2}\right) dx \\ &= \frac{x^2}{2}\arctan x - \frac{1}{2}\int \left(1 - \frac{1}{1+x^2}\right) dx \\ &= \frac{x^2}{2}\arctan x - \frac{x}{2} + \frac{1}{2}\arctan x + C \\ &= \frac{1}{2}(x^2+1)\arctan x - \frac{x}{2} + C。\end{aligned}$$

由上面的例子可以看出,如果被积函数是幂函数与指数函数(或者正弦、余弦函数)的乘积,就可以考虑用分部积分法,并把幂函数选作 u;如果被积函数是幂函数与对数函数(或反三角函数)的乘积,则应把对数函数(或反三角函数)选作 u。

例 33　求$\int \arcsin x dx$。

解　因为被积函数是单一函数,就可以看作被积表达式已经"自然"分成 udv 的形式了。直接应用分部积分公式得

$$\begin{aligned}\int \arcsin x dx &= x\arcsin x - \int xd(\arcsin x) = x\arcsin x - \int \frac{x}{\sqrt{1-x^2}} dx \\ &= x\arcsin x + \frac{1}{2}\int \frac{d(1-x^2)}{\sqrt{1-x^2}} = x\arcsin x + \sqrt{1-x^2} + C。\end{aligned}$$

例 34 求$\int \ln x\mathrm{d}x$。

解 $\int \ln x\mathrm{d}x = x\ln x - \int x\mathrm{d}(\ln x) = x\ln x - \int \mathrm{d}x = x\ln x - x + C$。

例 35 求$\int x^2\sin x\mathrm{d}x$。

解
$$\int x^2\sin x\mathrm{d}x = -\int x^2\mathrm{d}(\cos x) = -x^2\cos x - \int 2x(-\cos x)\mathrm{d}x$$
$$= -x^2\cos x + 2\int x\cos x\mathrm{d}x,$$

对于$\int x\cos x\mathrm{d}x$需要再应用一次分部积分法。在前面我们已经求得

$$\int x\cos x\mathrm{d}x = x\sin x + \cos x + C_1,$$

所以

$$\int x^2\sin x\mathrm{d}x = -x^2\cos x + 2x\sin x + 2\cos x + C \quad (C = 2C_1)。$$

例 35 表明，有时要多次运用分部积分法，才能求出结果。

习 题 8.4

1. 在下列各等式右端的括号内填入适当的常数，使等式成立（例：$\mathrm{d}x = \left(\frac{1}{9}\right)\mathrm{d}(9x - 5)$）。

(1) $\mathrm{d}x = (\quad)\mathrm{d}(5x - 7)$；

(2) $\mathrm{d}x = (\quad)\mathrm{d}(6x)$；

(3) $x\mathrm{d}x = (\quad)\mathrm{d}(x^2)$；

(4) $x\mathrm{d}x = (\quad)\mathrm{d}(4x^2)$；

(5) $x\mathrm{d}x = (\quad)\mathrm{d}(1 - 2x^2)$；

(6) $x\mathrm{d}x = (\quad)\mathrm{d}(3 + 4x^2)$；

(7) $\mathrm{e}^{3x}\mathrm{d}x = (\quad)\mathrm{d}(\mathrm{e}^{3x})$；

(8) $\mathrm{e}^{-\frac{x}{2}}\mathrm{d}x = (\quad)\mathrm{d}(1 + \mathrm{e}^{-\frac{x}{2}})$；

(9) $\cos\frac{2}{3}x\mathrm{d}x = (\quad)\mathrm{d}\left(\sin\frac{2}{3}x\right)$；

(10) $\frac{\mathrm{d}x}{x} = (\quad)\mathrm{d}(5\ln|x|)$；

(11) $\frac{\mathrm{d}x}{x} = (\quad)\mathrm{d}(3 - 5\ln|x|)$；

(12) $\frac{\mathrm{d}x}{1 + 9x^2} = (\quad)\mathrm{d}(\arctan 3x)$；

(13) $\frac{\mathrm{d}x}{\sqrt{1 - 4x^2}} = (\quad)\mathrm{d}(\arcsin 2x)$；

(14) $x\sin x^2\mathrm{d}x = (\quad)\mathrm{d}(\cos x^2)$。

2. 求下列各不定积分：

(1) $\int \cos 4x\mathrm{d}x$；

(2) $\int \sin\frac{x}{3}\mathrm{d}x$；

(3) $\int (3 - 2x)^3\mathrm{d}x$；

(4) $\int (x^2 - 3x + 2)^3(2x - 3)\mathrm{d}x$；

(5) $\int \frac{x}{\sqrt{x^2-2}}\mathrm{d}x$；

(6) $\int \frac{\sin x}{\cos^2 x}\mathrm{d}x$；

(7) $\int \frac{\cos x}{\sqrt{\sin x}}\mathrm{d}x$；

(8) $\int \sqrt{2+\mathrm{e}^x}\,\mathrm{e}^x\,\mathrm{d}x$；

(9) $\int \frac{\mathrm{d}x}{x\ln^3 x}$；

(10) $\int x\mathrm{e}^{x^2}\,\mathrm{d}x$；

(11) $\int \mathrm{e}^{-x}\,\mathrm{d}x$；

(12) $\int \mathrm{e}^{\sin x}\cos x\mathrm{d}x$。

3. 求下列各不定积分：

(1) $\int \frac{\mathrm{d}x}{1+\sqrt[3]{x+1}}$；

(2) $\int \frac{\mathrm{d}x}{x\sqrt{x+1}}$。

4. 求下列各不定积分：

(1) $\int x\sin x\mathrm{d}x$；

(2) $\int x\ln x\mathrm{d}x$；

(3) $\int \arccos x\mathrm{d}x$；

(4) $\int x\mathrm{e}^{-x}\,\mathrm{d}x$。

8.5　定积分的计算举例与应用

8.5.1　定积分的计算举例

牛顿-莱布尼兹公式为计算定积分提供了有效而简便的方法，它将定积分 $\int_a^b f(x)\mathrm{d}x$ 的计算归结为求被积函数 $f(x)$ 在积分区间 $[a,b]$ 上的一个原函数 $F(x)$，再计算函数值的改变量 $F(b)-F(a)$。在前面我们已经介绍了求原函数的全体，即求不定积分的一些方法，所以定积分的计算已经较好地得到了解决，下面再举一些例子。

例 36　计算 $\int_{-2}^{-1}\frac{1}{x}\mathrm{d}x$。

解

$$\int \frac{1}{x}\mathrm{d}x=\ln|x|+C,$$

所以

$$\int_{-2}^{-1}\frac{1}{x}\mathrm{d}x=[\ln|x|]_{-2}^{-1}=\ln1-\ln2=-\ln2。$$

例 37　证明：

(1) 如果 $f(x)$ 在 $[-a,a]$ 上连续且为奇函数，那么

$$\int_{-a}^{a}f(x)\mathrm{d}x=0。$$

(2) 如果 $f(x)$ 在$[-a,a]$上连续且为偶函数,那么

$$\int_{-a}^{a} f(x)\mathrm{d}x = 2\int_{0}^{a} f(x)\mathrm{d}x。$$

证明　因为 $\int_{-a}^{a} f(x)\mathrm{d}x = \int_{-a}^{0} f(x)\mathrm{d}x + \int_{0}^{a} f(x)\mathrm{d}x$,

对于$\int_{-a}^{0} f(x)\mathrm{d}x$,设 $x=-t$,则 $\mathrm{d}x=-\mathrm{d}t$。当 $t=a$ 时,$x=-a$;当 $t=0$ 时,$x=0$。于是

$$\int_{-a}^{0} f(x)\mathrm{d}x = \int_{a}^{0} f(-t)(-\mathrm{d}t) = \int_{0}^{a} f(-t)\mathrm{d}t = \int_{0}^{a} f(-x)\mathrm{d}x,$$

所以

$$\begin{aligned}\int_{-a}^{a} f(x)\mathrm{d}x &= \int_{-a}^{0} f(x)\mathrm{d}x + \int_{0}^{a} f(x)\mathrm{d}x \\ &= \int_{0}^{a} f(-x)\mathrm{d}x + \int_{0}^{a} f(x)\mathrm{d}x \\ &= \int_{0}^{a} [f(-x)+f(x)]\mathrm{d}x。\end{aligned}$$

(1) 如果 $f(x)$ 为奇函数,即 $f(-x)=-f(x)$,则 $f(x)+f(-x)=0$,从而

$$\int_{-a}^{a} f(x)\mathrm{d}x = 0。$$

(2) 如果 $f(x)$ 为偶函数,即 $f(-x)=f(x)$,则 $f(-x)+f(x)=2f(x)$,从而

$$\int_{-a}^{a} f(x)\mathrm{d}x = \int_{0}^{a} 2f(x)\mathrm{d}x = 2\int_{0}^{a} f(x)\mathrm{d}x。$$

利用本例的结论,常常可简化计算偶函数、奇函数在对称于原点的区间上的定积分。

例 38　计算下列定积分:

(1) $\int_{-\frac{\pi}{2}}^{\frac{\pi}{2}} \sin^7 x\mathrm{d}x$;　　(2) $\int_{-\frac{\pi}{4}}^{\frac{\pi}{4}} \frac{x}{1+\cos x}\mathrm{d}x$。

解　(1) 因为 $f(x)=\sin^7 x$ 在$\left[-\frac{\pi}{2},\frac{\pi}{2}\right]$上为奇函数,所以

$$\int_{-\frac{\pi}{2}}^{\frac{\pi}{2}} \sin^7 x\mathrm{d}x = 0。$$

(2) 在$\int_{-\frac{\pi}{4}}^{\frac{\pi}{4}} \frac{x}{1+\cos x}\mathrm{d}x$ 中,令 $f(x)=\frac{x}{1+\cos x}$,因为

$$f(-x) = \frac{-x}{1+\cos(-x)} = -f(x),$$

所以 $f(x)$ 在$\left[-\frac{\pi}{4},\frac{\pi}{4}\right]$上为奇函数,于是

$$\int_{-\frac{\pi}{4}}^{\frac{\pi}{4}} \frac{x}{1+\cos x}\mathrm{d}x = 0。$$

8.5.2 定积分的应用

定积分的应用十分广泛，它不仅能帮助我们求出曲边梯形的面积、变速直线运动的路程，而且还可以解决诸如旋转体的体积、平均值等问题。

1. 平面图形的面积

对于由一般曲线围成的平面图形面积的计算，则可以利用曲边梯形的面积来解决，如图 8-9 所示，

$$A_{MDNC}=A_{MM_1N_1NC}-A_{MM_1N_1ND}=\int_a^b f(x)\mathrm{d}x-\int_a^b g(x)\mathrm{d}x,$$

即

$$A=\int_a^b[f(x)-g(x)]\mathrm{d}x。\tag{8-3}$$

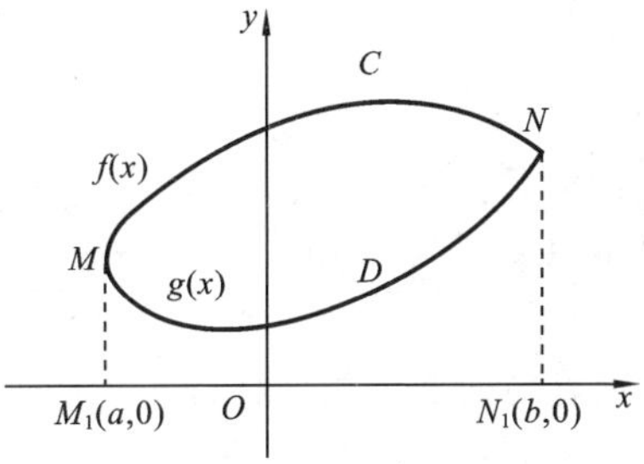

图 8-9

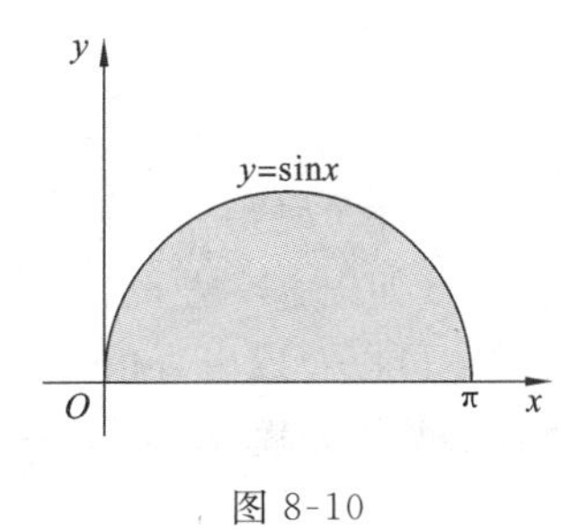

图 8-10

例 39 求曲线 $y=\sin x$ 和 x 轴在区间 $[0,\pi]$ 上所围成图形的面积 A（见图 8-10）。

解 这个图形是曲边梯形的一个特例。它的面积

$$A=\int_0^\pi \sin x\mathrm{d}x=[-\cos x]_0^\pi=-\cos\pi+\cos 0=1+1=2。$$

例 40 求两条抛物线 $y^2=x$，$y=x^2$ 所围的图形的面积（见图 8-11）。

解 解方程组 $\begin{cases}y^2=x,\\ y=x^2,\end{cases}$ 得交点 $(0,0)$ 及 $(1,1)$。由此可以确定积分区间为 $[0,1]$，由公式(8-2)得所求面积为

$$A=\int_0^1(\sqrt{x}-x^2)\mathrm{d}x=\left[\frac{2}{3}x^{\frac{3}{2}}-\frac{1}{3}x^3\right]_0^1=\frac{1}{3}。$$

2. 旋转体的体积

旋转体是一个平面图形绕这个平面内的一条直线旋转而成的立体。这条直线叫做旋转轴。

图 8-12 表示由曲线 $y=f(x)$，直线 $x=a$，$x=b$ 及 x 轴所围成的曲边梯形绕 x 轴旋转而成的旋转体。现在计算该旋转体的体积 V。

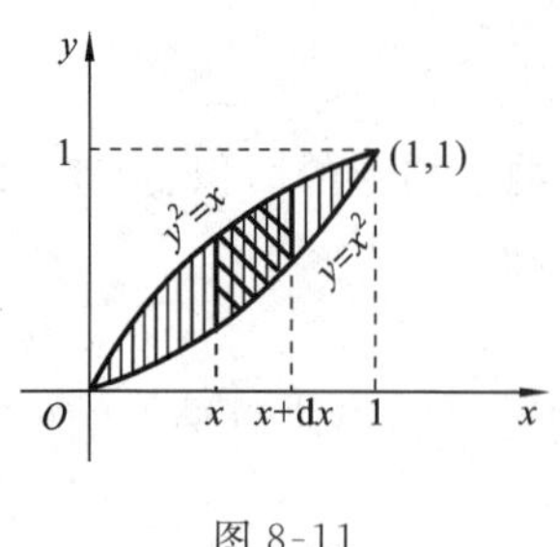

图 8-11

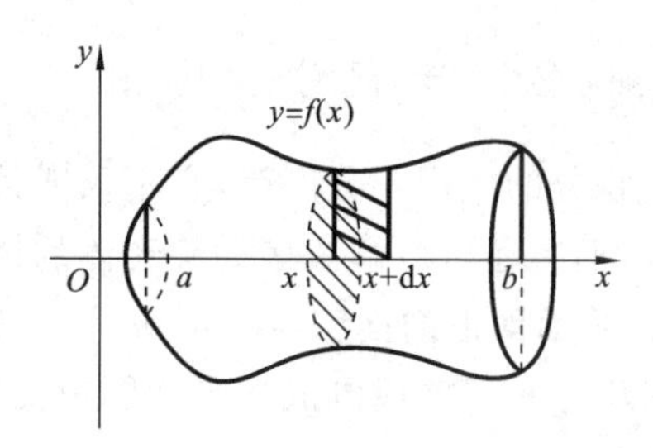

图 8-12

按照定积分的思想，可得该旋转体的体积为

$$V=\int_a^b \pi[f(x)]^2\,\mathrm{d}x。\tag{8-4}$$

类似地，由曲线 $x=\varphi(y)$，直线 $y=c$，$y=d$ 及 y 轴所围成的曲边梯形（见图 8-13）绕 y 轴旋转而成的旋转体的体积为

$$V=\int_c^d \pi x^2\,\mathrm{d}y=\pi\int_c^d \varphi^2(y)\,\mathrm{d}y。\tag{8-5}$$

例 41　计算底半径为 r，高为 h 的圆锥的体积。

解　按如图 8-14 所示的建立坐标系。

圆锥体可以看成由直角三角形 OAB 绕 x 轴旋转而成的旋转体。

直线 OA 的方程为

$$y=\frac{r}{h}x\quad(0\leqslant x\leqslant h)。$$

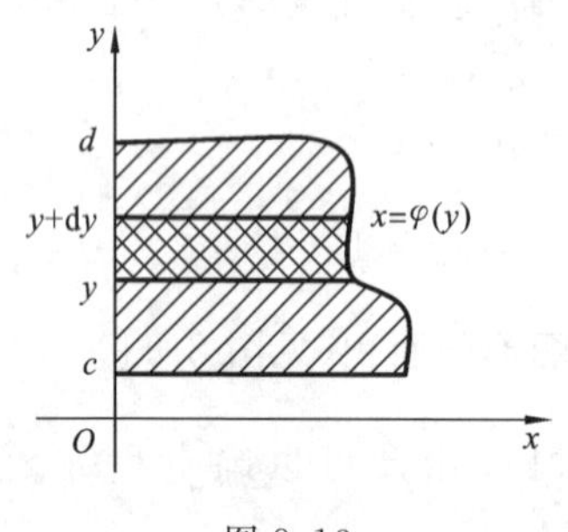

图 8-13

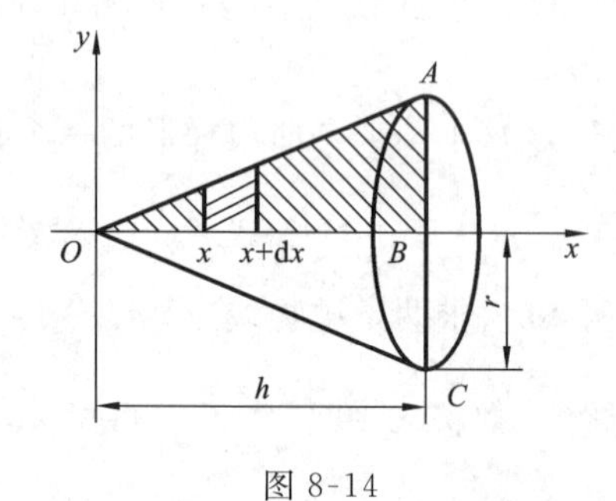

图 8-14

由公式(8-4)，得所求圆锥体的体积为

$$V=\pi\int_0^h y^2\,\mathrm{d}x=\pi\int_0^h\left(\frac{r}{h}x\right)^2\mathrm{d}x=\frac{\pi r^2}{h^2}\left[\frac{x^3}{3}\right]_0^h=\frac{1}{3}\pi r^2 h。$$

例 42　求椭圆$\dfrac{x^2}{a^2}+\dfrac{y^2}{b^2}=1$绕 x 轴旋转而成的椭球体的体积。

解　如图 8-15 所示，椭球体可以看成是椭圆在 x 轴的上半部绕 x 轴旋转一周所形成的，此时积分区间为$[-a,a]$，由$\dfrac{x^2}{a^2}+\dfrac{y^2}{b^2}=1$得

$$y^2 = \frac{b^2}{a^2}(a^2 - x^2)。$$

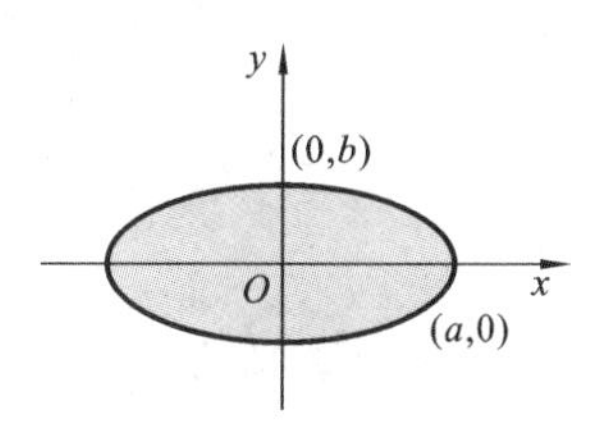

图 8-15

因此根据公式(8-4)，得所求椭球体的体积为

$$V = \int_{-a}^{a} \pi \cdot \frac{b^2}{a^2}(a^2 - x^2)\mathrm{d}x。$$

3. 函数的平均值

在实际问题中，常常要研究平均值的问题，通常描述数集$\{y_1, y_2, y_3, y_4, \cdots, y_n\}$的平均值常是取这个数集的算术平均值

$$\bar{y} = \frac{1}{n}(y_1 + y_2 + y_3 + \cdots + y_n) = \frac{1}{n}\sum_{i=1}^{n} y_i。$$

例如，用全班学生的考试平均成绩来反映这个班级的学习成绩的概况。

此外，还常常需要计算一个连续函数$y = f(x)$在区间$[a,b]$上一切值的平均值。例如，求平均速度、平均电流强度、平均功率，等等。下面求连续函数$y = f(x)$在区间$[a,b]$上的平均值$\bar{y}$。

将区间$[a, b]$分成n等份，设分点为$a = x_0 < x_1 < x_2 < \cdots < x_n = b$，每个小区间的长度为$\Delta x_i = \dfrac{b-a}{n}$。对于$n$个分点处的函数值$f(x_1), f(x_2), f(x_3), \cdots, f(x_n)$，可以用它们的算术平均值

$$\frac{1}{n}[f(x_1) + f(x_2) + \cdots + f(x_n)] = \frac{1}{n}\sum_{i=1}^{n} f(x_i)$$

近似表达函数$f(x)$在区间$[a,b]$上的平均值。

如果n的值比较大，上述平均值就能比较确切地表达函数$f(x)$在区间$[a,b]$上所取的一切值的平均值。

因此把极限$\lim\limits_{n\to\infty}\dfrac{1}{n}\sum\limits_{i=1}^{n} f(x_i)$叫做函数$f(x)$在区间$[a,b]$上的平均值，记作$\bar{y}$，即

$$\bar{y} = \lim_{n\to\infty}\frac{1}{n}\sum_{i=1}^{n} f(x_i) = \lim_{n\to\infty}\frac{1}{b-a}\sum_{i=1}^{n}\frac{b-a}{n}f(x_i) = \frac{1}{b-a}\lim_{n\to\infty}\sum_{i=1}^{n} f(x_i)\Delta x_i,$$

由定积分的定义即得

$$\bar{y} = \frac{1}{b-a}\int_{a}^{b} f(x)\mathrm{d}x。\qquad (8\text{-}6)$$

例 43　计算从 0 到 T 这段时间内自由落体运动的平均速度。

解　因为自由落体运动的速度为$v = gt$，所以根据公式(8-6)，得自由落体运动的平均速度为

$$\bar{v} = \frac{1}{T-0}\int_{0}^{T} gt\,\mathrm{d}t = \frac{1}{T}\cdot\frac{1}{2}gt^2\Big|_0^T = \frac{1}{2}gT。$$

习　题　8.5

1. 求下列平面曲线所围成的图形的面积：

   (1) $y=x^2, y=1$；　(2) $y=5-2x, y=x^2+2$；　(3) $y=x^3, y=x$。

2. 求下列曲线所围成的图形绕 x 轴旋转所形成的旋转体的体积：

   (1) $2x-y+4=0, x=0, y=0$；　(2) 抛物线 $x^2=4y(x>0), y=1, x=0$。

3. 一物体以速度 $v=3t^2+2t$(m/s)作直线运动，计算它在 $t=0$ 到 $t=3$ s 这一段时间内的平均速度。

4. 计算函数 $y=x/(1+x^2)$在区间$[0, 1]$上的平均值。

第9章　微分方程及其应用

函数是客观事物内部联系的反映，利用函数关系可以对客观事物的规律性进行研究。因此如何寻求函数关系，在实践中具有重要意义。在许多问题中，往往不能找出所需要的函数关系，却可以列出未知函数及其导数(或微分)的关系式，这样的关系式就是微分方程。本章主要介绍微分方程的基本概念、几种常见类型的微分方程的解法及微分方程的简单应用。

9.1　微分方程的基本概念

9.1.1　引例

先考察两个实际问题。

例1　已知一曲线通过点(1,1)，且在曲线上任一点 $M(x,y)$ 处的切线斜率等于 $3x^2$，求该曲线的方程。

解　设所求曲线的方程为 $y=f(x)$。根据导数的几何意义，$y=f(x)$ 应满足方程

$$\frac{\mathrm{d}y}{\mathrm{d}x}=3x^2, \tag{9-1}$$

及条件

$$y|_{x=1}=1。 \tag{9-2}$$

将 $\frac{\mathrm{d}y}{\mathrm{d}x}=3x^2$ 的两边积分，得

$$y=x^3+C, \tag{9-3}$$

其中 C 是任意常数。把条件式(9-2)代入式(9-3)，解得 $C=0$。于是所求曲线方程为

$$y=x^3 \tag{9-4}$$

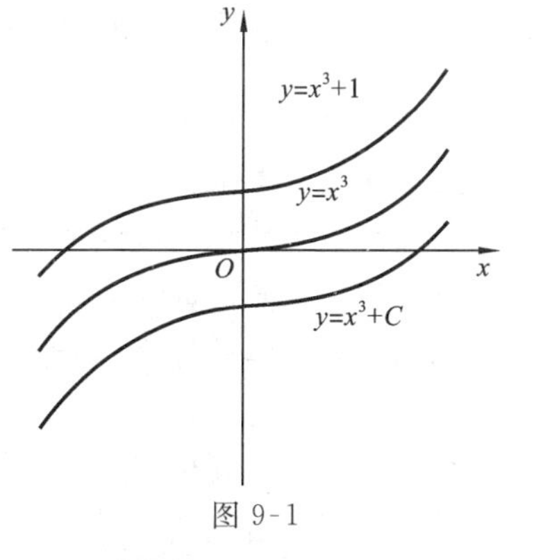

图 9-1

从几何意义看，$y=x^3+C$ 表示一族立方抛物线(见图9-1)，而所求曲线 $y=x^3$ 是这族立方抛物线中通过点(1,1)的一条。

例2　列车在直线轨道上以 20 m/s 的速度行驶，制动时列车获得加速度 -0.4 m/s^2。问开始制动后经过多少时间才能把列车刹住？在这段时间内列车行驶了多少路程？

解　设列车的运动方程为 $s=s(t)$。根据二阶导数的力学意义，函数 $s=s(t)$ 应

满足关系式

$$\frac{d^2 s}{dt^2}=-0.4 \tag{9-5}$$

根据已知条件，$s=s(t)$还应满足

$$s|_{t=0}=0, \quad \left.\frac{ds}{dt}\right|_{t=0}=20。 \tag{9-6}$$

把式(9-5)的两边积分一次，得

$$\frac{ds}{dt}=-0.4t+C_1, \tag{9-7}$$

再积分一次，得

$$s=-0.2t^2+C_1 t+C_2, \tag{9-8}$$

其中 C_1、C_2 是任意常数。

由条件式(9-6)解得 $C_1=20, C_2=0$。于是

$$\frac{ds}{dt}=-0.4t+20, \tag{9-9}$$

$$s=-0.2t^2+20t。 \tag{9-10}$$

由式(9-9)，得到列车从开始制动到完全刹住所需的时间为

$$t=20/0.4=50\ (\text{s})$$

再把 $t=50$ 代入式(9-10)，得到列车在这段制动时间内行驶的路程为

$$s=0.2\times 50^2+20\times 50=500\ (\text{m})$$

9.1.2 微分方程的定义

上述两例都归结出一个含有未知函数的导数的方程，然后设法求出未知函数。

定义 9.1 含有未知函数的导数(或微分)的方程叫做**微分方程**。

未知函数为一元函数的微分方程叫做**常微分方程**。如式(9-1)和式(9-5)都是常微分方程。未知函数为多元函数的微分方程叫做**偏微分方程**。本章只讨论常微分方程，为方便起见，简称为微分方程或方程。

这里必须注意的是，在微分方程中，未知函数及自变量可以不出现，但未知函数的导数(或微分)必须出现。

微分方程中所出现的未知函数导数的最高阶数，叫做**微分方程的阶**。如方程(9-1)是一阶微分方程，方程(9-5)是二阶微分方程，又如方程 $x^3 y'''+x^2 y''-4xy'=3x^2$ 是三阶微分方程。

9.1.3 微分方程的解

定义 9.2 如果一个函数代入微分方程后，方程两端恒等，则称此函数为该**微分方程的解**。

如果微分方程的解中所含独立的任意常数的个数等于微分方程的阶数，这样的解叫做**通解**。在通解中给予任意常数以确定的值而得到的解，叫做**特解**。用以确定任意常数的条件叫做**初始条件**。

例如，式(9-3)和式(9-4)是方程(9-1)的解，其中式(9-3)是通解，式(9-4)是特解，式(9-2)是方程(9-1)的初始条件。

说明：通解不一定是方程的全部解。例如，方程$(x+y)y'=0$，有解$y=-x$及$y=C$。后者是通解，但不包含前一个解。

如果微分方程是一阶的，通常用来确定任意常数的初始条件是

$$y(x_0)=y_0 \quad \text{或} \quad y|_{x=x_0}=y_0, \tag{9-11}$$

其中x_0和y_0都是给定的值。

如果方程是二阶的，通常用来确定任意常数的初始条件是

$$y|_{x=x_0}=y_0 \quad \text{和} \quad y'|_{x=x_0}=y_1, \tag{9-12}$$

其中x_0, y_0, y_1都是给定的值。

例3　验证函数$y=C_1\sin2t+C_2\cos2t$（C_1, C_2为任意常数）是微分方程

$$\frac{\mathrm{d}^2y}{\mathrm{d}t^2}+4y=0 \tag{9-13}$$

的通解，并求出满足初始条件$y|_{t=0}=1$和$y'|_{t=0}=-1$的特解。

解　因为$y=C_1\sin2t+C_2\cos2t$，所以

$$\frac{\mathrm{d}y}{\mathrm{d}t}=2C_1\cos2t-2C_2\sin2t,$$

$$\frac{\mathrm{d}^2y}{\mathrm{d}x^2}=-4C_1\sin2t-4C_2\cos2t,$$

从而有

$$(-4C_1\sin2t-4C_2\cos2t)+4(C_1\sin2t+C_2\cos2t)=0,$$

即该函数是方程的解。又因为这个函数含有两个任意常数，因此它是方程的通解。由初始条件$y|_{t=0}=1$和$y'|_{t=0}=-1$，得

$$\begin{cases} C_1\sin0+C_2\cos0=1, \\ 2C_1\cos0-2C_2\sin0=-1, \end{cases}$$

解此方程组，得$C_1=-\frac{1}{2}$，$C_2=1$。因此，该方程满足初始条件的特解为

$$y=-\frac{1}{2}\sin2t+\cos2t。$$

9.1.4　微分方程解的几何意义

微分方程的每一个特解$y=y(x)$在几何上表示一条平面曲线，称为微分方程的积分曲线。而微分方程的通解中含有任意常数，所以它在几何上表示一族曲线，称为积分曲线族。

习 题 9.1

1. 下列各式中,哪几个是微分方程?哪几个不是微分方程?

(1) $y''-3y'+2y=0$;　　(2) $y^2-3y+2=0$;

(3) $y'=2x+1$;　　(4) $y=2x+1$;

(5) $\mathrm{d}y=(4x-1)\mathrm{d}x$;　　(6) $y''=\cos x$。

2. 验证下列各函数是否是对应微分方程的通解:

(1) $y''-\frac{2}{x}y'+2\frac{y}{x^2}=0, y=C_1x+C_2x^2$;

(2) $y''-8y'+12y=0, y=C_1\mathrm{e}^{3x}+C_2\mathrm{e}^{4x}$。

3. 在下列所给微分方程的解中,按给定的初始条件求其特解(其中 C,C_1,C_2 为任意常数)。

(1) $x^2-y^2=C, y(0)=5$;

(2) $y=(C_1+C_2x)\mathrm{e}^{2x}, y(0)=0, y'(0)=1$。

9.2 一阶微分方程

如果微分方程中所出现的未知函数 $y(x)$ 的最高阶导数为一阶,这样的微分方程叫做**一阶微分方程**,它的一般形式通常记作 $F(x,y,y')=0$。下面仅讨论几种特殊类型的一阶微分方程。

9.2.1 可分离变量的微分方程

先看下面的例子。

例 4 一曲线通过点(1,1),且曲线上任意点 $M(x,y)$ 的切线与直线 OM 垂直,求此曲线的方程。

解 设所求曲线方程为 $y=f(x)$,α 为曲线在 M 点处的切线的倾斜角(见图 9-2),β 为直线 OM 的倾角。根据导数的几何意义,得切线的斜率为

$$\tan\alpha=\frac{\mathrm{d}y}{\mathrm{d}x},$$

又直线 OM 的斜率为

$$\tan\beta=\frac{y}{x},$$

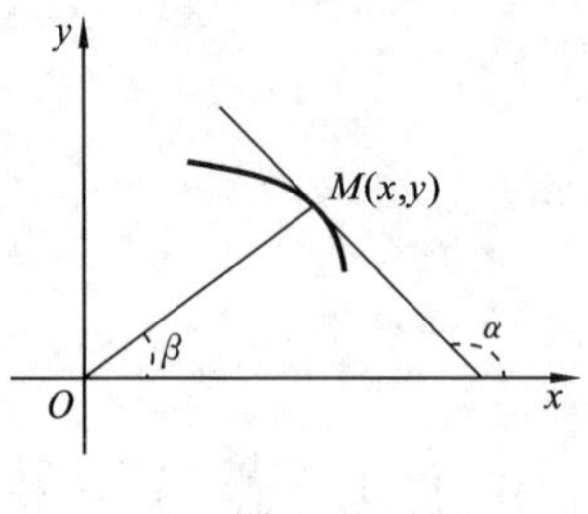

图 9-2

因为切线与直线 OM 垂直,所以

$$\frac{\mathrm{d}y}{\mathrm{d}x}\cdot\frac{y}{x}=-1,$$

或
$$\frac{\mathrm{d}y}{\mathrm{d}x}=-\frac{x}{y}。\tag{9-14}$$
这就是曲线 $y=f(x)$ 应满足的微分方程。

对于这个方程，不能像上节那样用直接积分的方法求解，但如果将方程适当地变形，写成下面的形式
$$y\mathrm{d}y=-x\mathrm{d}x,$$
这时，方程的左边只含有未知函数 y 及其微分，右边只含有自变量 x 及其微分，也就是变量 y 和 x 已经分离在等式的两边。可以这样来设想，因为方程 $y\mathrm{d}y=-x\mathrm{d}x$ 的解是 $y=f(x)$，所以 $\mathrm{d}y=f'(x)\mathrm{d}x$，把它代入 $y\mathrm{d}y=-x\mathrm{d}x$，有
$$yf'(x)\mathrm{d}x=-x\mathrm{d}x,\tag{9-15}$$
此式两边同时对 x 积分，得
$$\int yf'(x)\mathrm{d}x=\int -x\mathrm{d}x,$$
即
$$\int y\mathrm{d}y=\int -x\mathrm{d}x,\tag{9-16}$$
因此有
$$\frac{1}{2}y^2=-\frac{1}{2}x^2+C\quad 或\quad x^2+y^2=2C。$$
此式所确定的隐函数是方程的通解。

由初始条件 $y|_{x=1}=1$ 得 $C=1$。于是所求曲线的方程为
$$x^2+y^2=2。$$

一般来说，如果某一微分方程，它的变量是可以分离的，那么就可依照例 4 的方法求出微分方程的解。这种求解方法就称为**分离变量法**。变量能分离的微分方程叫做**可分离变量的微分方程**。它的一般形式为
$$\frac{\mathrm{d}y}{\mathrm{d}x}=f(x)g(y)。\tag{9-17}$$
其求解步骤为：

(1) 分离变量 $\frac{\mathrm{d}y}{g(y)}=f(x)\mathrm{d}x\quad (g(y)\neq 0)$；

(2) 两边积分，得 $\int\frac{\mathrm{d}y}{g(y)}=\int f(x)\mathrm{d}x$；

(3) 求出积分，得通解 $G(y)=F(x)+C$，其中 $G(y)$，$F(x)$ 分别是 $\frac{1}{g(y)}$，$f(x)$ 的原函数。

例 5　求微分方程 $\frac{\mathrm{d}y}{\mathrm{d}x}=2xy$ 的通解。

解　将所给方程分离变量，得

$$\frac{\mathrm{d}y}{y}=2x\mathrm{d}x,$$

两边积分,得

$$\int\frac{\mathrm{d}y}{y}=\int 2x\mathrm{d}x,$$

即

$$\ln|y|=x^2+C_1。\tag{9-18}$$

于是$|y|=\mathrm{e}^{x^2+C_1}=\mathrm{e}^{C_1}\cdot\mathrm{e}^{x^2}$,即

$$y=\pm\mathrm{e}^{C_1}\mathrm{e}^{x^2}。$$

因$\pm\mathrm{e}^{C_1}$仍是任意常数,令$C=\pm\mathrm{e}^{C_1}\neq0$,得方程的通解为

$$y=C\mathrm{e}^{x^2}。$$

以后在运算中为方便起见,可把式(9-18)中的$\ln|y|$写成$\ln y$,只要最后得到C是可正可负的任意常数即可。

例 6 解方程$xy^2\mathrm{d}x+(1+x^2)\mathrm{d}y=0$。

解 将方程分离变量,得

$$\frac{\mathrm{d}y}{y^2}=-\frac{x}{1+x^2}\mathrm{d}x,$$

上式两边积分,得

$$\int\frac{\mathrm{d}y}{y^2}=-\int\frac{x}{1+x^2}\mathrm{d}x,$$

$$\frac{1}{y}=\frac{1}{2}\ln(1+x^2)+C_1$$

令$C_1=\ln C(C>0)$,于是有

$$\frac{1}{y}=\ln(C\sqrt{1+x^2}),$$

或

$$y=\frac{1}{\ln(C\sqrt{1+x^2})}。$$

这就是所求微分方程的通解。

9.2.2 一阶线性微分方程

定义 9.3 方程

$$\frac{\mathrm{d}y}{\mathrm{d}x}+P(x)y=Q(x)\tag{9-19}$$

称为**一阶线性微分方程**,其中$P(x)$和$Q(x)$都是x的连续函数。当$Q(x)\equiv0$时,方程(9-19)称为**一阶齐次线性微分方程**;当$Q(x)\neq0$时,方程(9-19)称为**一阶非齐次线性微分方程**。

例如,一阶微分方程$3y'+2y=x^2$,$y'+\frac{1}{x}y=\frac{\sin x}{x}$,$y'+(\sin x)y=0$中所含的$y'$和$y$都是一次的且不含有$y'\cdot y$项,所以它们是一阶线性微分方程。这三个方程中,

前两个是非齐次的，而最后一个是齐次的。

又如，一阶微分方程 $y'-y^2=0$（y^2 不是 y 的一次式），$yy'+y=x$（含有 $y\cdot y'$ 项，它不是 y 或 y' 的一次式），$y'-\sin y=0$（$\sin y$ 不是 y 的一次式），都不是一阶线性微分方程。

为了求方程(9-19)的解，我们先讨论对应的齐次方程

$$\frac{\mathrm{d}y}{\mathrm{d}x}+P(x)y=0 \tag{9-20}$$

的解。

方程(9-20)是可分离变量的。分离变量后，得

$$\frac{\mathrm{d}y}{y}=-P(x)\mathrm{d}x,$$

上式两边积分，得

$$\ln y=-\int P(x)\mathrm{d}x+C_1。 \tag{9-21}$$

关于式(9-21)要作一点说明，按不定积分的定义，在不定积分的记号内包含了积分常数，在式(9-21)中，将不定积分中的积分常数先写了出来，这只是为了方便地写出这个齐次方程的求解公式。因而，用式(9-21)进行具体运算时，其中的不定积分 $\int P(x)\mathrm{d}x$ 只表示了 $P(x)$ 的一个原函数。在以下的推导过程中我们也作这样的规定。

在式(9-21)中，令 $C_1=\ln C(C\neq 0)$，于是

$$y=\mathrm{e}^{\left(-\int P(x)\mathrm{d}x+\ln C\right)},$$

即

$$y=C\mathrm{e}^{-\int P(x)\mathrm{d}x}。 \tag{9-22}$$

这就是方程(9-20)的通解。

在上式中当 $C=0$ 时，得到 $y=0$，它仍是方程(9-20)的一个解，因而方程(9-20)中的任意常数 C 可以取零值，即不受 $C\neq 0$ 的限制。同样，上一节中例 2 的通解表达式中任意常 C 也可以取零。

下面再来讨论非齐次方程(9-19)的解法。

如果仍然按齐次方程的求解方法求解，那么由(9-21)可得

$$\frac{\mathrm{d}y}{y}=\left[\frac{Q(x)}{y}-P(x)\right]\mathrm{d}x,$$

上式两边积分，得

$$\ln y=\int\frac{Q(x)}{y}\mathrm{d}x-\int P(x)\mathrm{d}x,$$

即

$$y=\mathrm{e}^{\int\frac{Q(x)}{y}\mathrm{d}x-\int P(x)\mathrm{d}x}=\mathrm{e}^{\int\frac{Q(x)}{y}\mathrm{d}x}\cdot\mathrm{e}^{-\int P(x)\mathrm{d}x}。 \tag{9-23}$$

也就是说,方程(9-19)的解可以分为两部分的乘积,一部分是 $e^{-\int P(x)dx}$,这是方程(9-19)所对应的齐次方程(9-20)的解。另一部分是 $e^{\int \frac{Q(x)}{y}dx}$,因为其中 y 是 x 的函数,因而可将 $e^{\int \frac{Q(x)}{y}dx}$ 看作为 x 的一个函数,设 $e^{\int \frac{Q(x)}{y}dx} = C(x)$,于是式(9-23)可表示为

$$y = C(x)e^{-\int P(x)dx}, \tag{9-24}$$

即方程(9-19)的解是将其相应的齐次方程的通解中任意常数 C 用一个待定的函数 $C(x)$ 来代替。因此,只要求得函数 $C(x)$,就可求得方程(9-19)的解。

将式(9-24)对 x 求导,得

$$\begin{aligned} y' &= C'(x)e^{-\int P(x)dx} + C(x)\left(e^{-\int P(x)dx}\right)' \\ &= C'(x)e^{-\int P(x)dx} - P(x)C(x)e^{-\int P(x)dx}, \end{aligned}$$

将上式代入方程(9-19),有

$$C'(x)e^{-\int P(x)dx} - P(x)C(x)e^{-\int P(x)dx} + P(x)C(x)e^{-\int P(x)dx} = Q(x),$$

即

$$C'(x)e^{-\int P(x)dx} = Q(x),$$

或

$$C'(x) = Q(x)e^{\int P(x)dx},$$

将上式两边积分,得

$$C(x) = \int Q(x)e^{\int P(x)dx}dx + C,$$

将上式代入式(9-24),得

$$y = e^{-\int P(x)dx}\left[\int Q(x)e^{\int P(x)dx}dx + C\right]。 \tag{9-25}$$

这就是一阶非齐次线性微分方程(9-19)的通解,其中各个不定积分都只表示了对应的被积函数的一个原函数。

上述求非齐次方程的通解的方法,是将对应的齐次线性方程的通解中的常数 C 用一个函数 $C(x)$ 来代替。然后再去求出这个待定的函数 $C(x)$,这种方法称为解一阶线性非齐次微分方程的常数变易法。而直接利用该公式求解的方法叫公式法。

公式(9-25)也可写成下面的形式:

$$y = e^{-\int P(x)dx}\int Q(x)e^{\int P(x)dx}dx + Ce^{-\int P(x)dx}。 \tag{9-26}$$

式(9-26)中右端第二项恰好是方程(9-19)所对应的齐次方程(9-20)的通解,而第一项可以看作是通解公式。

式(9-26)中取 $C=0$ 得到一个特解。由此可知,一阶非齐次线性方程的通解等于它的一个特解与对应的齐次线性方程的通解之和。

例7　分别利用公式法和常数变易法解方程 $y'-\frac{2}{x+1}y=(x+1)^3$。

解　(1) 公式法:这是一阶线性非齐次微分方程,其中

$$P(x)=-\frac{2}{x+1},\quad Q(x)=(x+1)^3,$$

将它们代入公式,得

$$y=e^{\int\frac{2}{x+1}dx}\left[\int(x+1)^3e^{\int\frac{-2}{x+1}dx}dx+C\right]=e^{2\ln(1+x)}\left[\int(x+1)^3e^{-2\ln(x+1)}dx+C\right]$$

$$=(x+1)^2\left[\int\frac{(x+1)^3}{(x+1)^2}dx+C\right]=(x+1)^2\left[\frac{1}{2}(x+1)^2+C\right]。$$

(2) 常数变易法:先求与原方程对应的齐次方程

$$y'-\frac{2}{x+1}y=0$$

的通解。用分离变量法,得到

$$\frac{dy}{y}=\frac{2}{x+1}dx,$$

两边积分,得

$$\ln y=2\ln(1+x)+\ln C,$$

化简,得

$$y=C(1+x)^2。$$

将上式中的任意常数 C 替换成函数 $C(x)$,即设原来的非齐次方程的通解为

$$y=C(x)(1+x)^2, \tag{9-27}$$

于是

$$y'=C'(x)(1+x)^2+2C(x)(1+x)。$$

把 y 和 y' 代入原方程,得

$$C'(x)(1+x)^2+2C(x)(1+x)-\frac{2}{x+1}C(x)(1+x)^2=(1+x)^3,$$

化简,得

$$C'(x)=1+x,$$

两边积分,得

$$C(x)=\frac{1}{2}(1+x)^2+C。$$

将上式代入式(9-27),即得原方程的通解为

$$y=(1+x)^2\left[\frac{1}{2}(1+x)^2+C\right]。$$

例8　求方程 $x^2dy+(2xy-x+1)dx=0$ 满足初始条件 $y|_{x=1}=0$ 的特解。

解 原方程可改写为

$$\frac{\mathrm{d}y}{\mathrm{d}x}+\frac{2}{x}y=\frac{x-1}{x^2},$$

这是一阶非齐次线性方程,对应的齐次方程是

$$\frac{\mathrm{d}y}{\mathrm{d}x}+\frac{2}{x}y=0,$$

用分离变量法求得它的通解为

$$y=\frac{C}{x^2}。$$

用常数变异法,设非齐次方程的解为

$$y=C(x)\frac{1}{x^2},$$

则
$$y'=C'(x)\frac{1}{x^2}-\frac{2}{x^3}C(x)。$$

把 y 和 y' 代入原方程并化简,得

$$C'(x)=x-1,$$

两边积分,得
$$C(x)=\frac{1}{2}x^2-x+C。$$

因此,非齐次方程的通解为

$$y=\frac{1}{2}-\frac{1}{x}+\frac{C}{x^2},$$

将初始条件 $y|_{x=1}=0$ 代入上式,求得 $C=\frac{1}{2}$,故所求微分方程的特解为

$$y=\frac{1}{2}-\frac{1}{x}+\frac{1}{2x^2}。$$

习 题 9.2

1. 求解下列微分方程:

(1) $(1+x^2)y'-y\ln y=0$; (2) $(e^{x+y}-e^x)\mathrm{d}x+(e^{x+y}+e^y)\mathrm{d}y=0$;

(3) $xy\mathrm{d}x+\sqrt{4-x^2}\mathrm{d}y=0$; (4) $\tan x\sin^2 y\mathrm{d}x+\cos^2 x\cot y\mathrm{d}y=0$;

(5) $x(1+y^2)\mathrm{d}x=y(1+x^2)\mathrm{d}y, y|_{x=1}=1$; (6) $y'\tan x-y\ln y=0, y|_{x=1}=4$。

2. 求解下列微分方程:

(1) $y'+y=e^{-x}$; (2) $(2x+y)\mathrm{d}y+y\mathrm{d}x=0$;

(3) $y'-\frac{2y}{x}=x^2\sin 3x$; (4) $(1+t^2)\mathrm{d}s-2ts\mathrm{d}t=(1+t^2)^2\mathrm{d}t$;

(5) $y'-y=\cos x, y(0)=0$; (6) $xy'+y-e^x=0, y(a)=b$。

9.3　二阶常系数线性微分方程

先看下面的例子。

例 9　将一质量为 m 的物体挂在一个弹簧的下端，当物体处于静止状态时，作用在物体上的重力与弹性力大小相等，方向相反，这个位置就是物体的平衡位置。如图 9-3 所示，取 s 轴铅直向下，并取物体的平衡位置 O 为坐标原点，将物体从其平衡位置 O 处往下拉到与点 O 相距 s_0 处的点 A，然后放开，这时物体就在 O 点附近作上下振动，求物体的振动规律 $s=f(t)$ 所满足的微分方程。

解　物体在运动中，受到两个力的作用，一是弹性恢复力 F，另一个是阻尼介质的阻力 F_R。由力学知道，$F=-Ef(t)$，E 为弹簧的弹性模量，负号表示 F 与 $f(t)$ 的方向相反，$F_R=-\delta v=-\delta\dfrac{\mathrm{d}s}{\mathrm{d}t}$，$\delta$ 为阻尼系数。因此由力学牛顿第二定律，得

$$m\frac{\mathrm{d}^2 s}{\mathrm{d}t^2}=-\delta\frac{\mathrm{d}s}{\mathrm{d}t}-Es,$$

即

$$\frac{\mathrm{d}^2 s}{\mathrm{d}t^2}+\frac{\delta}{m}\frac{\mathrm{d}s}{\mathrm{d}t}+\frac{E}{m}s=0。\tag{9-28}$$

这就是在有阻尼的情况下，物体自由振动的微分方程。

如果物体在振动过程中，还受到一个沿 s 轴正向的干扰力 $H\sin\omega t$ 的作用，则有微分方程

$$m\frac{\mathrm{d}^2 s}{\mathrm{d}t^2}+\delta\frac{\mathrm{d}s}{\mathrm{d}t}+Es=H\sin\omega t,$$

即

$$\frac{\mathrm{d}^2 s}{\mathrm{d}t^2}+\frac{\delta}{m}\frac{\mathrm{d}s}{\mathrm{d}t}+\frac{E}{m}s=\frac{H}{m}\sin\omega t。\tag{9-29}$$

这就是物体强迫振动的微分方程。

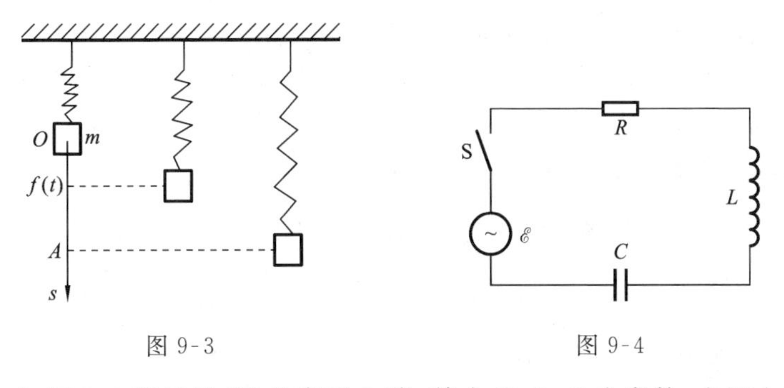

图 9-3　　图 9-4

例 10　如图 9-4 所示的 RLC 串联电路，其中 R、L、C 为常数，电源电动势是 $\mathscr{E}=\mathscr{E}_\mathrm{m}\sin\omega t$（$\mathscr{E}_\mathrm{m}$、$\omega$ 是常数），求 RLC 串联电路中电容 C 上的电压 $U_C(t)$ 所满足的微分方程。

解 设电路中的电流为 $i(t)$，电容器所带的电量为 $Q(t)$，自感电动势为 $\mathscr{E}_L(t)$。由电学知道：$i=\dfrac{\mathrm{d}Q}{\mathrm{d}t}$，$U_C=\dfrac{Q}{C}$，$\mathscr{E}_L=-L\dfrac{\mathrm{d}i}{\mathrm{d}t}$，因而在 RLC 电路中各元件的电压降分别为

$$U_R=Ri=RC\frac{\mathrm{d}U_C}{\mathrm{d}t},\quad U_C=\frac{Q}{C},\quad U_L=-\mathscr{E}_L=LC\frac{\mathrm{d}^2U_C}{\mathrm{d}t^2}。$$

根据回路电压定律，有

$$U_R+U_C+U_L=\mathscr{E},$$

把 U_R,U_C,U_L 代入上式，得

$$LC\frac{\mathrm{d}^2U_C}{\mathrm{d}t^2}+RC\frac{\mathrm{d}U_C}{\mathrm{d}t}+U_C=\mathscr{E},$$

即

$$\frac{\mathrm{d}^2U_C}{\mathrm{d}t^2}+\frac{R}{L}\frac{\mathrm{d}U_C}{\mathrm{d}t}+\frac{1}{LC}U_C=\frac{\mathscr{E}_{\mathrm{m}}}{LC}\sin\omega t。\tag{9-30}$$

如果电容器充电后，撤去外接电源($\mathscr{E}=0$)，则方程(9-30)成为

$$\frac{\mathrm{d}^2U_C}{\mathrm{d}t^2}+\frac{R}{L}\frac{\mathrm{d}U_C}{\mathrm{d}t}+\frac{1}{LC}U_C=0。\tag{9-31}$$

上述例题中遇到的方程式(9-28)、(9-29)、(9-30)、(9-31)都是二阶常系数线性微分方程。它们的一般形式是

$$y''+py'+qy=f(x),\tag{9-32}$$

其中 p,q 是常数，$f(x)$为自由项。方程(9-32)叫做二阶常系数线性微分方程。当 $f(x)\equiv 0$ 时，方程(9-32)成为

$$y''+py'+qy=0。\tag{9-33}$$

方程(9-33)叫做二阶常系数线性齐次微分方程；当 $f(x)\neq 0$ 时，方程(9-32)叫做二阶常系数线性非齐次微分方程。

从方程(9-32)可以看出，它的特点是，方程中未知函数 y 及其导数 y'、y''都是一次的，所以方程(9-32)叫做二阶常系数线性微分方程。

若要进一步讨论例 9、例 10 中的问题，就需要解二阶常系数线性微分方程。不仅如此，在工程技术的其他许多问题中，也会遇到二阶常系数线性微分方程。因此，需对二阶常系数线性微分方程进行一般的讨论。

9.3.1 二阶常系数线性微分方程的解的结构

定理 9.1 如果 y_1 和 y_2 是方程(9-33)的两个解，那么 $y=C_1y_1+C_2y_2$(C_1,C_2为任意常数)也是方程(9-33)的解。

证明 因 y_1,y_2 是方程(9-33)的解，所以

$$y_1''+py_1'+qy_1=0,\quad y_2''+py_2'+qy_2=0。$$

将 $y=C_1y_1+C_2y_2$ 代入方程(9-33)，得

$$左边=(C_1y_1+C_2y_2)''+p(C_1y_1+C_2y_2)'+q(C_1y_1+C_2y_2)$$
$$=C_1(y_1''+py_1'+qy_1)+C_2(y_2''+py_2'+qy_2)=0,$$

所以 $y=C_1y_1+C_2y_2$ 是方程 $y''+py'+qy=0$ 的解。

这个定理表明二阶常系数线性齐次微分方程的解具有叠加性。

叠加起来的解 $y=C_1y_1+C_2y_2$ 从形式上来看含有 C_1 和 C_2 两个任意常数，但它还不一定是方程(9-33)的通解。例如，$y_1=\sin2x$ 和 $y_2=2\sin2x$ 都是方程 $y''+4y=0$ 的解，把 y_1,y_2 叠加得

$$y=C_1y_1+C_2y_2=C_1\sin2x+2C_2\sin2x=(C_1+2C_2)\sin2x=C\sin2x,$$

其中 $C=C_1+2C_2$，由于只有一个独立的任意常数，所以它不是二阶微分方程 $y''+4y=0$ 的通解。

那么在什么情况下，$y=C_1y_1+C_2y_2$ 才是方程(9-33)的通解呢？为了解决这个问题，下面给出函数线性相关和线性无关的定义。

对于两个不恒为零的函数 y_1 与 y_2，如果存在一个常数 C 使 $\frac{y_2}{y_1}=C$，那么把函数 y_1 与 y_2 叫做线性相关；否则叫做线性无关。

例如，函数 $y_1=\sin2x$ 和 $y_2=2\sin2x$。因为 $\frac{y_2}{y_1}=\frac{2\sin2x}{\sin2x}=2\left(x\neq\frac{k\pi}{2},k\in\mathbf{Z}\right)$，所以 y_1 与 y_2 是线性相关的。

又如，函数 $y_1=\sin2x$ 和 $y_2=\cos2x$。因为当 $x\neq\frac{k\pi}{2}$ 时，$\frac{y_2}{y_1}=\cot2x\neq$ 常数，所以函数 $y_1=\sin2x$ 与 $y_2=\cos2x$ 是线性无关的。

定理 9.2　如果 y_1 与 y_2 是方程(9-33)的两个线性无关的特解，则 $C_1y_1+C_2y_2$ (C_1,C_2 为任意常数)是方程(9-33)的通解。

例如，$\sin2x$ 与 $\cos2x$ 是方程 $y''+4y=0$ 的两个线性无关的特解，所以 $C_1\sin2x+C_2\cos2x$ 就是方程 $y''+4y=0$ 的通解。读者自证。

本教材只讨论二阶常系数齐次线性微分方程的求解，对于非齐次常系数线性微分方程的求解，请读者自行参阅其他相关教材。

9.3.2　二阶常系数线性齐次微分方程的解法

我们知道一阶常系数线性齐次微分方程 $y'+py=0$ 的通解是 $y=Ce^{-px}$，其特点是 y 和 y' 都是指数函数。因此，可以设想二阶常系数线性齐次微分方程(9-33)的解也是一个指数函数 $y=e^{rx}$（r 为常数），它与它的各阶导数只差一个常数因子。所以，只要选择适当的 r 值，就可得到满足方程(9-33)的解。为此将 $y=e^{rx}$ 和它的一阶、二阶导数 $y'=re^{rx}$，$y''=r^2e^{rx}$ 代入方程(9-33)，得到

$$e^{rx}(r^2+pr+q)=0。$$

因为 $e^{rx}\neq 0$，于是有

$$r^2+pr+q=0。\tag{9-34}$$

由式(9-34)可解出待定系数 r，于是特解 e^{rx} 可求得。

方程(9-34) 叫做方程(9-33)的特征方程，它是关于 r 的二次方程，其中 r^2，r 的系数及常数项恰好是微分方程(9-33)中 y''，y' 及 y 的系数，它的根叫做**特征根**。

特征根是一个一元二次方程的根。由二次方程根的判别式，有下列三种情况：

(1) 特征根是两个不相等的实根 $r_1\neq r_2$：此时，$y_1=e^{r_1x}$，$y_2=e^{r_2x}$ 均为方程(2-34)的特解，且 $\frac{y_2}{y_1}=e^{(r_2-r_1)x}\neq$ 常数，因此方程(9-33)的通解为

$$y=C_1e^{r_1x}+C_2e^{r_2x}\quad(C_1,C_2\text{ 为任意常数})。$$

(2) 特征根是两个相等的实根 $r_1=r_2$：因为 $r_1=r_2$，所以只能得到方程(9-33)的一个特解 $y_1=e^{r_1x}$，要得到通解，还必须找一个与 y_1 线性无关的特解 y_2。由于要求 $y_2/y_1\neq$ 常数，故可设 $y_2/y_1=u(x)$ ($u(x)$ 为待定函数)，即 $y_2=u(x)y_1=u(x)e^{r_1x}$。为了确定 $u(x)$，将 $y_2=u(x)e^{r_1x}$ 代入方程(9-33)，得

$$[u''(x)+2r_1u'(x)+r_1^2u(x)]e^{r_1x}+p[u'(x)+r_1u(x)]e^{r_1x}+qu(x)e^{r_1x}=0,$$

即

$$[u''(x)+(2r_1+p)u'(x)+(r_1^2+pr_1+q)u(x)]e^{r_1x}=0。$$

因为 $e^{r_1x}\neq 0$，而 $r_1=r_2$ 是 $r^2+pr+q=0$ 的重根，故有 $r_1^2+pr_1+q=0$，$r_1+r_2=-p$，即 $2r_1+p=0$。于是有

$$u''(x)=0。$$

因为 $u''(x)=0$ 的解很多，我们仅取一个最简单的函数 $u(x)=x$，于是方程(9-33)的另一个特解为 $y_2=xe^{r_1x}$，所以方程(9-33) 的通解为

$$y=(C_1+xC_2)e^{r_1x}\quad(C_1,C_2\text{ 为任意常数})。$$

(3) 特征根是一对共轭复根 $r_{1,2}=\alpha\pm\beta i$ (α,β 是实数，且 $\beta\neq 0$)：这时 $y_1=e^{(\alpha+\beta i)x}$ 和 $y_2=e^{(\alpha-\beta i)x}$ 是方程(9-33) 的两个特解，但这两个特解含有复数，不便于应用。在这种情况下，可以证明函数 $e^{\alpha x}\cos\beta x$ 和 $e^{\alpha x}\sin\beta x$ 也是方程(9-33)的两个特解，且当 $x\neq\frac{k\pi}{\beta}$ ($k\in\mathbf{Z}$)时，$\frac{e^{\alpha x}\cos\beta x}{e^{\alpha x}\sin\beta x}=\cot\beta x\neq$ 常数，于是方程(9-33)的通解为

$$y=e^{\alpha x}(C_1\cos\beta x+C_2\sin\beta x)\,(C_1,C_2\text{ 为任意常数})。$$

归纳以上讨论，得到求二阶常系数线性齐次微分方程 $y''+py'+qy=0$ 的通解的步骤如下：

(1) 写出微分方程的特征方程 $r^2+pr+q=0$。

(2) 求出特征方程的根 r_1，r_2。

(3) 根据 r_1，r_2 的不同情况，按表 9-1 写出方程的通解。

表 9-1

特征方程 $r^2+pr+q=0$ 的根 r_1,r_2	方程 $y''+py'+qy=0$ 的通解
两个不相等的实根 $r_1\neq r_2$	$y=C_1e^{r_1x}+C_2e^{r_2x}$
两个相等的实根 $r_1=r_2$	$y=(C_1+xC_2)e^{r_1x}$
一对共轭复根 $r_{1,2}=\alpha\pm\beta i$	$y=e^{\alpha x}(C_1\cos\beta x+C_2\sin\beta x)$

例 11　求方程 $y''-2y'-3y=0$ 的通解。

解　特征方程 $r^2-2r-3=0$ 的根为 $r_1=3,r_2=-1$,所以方程的通解为

$$y=C_1e^{3x}+C_2e^{-x}\quad (C_1,C_2\text{ 为任意常数})。$$

例 12　求方程 $s''+4s'+4s=0$ 满足初始条件 $s|_{t=0}=1$ 和 $s'|_{t=0}=0$ 的特解。

解　特征方程 $r^2+4r+4=0$ 的根为 $r_1=r_2=-2$,所以方程的通解为

$$s=(C_1+tC_2)e^{-2t}\quad (C_1,C_2\text{ 为任意常数})。$$

将初始条件 $s|_{t=0}=1$ 代入上式,将 $s'|_{t=0}=0$ 代入

$$s'=C_2e^{-2t}-2(C_1+tC_2)e^{-2t},$$

得 $C_1=1,C_2=2$,于是方程的特解为

$$s=(1+2t)e^{-2t}。$$

例 13　求方程 $y''+2y'+5y=0$ 的通解。

解　这里,特征方程 $r^2+2r+5=0$ 的根为 $r_{1,2}=-1\pm 2i$,所以方程的通解为

$$y=e^{-x}(C_1\cos 2x+C_2\sin 2x)。$$

习　题　9.3

1. 求下列微分方程的通解:

(1) $y''+y'-2y=0$;　(2) $y''-9y=0$;

(3) $y''-4y'=0$;　(4) $y''+y=0$;

(5) $y''+6y'+13y=0$;　(6) $y''-2y'+y=0$;

(7) $y''-2y'+(1-a^2)y=0\ (a>0)$;　(8) $y''-4y'+5y=0$。

2. 求下列微分方程的特解:

(1) $y''+3y'+2y=0,y(0)=1,y'(0)=1$;

(2) $4y''+4y'+6y=0,y(0)=2,y'(0)=0$;

(3) $y''-5y'+6y=0,y(0)=1,y'(0)=1$;

(4) $s''+2s'+s=0,s|_{t=0}=4,s'|_{t=0}=2$;

(5) $y''+25y=0,y\left(\frac{\pi}{5}\right)=-2,y'\left(\frac{\pi}{5}\right)=-5$;

(6) $y''-4y'+13y=0,y(0)=3,y'(0)=6$。

9.4　微分方程应用举例

在解决工程技术中的实际问题时，微分方程有着广泛的应用。本节将列举一阶和二阶微分方程应用的若干实例。用微分方程解决实际问题的一般步骤如下：

(1) 根据题意，建立起反映这个实际问题的微分方程及相应的初始条件；

(2) 求出微分方程的通解或满足初始条件的特解；

(3) 根据某些实际问题的需要，利用所求得的特解来解释问题的实际意义，或求得其他所需结果。

上述步骤中，步骤(1)建立微分方程是关键。

9.4.1　一阶微分方程应用举例

例 14　把温度为 100 ℃的沸水，放在室温为 20 ℃的环境中自然冷却，5 min 后测得水温为 60 ℃，求水温的变化规律。

解　设水温的变化规律为 $Q=Q(t)$。根据牛顿冷却定律，物体冷却速率与当时物体和周围介质的温差成正比(比例系数为 k，$k>0$)，于是有

$$-\frac{\mathrm{d}Q}{\mathrm{d}t}=k(Q-20)。\tag{9-35}$$

由于 $Q(t)$是单调减少的，即$\frac{\mathrm{d}Q}{\mathrm{d}t}<0$，所以上式左端前面加负号。初始条件为 $Q(0)=100$。

方程(9-35)是可分离变量的微分方程，容易求出它的通解为

$$Q=20+C\mathrm{e}^{-kt}。$$

将初始条件 $Q(0)=100$ 代入上式，得 $C=80$，因此

$$Q=20+80\mathrm{e}^{-kt}。$$

比例系数 k 可用另一条件 $Q(5)=60$ 来确定。将 $Q(5)=60$ 代入上式，得 $k=\frac{\ln 2}{5}$，所以水温的变化规律为

$$Q=20+80\mathrm{e}^{-\frac{\ln 2}{5}t},$$

即

$$Q=20+80\left(\frac{1}{2}\right)^{\frac{t}{5}},\quad t\geqslant 0。$$

例 15　一直立圆柱形容器，直径为 4 m，高为 6 m，其中装满水。问需要多少时间，容器中的水经过容器底部的半径为$\frac{1}{12}$ m 的圆孔流完。假设水自小孔流出的速度为 $0.6\sqrt{2gh}$ (m/s)，h 为小孔离水面的距离。

解　如图 9-5 所示，设在时刻 t 水面离容器底部的距离为 h。先来求 h 和 t 的函

数关系。

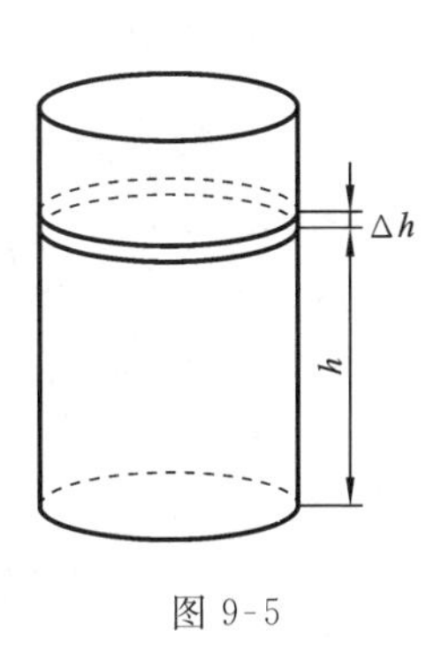

图 9-5

从 t 到 $t+\Delta t$ 这一小段时间里，容器中水的体积的改变量为 $\pi\times 2^2\Delta h$（Δh 为 Δt 时间内水面下降的高度）。在这一段时间里，经由小孔流出的水的体积为 $\pi\times(1/12)^2\times 0.6\sqrt{2gh}\Delta t$，即有

$$\pi\times 2^2\Delta h=-\pi\times(1/12)^2\times 0.6\sqrt{2gh}\Delta t,$$

或

$$\frac{\Delta h}{\Delta t}=-\frac{\pi\times(1/12)^2\times 0.6\sqrt{2gh}}{4\pi}$$

$$=-0.0046\sqrt{h},$$

Δt 越小，上式越精确。令 $\Delta t\to 0$，得微分方程

$$\frac{\mathrm{d}h}{\mathrm{d}t}=-0.0046\sqrt{h}, \tag{9-36}$$

初始条件为 $h(0)=6$。

方程(9-36)是可分离变量的微分方程，容易求出它的通解为

$$2\sqrt{h}=-0.0046t+C。$$

把初始条件 $h(0)=6$ 代入上式，得 $C=4.9$，即得 h 和 t 的函数关系为

$$2\sqrt{h}=-0.0046t+4.9。$$

令 $h=0$，得 $t=1065\ \mathrm{s}=17.75\ \mathrm{min}$。即水流完需 17.75 min。

例 16　如图 9-6 所示的 R-L 电路，其电源电动势为 $\mathscr{E}=\mathscr{E}_0\sin\omega t$（$\mathscr{E}_0,\omega$ 为常数），电阻 R 和电感 L 为常数，在 $t=0$ 合上开关 S，其时电流为零，求此电路中电流 i 与时间 t 的函数关系。

解　由电学知道，L 上的感应电动势为 $L\dfrac{\mathrm{d}i}{\mathrm{d}t}$，由回路电压定律，有

$$\mathscr{E}=Ri+L\frac{\mathrm{d}i}{\mathrm{d}t},$$

即

$$\frac{\mathrm{d}i}{\mathrm{d}t}+\frac{R}{L}i=\frac{1}{L}\mathscr{E}_0\sin\omega t, \tag{9-37}$$

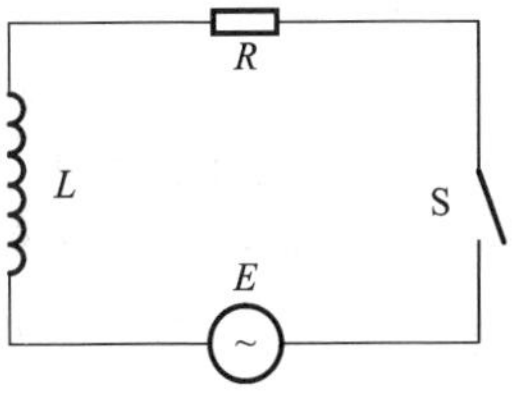

图 9-6

初始条件为 $i(0)=0$。

方程(9-37)是一阶线性非齐次微分方程，其中 $P(t)=R/L$，$Q(t)=(\mathscr{E}_0/L)\sin\omega t$，把它们代入式(9-25)得

$$i(t)=\mathrm{e}^{-\int\frac{R}{L}\mathrm{d}t}\left(\int\frac{\mathscr{E}_0}{L}\sin\omega t\,\mathrm{e}^{\int\frac{R}{L}\mathrm{d}t}\mathrm{d}t+C\right)$$

$$=\mathrm{e}^{-\frac{R}{L}t}\left(\int\frac{\mathscr{E}_0}{L}\sin\omega t\,\mathrm{e}^{\frac{R}{L}t}\mathrm{d}t+C\right)$$

$$= e^{-\frac{R}{L}t}\left[\frac{\mathscr{E}_0 e^{\frac{R}{L}t}}{R^2+\omega^2L^2}(R\sin\omega t-\omega L\cos\omega t)+C\right]$$

$$= Ce^{-\frac{R}{L}t}+\frac{\mathscr{E}_0 e^{\frac{R}{L}t}}{R^2+\omega^2L^2}(R\sin\omega t-\omega L\cos\omega t)。$$

故方程(9-37)的通解为

$$i(t)=Ce^{-\frac{R}{L}t}+\frac{\mathscr{E}_0 e^{\frac{R}{L}t}}{R^2+\omega^2L^2}(R\sin\omega t-\omega L\cos\omega t)。$$

把初始条件 $i(0)=0$ 代入上式,得

$$C=\mathscr{E}_0\omega L/(R^2+\omega^2L^2),$$

于是所求电流为

$$i(t)=\frac{\mathscr{E}_0}{R^2+\omega^2L^2}(\omega Le^{-\frac{R}{L}t}+R\sin\omega t-\omega L\cos\omega t),\quad t\geqslant 0。$$

习　题　9.4

1. 已知曲线过点(0,0),且该曲线上任意点 $P(x,y)$处的切线的斜率为 $\sin x$,求该曲线的方程。

2. 一物体作直线运动,其运动速度为 $v=2\cos t$ (m/s),当 $t=\frac{\pi}{4}$ s 时物体与原点 O 相距 10 m,求物体在时刻 t 与原点 O 的距离 $s(t)$。

3. 设降落伞从跳伞塔下落,下落时所受空气阻力的大小与速度成正比(比例系数为 $k,k>0$),又设降落伞脱钩时(记 $t=0$)的速度为零,求降落伞下落速度与时间之间的函数关系。

4. 已知汽艇在静水中运动所受阻力与速度成正比,若一汽艇以 3 m/s 的速度在静水中运动时关闭了发动机,经过 20 s 后,汽艇的速度减至 2 m/s,试确定发动机停止 120 s 后汽艇的速度。

5. 设一质量为 m 的质点作直线运动,从速度等于零的时刻起,有一个与运动方向一致,大小与时间成正比(比例系数为 $k_1,k_1>0$)的力作用于它,此外还受到一个与速度成正比(比例系数为 $k_2,k_2>0$)的阻力作用,求质点运动的速度与时间的函数关系。

第 10 章　行列式与矩阵

在生产经营管理活动和科学技术中，遇到的许多问题都可以直接或近似地表示成一些变量之间的线性关系，因此研究线性关系式非常重要。线性代数在研究变量之间的线性关系上有着重要的应用，而行列式是研究线性代数的重要工具。本章在学习二、三阶行列式的基础上，进一步讨论 n 阶行列式的定义、性质和计算，以及 n 元线性方程组的克莱姆法则。

10.1　n 阶行列式的概念

10.1.1　二、三阶行列式

行列式的概念是从求解方程个数与未知量个数相等的线性方程组问题引入的。所谓线性方程组是指未知数的最高次幂是一次的方程组。

对于二元线性方程组

$$\begin{cases} a_{11}x_1+a_{12}x_2=b_1, \\ a_{21}x_1+a_{22}x_2=b_2, \end{cases} \tag{10-1}$$

由加减消元法，可得

$$\begin{cases} (a_{11}a_{22}-a_{12}a_{21})x_1=b_1a_{22}-a_{12}b_2, \\ (a_{11}a_{22}-a_{12}a_{21})x_2=a_{11}b_2-b_1a_{21}。 \end{cases}$$

如果 $a_{11}a_{22}-a_{12}a_{21}\neq 0$，线性方程组(10-1)有唯一解：

$$x_1=\frac{b_1a_{22}-a_{12}b_2}{a_{11}a_{22}-a_{12}a_{21}},\quad x_2=\frac{b_2a_{11}-a_{21}b_1}{a_{11}a_{22}-a_{12}a_{21}}。$$

由于上述公式不容易记忆，引进记号

$$\begin{vmatrix} a_{11} & a_{12} \\ a_{21} & a_{22} \end{vmatrix}, \tag{10-2}$$

并规定

$$\begin{vmatrix} a_{11} & a_{12} \\ a_{21} & a_{22} \end{vmatrix}=a_{11}a_{22}-a_{12}a_{21}。 \tag{10-3}$$

在记号(10-2)中，横排称为行，竖排称为列。因为共有二行二列，所以称为二阶行列式。式(10-3)的右端又称为二阶行列式的展开式。

二阶行列式的定义本身也给出了它的计算方法，即称从左上角到右下角的对角线为主对角线，且沿主对角线的二元素之积取正号；称从右上角到左下角的对角线为副对角线，且沿副对角线的二元素之积取负号。这种计算方法称为二阶行列式的**对角线法则**。

对于方程组(10-1)，若记

$$D=\begin{vmatrix} a_{11} & a_{12} \\ a_{21} & a_{22} \end{vmatrix}, \quad D_1=\begin{vmatrix} b_1 & a_{12} \\ b_2 & a_{22} \end{vmatrix}, \quad D_2=\begin{vmatrix} a_{11} & b_1 \\ a_{21} & b_2 \end{vmatrix},$$

则当 $D\neq 0$ 时，方程组(10-1)的唯一解可表示为

$$x_1=\frac{D_1}{D}, \quad x_2=\frac{D_2}{D}。$$

由此可见，二阶行列式就是二元线性方程组中未知数的系数和常数项这些元素之间的一种规定所得到的一个数值。

类似地，对于三元线性方程组

$$\begin{cases} a_{11}x_1+a_{12}x_2+a_{13}x_3=b_1, \\ a_{21}x_1+a_{22}x_2+a_{23}x_3=b_2, \\ a_{31}x_1+a_{32}x_2+a_{33}x_3=b_3, \end{cases} \tag{10-4}$$

为了简单地表达它的解，参照二阶行列式引进三阶行列式的概念，三阶行列式的展开式规定为

$$\begin{aligned} D &= \begin{vmatrix} a_{11} & a_{12} & a_{13} \\ a_{21} & a_{22} & a_{23} \\ a_{31} & a_{32} & a_{33} \end{vmatrix} \\ &=(-1)^{1+1}a_{11}\begin{vmatrix} a_{22} & a_{23} \\ a_{32} & a_{33} \end{vmatrix}+(-1)^{1+2}a_{12}\begin{vmatrix} a_{21} & a_{23} \\ a_{31} & a_{33} \end{vmatrix}+(-1)^{1+3}a_{13}\begin{vmatrix} a_{21} & a_{22} \\ a_{31} & a_{32} \end{vmatrix} \\ &=a_{11}(a_{22}a_{33}-a_{23}a_{32})-a_{12}(a_{21}a_{33}-a_{23}a_{31})+a_{13}(a_{21}a_{32}-a_{22}a_{31}) \\ &=a_{11}a_{22}a_{33}+a_{12}a_{23}a_{31}+a_{13}a_{21}a_{32}-a_{11}a_{23}a_{32}-a_{12}a_{21}a_{33}-a_{13}a_{22}a_{31}。 \end{aligned} \tag{10-5}$$

例 1 计算行列式 $D=\begin{vmatrix} -1 & 2 & 3 \\ -2 & 1 & 1 \\ 3 & -1 & 1 \end{vmatrix}$。

解 利用展开式计算，得

$$\begin{aligned} D &=(-1)\begin{vmatrix} 1 & 1 \\ -1 & 1 \end{vmatrix}-2\begin{vmatrix} -2 & 1 \\ 3 & 1 \end{vmatrix}+3\begin{vmatrix} -2 & 1 \\ 3 & -1 \end{vmatrix} \\ &=(-1)[1\times 1-1\times(-1)]-2[(-2)\times 1-1\times 3] \\ &\quad +3[(-2)\times(-1)-1\times 3] \\ &=-2+10-3=5。 \end{aligned}$$

可见，三阶行列式也是一个数值，它可以通过转化为二阶行列式的计算得到。三阶行列式可以用来解三元线性方程组(10-4)。

分别记三阶行列式

$$D=\begin{vmatrix} a_{11} & a_{12} & a_{13} \\ a_{21} & a_{22} & a_{23} \\ a_{31} & a_{32} & a_{33} \end{vmatrix},\quad D_1=\begin{vmatrix} b_1 & a_{12} & a_{13} \\ b_2 & a_{22} & a_{23} \\ b_3 & a_{32} & a_{33} \end{vmatrix},$$

$$D_2=\begin{vmatrix} a_{11} & b_1 & a_{13} \\ a_{21} & b_2 & a_{23} \\ a_{31} & b_3 & a_{33} \end{vmatrix},\quad D_3=\begin{vmatrix} a_{11} & a_{12} & b_1 \\ a_{21} & a_{22} & b_2 \\ a_{31} & a_{32} & b_3 \end{vmatrix}。$$

如果方程组(10-4)的系数行列式

$$D=\begin{vmatrix} a_{11} & a_{12} & a_{13} \\ a_{21} & a_{22} & a_{23} \\ a_{31} & a_{32} & a_{33} \end{vmatrix}\neq 0,$$

那么方程组(10-4)有唯一解,其解为

$$x_1=\frac{D_1}{D},\quad x_2=\frac{D_2}{D},\quad x_3=\frac{D_3}{D}。\tag{10-6}$$

在方程组(10-4)的解的表达式(10-6)中,$x_i(i=1,2,3)$的分母均是系数行列式D,x_i的分子是把系数行列式D中第i列换成方程组的常数列,其余列不变所得的行列式$D_i(i=1,2,3)$。

由三阶行列式的展开式(10-5)不难看出:

(1) 它是六项的代数和,其中三项取“+”号,三项取“−”号;

(2) 每一项都是位于不同行不同列的三个元素的乘积。

为便于记忆和准确计算三阶行列式,下面介绍三阶行列式的对角线法则。

将三阶行列式的主对角线上的三个元素相乘(实线连接)取“+”号,副对角线上的三个元素相乘(虚线连接)取“−”号(见图10-1),把这六项加起来,就得到三阶行列式的值。

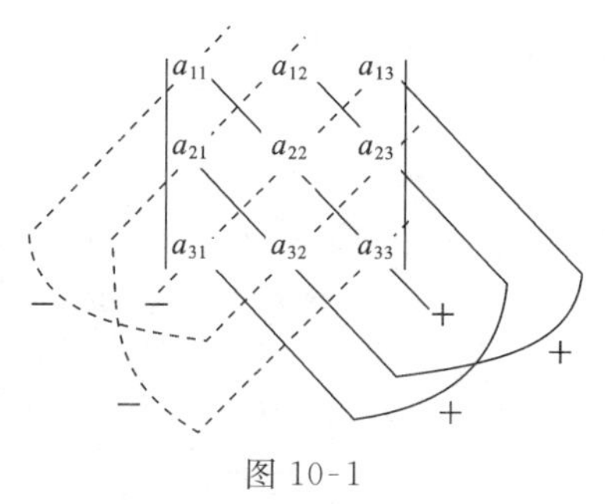

图10-1

例2　解方程组$\begin{cases} -2x_1-3x_2+x_3=7, \\ x_1+x_2-x_3=-4, \\ -3x_1+x_2+2x_3=1。\end{cases}$

解 方程组的系数行列式为

$$D=\begin{vmatrix}-2&-3&1\\1&1&-1\\-3&1&2\end{vmatrix}$$

$$=(-2)\times\begin{vmatrix}1&-1\\1&2\end{vmatrix}-(-3)\times\begin{vmatrix}1&-1\\-3&2\end{vmatrix}+\begin{vmatrix}1&1\\-3&1\end{vmatrix}$$

$$=-5\neq0,$$

所以方程组的解为

$$x_1=\frac{\begin{vmatrix}7&-3&1\\-4&1&-1\\1&1&2\end{vmatrix}}{-5}=1,\quad x_2=\frac{\begin{vmatrix}-2&7&1\\1&-4&-1\\-3&1&2\end{vmatrix}}{-5}=-2,$$

$$x_3=\frac{\begin{vmatrix}-2&-3&7\\1&1&-4\\-3&1&1\end{vmatrix}}{-5}=3。$$

上面介绍了在系数行列式不等于零时用二阶、三阶行列式解二元、三元线性方程组的方法。下面,将行列式的概念推广到 n 阶,并用 n 阶行列式来解 n 元线性方程组,其中 n 是任意正整数。

10.1.2 n 阶行列式

定义 10.1 将 n^2 个数排列成 n 行 n 列(横排称为行,竖排称为列),并在左右两边各加一竖线的算式,即

$$D_n=\begin{bmatrix}a_{11}&a_{12}&\cdots&a_{1n}\\a_{21}&a_{22}&\cdots&a_{2n}\\\vdots&\vdots&&\vdots\\a_{n1}&a_{n2}&\cdots&a_{nn}\end{bmatrix}$$

称为 n 阶行列式。它表示一个由确定的运算关系所得的数。

当 $n=2$ 时,

$$D_2=\begin{vmatrix}a_{11}&a_{12}\\a_{21}&a_{22}\end{vmatrix}=a_{11}a_{22}-a_{12}a_{21}。$$

当 $n>2$ 时,

$$D_n=a_{i1}A_{i1}+a_{i2}A_{i2}+\cdots+a_{in}A_{in}=\sum_{j=1}^{n}a_{ij}A_{ij},$$

其中数 a_{ij} 称为第 i 行第 j 列的元素;$A_{ij}=(-1)^{i+j}M_{ij}$ 称为 a_{ij} 的代数余子式;M_{ij} 为

由 D_n 划去第 i 行第 j 列后余下元素构成的 $n-1$ 阶行列式，称为 a_{ij} 的余子式。

例如，四阶行列式

$$D_4=\begin{vmatrix}3 & 1 & -2 & 7\\0 & 8 & 5 & 4\\9 & -3 & 6 & -1\\2 & 3 & 0 & 1\end{vmatrix}$$

中，元素 a_{32} 的余子式即为划去第3行和第2列后的三阶行列式

$$M_{32}=\begin{vmatrix}3 & -2 & 7\\0 & 5 & 4\\2 & 0 & 1\end{vmatrix};$$

元素 a_{32} 的代数余子式 A_{32} 是 M_{32} 前再乘以一符号因子，即

$$A_{32}=(-1)^{3+2}M_{32}=-\begin{vmatrix}3 & -2 & 7\\0 & 5 & 4\\2 & 0 & 1\end{vmatrix}。$$

从定义可以知道一个 n 阶行列式代表一个数值，并且这个数值可以按定义由第一行所有元素与其对应的代数余子式乘积之和而得到。通常将这个定义简称为 n 阶行列式按第一行展开。

例3 将行列式 $D=\begin{vmatrix}2 & 3 & -1\\1 & -4 & 1\\5 & -2 & 3\end{vmatrix}$ 分别按第一行、第三列展开。

解 按第一行展开得

$$D=2\times(-1)^{1+1}\times\begin{vmatrix}-4 & 1\\-2 & 3\end{vmatrix}+3\times(-1)^{1+2}\times\begin{vmatrix}1 & 1\\5 & 3\end{vmatrix}+(-1)\times(-1)^{1+3}\times\begin{vmatrix}1 & -4\\5 & -2\end{vmatrix}$$

$$=-32;$$

按第三列展开得

$$D=(-1)\times(-1)^{1+3}\times\begin{vmatrix}1 & -4\\5 & -2\end{vmatrix}+1\times(-1)^{2+3}\times\begin{vmatrix}2 & 3\\5 & -2\end{vmatrix}+3\times(-1)^{3+3}\times\begin{vmatrix}2 & 3\\1 & -4\end{vmatrix}$$

$$=-32。$$

从上例可以看出，行列式按不同行或列展开，计算的结果相等，即

$$D_n=a_{i1}A_{i1}+a_{i2}A_{i2}+\cdots+a_{in}A_{in}=\sum_{k=1}^{n}a_{ik}A_{ik}\ (i=1,2,\cdots,n),$$

或

$$D_n=a_{1j}A_{1j}+a_{2j}A_{2j}+\cdots+a_{nj}A_{nj}=\sum_{k=1}^{n}a_{kj}A_{kj}\ (j=1,2,\cdots,n),$$

且行列式的某一行(列)元素与另一行(列)的对应元素的代数余子式乘积之和为零。

例4 计算四阶行列式

$$D_4=\begin{vmatrix}3 & 0 & 0 & 0\\ -4 & 0 & 0 & 2\\ 6 & 5 & 7 & 0\\ -3 & 4 & -2 & -1\end{vmatrix}。$$

解　由定义

$$D_4=3\times(-1)^{1+1}\times\begin{vmatrix}0 & 0 & 2\\ 5 & 7 & 0\\ 4 & -2 & -1\end{vmatrix}=3\times 2\times(-1)^{1+3}\times\begin{vmatrix}5 & 7\\ 4 & -2\end{vmatrix}=-228。$$

通过此题的计算，可以看出零元素越多，展开时计算越简便。可以将 n 阶行列式的计算推广到按第 i 行或第 j 列展开进行。

10.1.3　特殊行列式

例 5　证明 $\begin{vmatrix}\lambda_1 & 0 & 0\\ 0 & \lambda_2 & 0\\ 0 & 0 & \lambda_3\end{vmatrix}=\lambda_1\lambda_2\lambda_3$。

证明　由定义降低其阶数，则得

$$\begin{vmatrix}\lambda_1 & 0 & 0\\ 0 & \lambda_2 & 0\\ 0 & 0 & \lambda_3\end{vmatrix}=\lambda_1\begin{vmatrix}\lambda_2 & 0\\ 0 & \lambda_3\end{vmatrix}=\lambda_1\lambda_2\lambda_3。$$

一般地，可以证明

$$\begin{vmatrix}\lambda_1 & 0 & \cdots & 0\\ 0 & \lambda_2 & \cdots & 0\\ \vdots & \vdots & & \vdots\\ 0 & 0 & \cdots & \lambda_n\end{vmatrix}=\lambda_1\lambda_2\cdots\lambda_n, \tag{10-7}$$

其中行列式(10-7)主对角线上的元素是 $\lambda_i(i=1,2,\cdots,n)$，其他元素都是零，称为对角线行列式。主对角线上(下)元素都为零的行列式称为下(上)三角行列式，其值等于主对角线上元素之积。

$$D_n=\begin{vmatrix}a_{11} & a_{12} & \cdots & a_{1n}\\ 0 & a_{22} & \cdots & a_{2n}\\ \vdots & \vdots & & \vdots\\ 0 & 0 & \cdots & a_{nn}\end{vmatrix}=a_{11}a_{22}\cdots a_{nn}, \tag{10-8}$$

$$D_n=\begin{vmatrix}a_{11} & 0 & \cdots & 0\\ a_{21} & a_{22} & \cdots & 0\\ \vdots & \vdots & & \vdots\\ a_{n1} & a_{n2} & \cdots & a_{nn}\end{vmatrix}=a_{11}a_{22}\cdots a_{nn}, \tag{10-9}$$

其中行列式(10-8)、(10-9)分别称为上(下)三角行列式。

习　题　10.1

1. 计算下列行列式：

(1) $\begin{vmatrix} 1 & 3 \\ 1 & 4 \end{vmatrix}$；　(2) $\begin{vmatrix} 2 & 1 \\ -1 & 2 \end{vmatrix}$；　(3) $\begin{vmatrix} a & b \\ a^2 & b^2 \end{vmatrix}$；　(4) $\begin{vmatrix} 1 & 2 & 3 \\ 2 & 3 & 1 \\ 3 & 1 & 2 \end{vmatrix}$。

2. a,b 满足什么条件时有 $\begin{vmatrix} a & b & 0 \\ -b & a & 0 \\ 1 & 0 & 1 \end{vmatrix}=0$？

3. 行列式 $\begin{vmatrix} k-1 & 2 \\ 2 & k-1 \end{vmatrix}\neq 0$ 的充要条件是______。

4. $\begin{vmatrix} 1 & 2 & 3 \\ 0 & 1 & 2 \\ 0 & 3 & 4 \end{vmatrix}=$______。

10.2　n 阶行列式的性质　克莱姆法则

10.2.1　n 阶行列式的性质

从行列式的定义出发直接计算行列式是比较麻烦的，借助于行列式的性质，再结合定义或特殊行列式(如对角行列式、三角行列式等)的求法，便可大大简化行列式的计算。下面介绍 n 阶行列式的一些基本性质。

将行列式 D 的行、列互换后，所得到的行列式记作 D^{T}，称为 D 的转置行列式。即如果

$$D=\begin{vmatrix} a_{11} & a_{12} & \cdots & a_{1n} \\ a_{21} & a_{22} & \cdots & a_{2n} \\ \vdots & \vdots & & \vdots \\ a_{n1} & a_{n2} & \cdots & a_{nn} \end{vmatrix}$$

则

$$D^{\mathrm{T}}=\begin{vmatrix} a_{11} & a_{21} & \cdots & a_{n1} \\ a_{12} & a_{22} & \cdots & a_{n2} \\ \vdots & \vdots & & \vdots \\ a_{1n} & a_{2n} & \cdots & a_{nn} \end{vmatrix}。$$

性质 1　行列式与它的转置行列式相等，即 $D=D^{\mathrm{T}}$。

对于二阶行列式，由定义直接验证：

$$D_2=\begin{vmatrix} a_{11} & a_{12} \\ a_{21} & a_{22} \end{vmatrix}=a_{11}a_{22}-a_{12}a_{21},$$

$$D^{\mathrm{T}}=\begin{vmatrix} a_{11} & a_{21} \\ a_{12} & a_{22} \end{vmatrix}=a_{11}a_{22}-a_{21}a_{12}=D_2。$$

对于 $n(n>2)$ 阶行列式，则可用数学归纳法予以证明。此处从略。

性质 2 互换行列式的任意两行(列)，行列式改变符号。

对于二阶行列式，交换两行，有

$$\begin{vmatrix} a_{21} & a_{22} \\ a_{11} & a_{12} \end{vmatrix}=a_{21}a_{12}-a_{22}a_{11}=-(a_{22}a_{11}-a_{21}a_{12})=-\begin{vmatrix} a_{11} & a_{12} \\ a_{21} & a_{22} \end{vmatrix}。$$

对于 $n(n>2)$ 阶行列式，则可用数学归纳法予以证明。此处从略。

例 6 计算 $D=\begin{vmatrix} 3 & 1 & 6 & -7 & 5 \\ 0 & 8 & 5 & -2 & -3 \\ -9 & -4 & 0 & 1 & -6 \\ 3 & 1 & 6 & -7 & 5 \\ 7 & 6 & 3 & -2 & 8 \end{vmatrix}$。

解 注意到 D 中第 1 行和第 4 行是相同的，因此将这相同的两行互换，其结果仍然是 D，而由性质 2 可知互换两行的结果为 $-D$，因此 $D=-D$，从而 $D=0$。

推论 如果行列式有两行(列)的对应元素相同，则这个行列式等于零。

性质 3 如果行列式中有一行(列)的元素全为零，则这个行列式的值为零。

性质 4 行列式某一行(列)的所有元素都乘以同一数 k，等于以该数 k 乘以此行列式，即

$$\begin{vmatrix} a_{11} & a_{12} & \cdots & a_{1n} \\ \vdots & \vdots & & \vdots \\ ka_{i1} & ka_{i2} & \cdots & ka_{in} \\ \vdots & \vdots & & \vdots \\ a_{n1} & a_{n2} & \cdots & a_{nn} \end{vmatrix}=k\begin{vmatrix} a_{11} & a_{12} & \cdots & a_{1n} \\ \vdots & \vdots & & \vdots \\ a_{i1} & a_{i2} & \cdots & a_{in} \\ \vdots & \vdots & & \vdots \\ a_{n1} & a_{n2} & \cdots & a_{nn} \end{vmatrix}, \tag{10-10}$$

推论 1 行列式某一行(列)中的所有元素的公因子可以提到行列式符号的外面。

推论 2 行列式中如果有某两行(列)元素对应成比例，则此行列式为零。

性质 5 行列式中某一行(列)的所有元素都是两数之和，则这个行列式等于两个行列式的和，而且这两个行列式除了这一行(列)以外，其余的元素与原来行列式的对应元素相同，即

$$\begin{vmatrix} a_{11} & a_{12} & a_{13} \\ a_{21}+a'_{21} & a_{22}+a'_{22} & a_{23}+a'_{23} \\ a_{31} & a_{32} & a_{33} \end{vmatrix}=\begin{vmatrix} a_{11} & a_{12} & a_{13} \\ a_{21} & a_{22} & a_{23} \\ a_{31} & a_{32} & a_{33} \end{vmatrix}+\begin{vmatrix} a_{11} & a_{12} & a_{13} \\ a'_{21} & a'_{22} & a'_{23} \\ a_{31} & a_{32} & a_{33} \end{vmatrix}。$$

性质 6 将行列式的某一行(列)的各个元素都乘以同一常数 k 后，再加到另一

行(列)的对应元素上,则行列式的值不变。

例如

$$D=\begin{vmatrix}-1&2&3\\-2&1&1\\3&-1&1\end{vmatrix}\xlongequal[\text{第一行乘以 3 加到第三行}]{\text{第一行乘以}-2\text{ 加到第二行}}\begin{vmatrix}-1&2&3\\0&-3&-5\\0&5&10\end{vmatrix}=-\begin{vmatrix}-3&-5\\5&10\end{vmatrix}$$

$=5$。

此结果与 10.1 节例 1 的相同。

今后用记号"kr_i"(kc_i)表示将第 i 行(列)乘 k;"$r_i\leftrightarrow r_j$"($c_i\leftrightarrow c_j$)表示将第 i 行(列)与第 j 行(列)对换;"r_j+kr_i"(c_j+kc_i)表示将第 i 行(列)各元素的 k 倍加到第 j 行(列)的对应元素上。

例 7　设 $\begin{vmatrix}a_{11}&a_{12}&a_{13}\\a_{21}&a_{22}&a_{23}\\a_{31}&a_{32}&a_{33}\end{vmatrix}=1$,求 $D=\begin{vmatrix}6a_{11}&-2a_{12}&-10a_{13}\\-3a_{21}&a_{22}&5a_{23}\\-3a_{31}&a_{32}&5a_{33}\end{vmatrix}$。

解　$D=-2\times\begin{vmatrix}-3a_{11}&a_{12}&5a_{13}\\-3a_{21}&a_{22}&5a_{23}\\-3a_{31}&a_{32}&5a_{33}\end{vmatrix}=-2\times(-3)\times5\times\begin{vmatrix}a_{11}&a_{12}&a_{13}\\a_{21}&a_{22}&a_{23}\\a_{31}&a_{32}&a_{33}\end{vmatrix}$

$=-2\times(-3)\times5\times1=30$。

例 8　计算 $D=\begin{vmatrix}1&2&3\\0&1&2\\0&-1&-4\end{vmatrix}$。

解　利用行列式的性质把 D 化为上三角行列式,再求值。

$$D=\begin{vmatrix}1&2&3\\0&1&2\\0&-1&-4\end{vmatrix}=\begin{vmatrix}1&2&3\\0&1&2\\0&0&-2\end{vmatrix}=1\times1\times(-2)=-2。$$

例 9　计算 $D=\begin{vmatrix}-2&3&-\frac{8}{3}&-1\\1&-2&\frac{5}{3}&0\\4&-1&1&4\\2&-3&-\frac{4}{3}&9\end{vmatrix}$。

解　$D=\begin{vmatrix}-2&3&-\frac{8}{3}&-1\\1&-2&\frac{5}{3}&0\\4&-1&1&4\\2&-3&-\frac{4}{3}&9\end{vmatrix}\xlongequal{-3c_3}-\frac{1}{3}\begin{vmatrix}-2&3&8&-1\\1&-2&-5&0\\4&-1&-3&4\\2&-3&4&9\end{vmatrix}$

$$\xlongequal{r_1 \leftrightarrow r_2} -\frac{1}{3}\begin{vmatrix} 1 & -2 & -5 & 0 \\ -2 & 3 & 8 & -1 \\ 4 & -1 & -3 & 4 \\ 2 & -3 & 4 & 9 \end{vmatrix} \xlongequal[\substack{r_3-4r_1 \\ r_4-2r_1}]{r_2+2r_1} -\frac{1}{3}\begin{vmatrix} 1 & -2 & -5 & 0 \\ 0 & -1 & -2 & -1 \\ 0 & 7 & 17 & 4 \\ 0 & 1 & 14 & 9 \end{vmatrix}$$

$$\xlongequal[r_4+r_2]{r_3+7r_2} -\frac{1}{3}\begin{vmatrix} 1 & -2 & -5 & 0 \\ 0 & -1 & -2 & -1 \\ 0 & 0 & 3 & -3 \\ 0 & 0 & 12 & 8 \end{vmatrix} \xlongequal[\text{的公因子 }3]{\text{提出第 }3\text{ 行}} -\begin{vmatrix} 1 & -2 & -5 & 0 \\ 0 & -1 & -2 & -1 \\ 0 & 0 & 1 & -1 \\ 0 & 0 & 12 & 8 \end{vmatrix}$$

$$\xlongequal{r_4-12r_3} -\begin{vmatrix} 1 & -2 & -5 & 0 \\ 0 & -1 & -2 & -1 \\ 0 & 0 & 1 & -1 \\ 0 & 0 & 0 & 20 \end{vmatrix} = -1\times(-1)\times 1\times 20 = 20。$$

小结　从例 8、例 9 可以看出，将行列式化为上三角行列式的一般步骤为：

(1) 先把 a_{11} 化为 1，并把该元素下方其余元素化为 0；

(2) 从第 2 行起依次用类似的方法将主对角线以下的元素全化为 0(在计算过程中尽量避免出现分数，如果主对角线上元素为 0，可通过交换行或列的方法使其不为 0)。

计算行列式的另一种方法是“降阶法”，即选择零元素最多的行或列展开；也可以先用性质把某一行或列的元素化为仅有一个非零元素，然后再按这一行或列展开。

例 10　计算 $D=\begin{vmatrix} -2 & 1 & 3 & 1 \\ 1 & 0 & -1 & 2 \\ 1 & 3 & 4 & -2 \\ 0 & 1 & 0 & -1 \end{vmatrix}$。

解　这个行列式的特点是第 4 行有 2 个零元素，在按第 4 行展开之前还可化简 D。

$$D=\begin{vmatrix} -2 & 1 & 3 & 2 \\ 1 & 0 & -1 & 2 \\ 1 & 3 & 4 & 1 \\ 0 & 1 & 0 & 0 \end{vmatrix} = (-1)^{4+2}\begin{vmatrix} -2 & 3 & 2 \\ 1 & -1 & 2 \\ 1 & 4 & 1 \end{vmatrix}$$

$$=\begin{vmatrix} 0 & 11 & 4 \\ 0 & -5 & 1 \\ 1 & 4 & 1 \end{vmatrix} = (-1)^{3+1}\begin{vmatrix} 11 & 4 \\ -5 & 1 \end{vmatrix} = 31。$$

10.2.2　克莱姆法则

1. 克莱姆法则

含有 n 个未知数 $x_1, x_2, \cdots, x_n$，n 个方程的线性方程组

$$\begin{cases} a_{11}x_1+a_{12}x_2+\cdots+a_{1n}x_n=b_1, \\ a_{21}x_1+a_{22}x_2+\cdots+a_{2n}x_n=b_2, \\ \qquad\qquad\vdots \\ a_{n1}x_1+a_{n2}x_2+\cdots+a_{nn}x_n=b_n, \end{cases} \tag{10-11}$$

与二、三元线性方程组相类似，它的解可以用 n 阶行列式表示，即有

定理 10.1(克莱姆法则)　如果线性方程组(10-11)的系数行列式不等于零，即

$$D=\begin{vmatrix} a_{11} & a_{12} & \cdots & a_{1n} \\ a_{21} & a_{22} & \cdots & a_{2n} \\ \vdots & \vdots & & \vdots \\ a_{n1} & a_{n2} & \cdots & a_{nn} \end{vmatrix}\neq 0,$$

那么，线性方程组(10-11)有唯一解，且其解为

$$x_1=\frac{D_1}{D},\quad x_2=\frac{D_2}{D},\quad \cdots,\quad x_n=\frac{D_n}{D}, \tag{10-12}$$

其中 $D_j(j=1,2,\cdots,n)$ 是把系数行列式 D 中第 j 列的元素用方程组右端的常数列代替后得到的 n 阶行列式，即

$$D_j=\begin{vmatrix} a_{11} & a_{12} & \cdots & a_{1(j-1)} & b_1 & a_{1(j+1)} & \cdots & a_{1n} \\ a_{21} & a_{22} & \cdots & a_{2(j-1)} & b_2 & a_{2(j+1)} & \cdots & a_{2n} \\ \vdots & \vdots & & \vdots & \vdots & \vdots & & \vdots \\ a_{n1} & a_{n2} & \cdots & a_{n(j-1)} & b_n & a_{n(j+1)} & \cdots & a_{nn} \end{vmatrix}。$$

例 11　解线性方程组

$$\begin{cases} -2x_1+x_2+3x_3+x_4=1, \\ x_1-x_3+2x_4=0, \\ x_1+3x_2+4x_3-2x_4=0, \\ x_2-x_4=0。 \end{cases}$$

解　由例 10 知，系数行列式

$$D=\begin{vmatrix} -2 & 1 & 3 & 1 \\ 1 & 0 & -1 & 2 \\ 1 & 3 & 4 & -2 \\ 0 & 1 & 0 & -1 \end{vmatrix}=31\neq 0,$$

根据克莱姆法则，此方程组有唯一解。因为

$$D_1=\begin{vmatrix} 1 & 1 & 3 & 1 \\ 0 & 0 & -1 & 2 \\ 0 & 3 & 4 & -2 \\ 0 & 1 & 0 & -1 \end{vmatrix}=-9,\quad D_2=\begin{vmatrix} -2 & 1 & 3 & 1 \\ 1 & 0 & -1 & 2 \\ 1 & 0 & 4 & -2 \\ 0 & 0 & 0 & -1 \end{vmatrix}=5,$$

$$D_3=\begin{vmatrix}-2&1&1&1\\1&0&0&2\\1&3&0&-2\\0&1&0&-1\end{vmatrix}=1,\quad D_4=\begin{vmatrix}-2&1&3&1\\1&0&-1&0\\1&3&4&0\\0&1&0&0\end{vmatrix}=5,$$

于是

$$x_1=\frac{D_1}{D}=-\frac{9}{31},\quad x_2=\frac{D_2}{D}=\frac{5}{31},\quad x_3=\frac{D_3}{D}=\frac{1}{31},\quad x_4=\frac{D_4}{D}=\frac{5}{31}。$$

用克莱姆法则求解含有 n 个方程，n 个未知数的线性方程组，计算量是很大的。所以，在一般情况下，我们不采用克莱姆法则求解线性方程组。然而，克莱姆法则却有着重大的理论价值。这一点在后面的讨论中会体现出来。

2. 运用克莱姆法则讨论齐次线性方程组的解

当线性方程组(10-11)的常数项 $b_1,b_2,\cdots,b_n$ 全为零时，即

$$\begin{cases}a_{11}x_1+a_{12}x_2+\cdots+a_{1n}x_n=0,\\a_{21}x_1+a_{22}x_2+\cdots+a_{2n}x_n=0,\\\qquad\vdots\\a_{n1}x_1+a_{n2}x_2+\cdots+a_{nn}x_n=0,\end{cases}\tag{10-13}$$

线性方程组(10-13)称为齐次线性方程组。

对齐次线性方程组(10-13)，由于行列式 D_j 中第 j 列的元素都是零，所以 $D_j=0$ $(j=1,2,\cdots,n)$。当其系数行列式 $D\neq0$ 时，根据克莱姆法则，方程组(10-13)的唯一解是

$$x_j=0\ (j=1,2,\cdots,n)。$$

全部由零组成的解叫做零解。

于是，得到一个结论：齐次线性方程组(10-13)，当它的系数行列式 $D\neq0$ 时，它只有零解。另外，当齐次线性方程组有非零解时，必定它的行列式 $D=0$。这是齐次线性方程组有非零解的必要条件。据此，不难得到如下结论。

定理 10.2　齐次线性方程组(10-13)有非零解的充要条件为它的系数行列式 $D=0$。

例 12　问 k 为何值时，下列齐次线性方程组有非零解？

$$\begin{cases}kx_1+x_2+x_3=0,\\x_1+kx_2+x_3=0,\\x_1+x_2+kx_3=0。\end{cases}$$

解　因为方程组的系数行列式

$$D=\begin{vmatrix}k&1&1\\1&k&1\\1&1&k\end{vmatrix}=(k+2)(k-1)^2,$$

由定理10.2知，若所给齐次线性方程组的系数行列式$D=0$，则它有非零解，即

$$(k+2)(k-1)^2=0,$$

所以

$$k=-2 \quad 或 \quad k=1。$$

容易验证，当$k=-2$或$k=1$时，该齐次线性方程组确有非零解。

习　题　10.2

1. 用行列式的性质计算下列行列式：

(1) $\begin{vmatrix} 1 & 1 & 1 & 1 \\ 1 & 2 & 3 & 4 \\ 1 & 3 & 6 & 10 \\ 1 & 4 & 10 & 20 \end{vmatrix}$；　(2) $\begin{vmatrix} 1 & 1 & 1 & 1 \\ -1 & 1 & 1 & 1 \\ -1 & -1 & 1 & 1 \\ -1 & -1 & -1 & 1 \end{vmatrix}$。

2. 利用三阶行列式解三元一次方程组。

$$\begin{cases} 2x-3y+z=-1, \\ x+y+z=6, \\ 3x+y-2z=-1。 \end{cases}$$

3. 用克莱姆法则解下列方程组：

(1) $\begin{cases} 2x+5y=1, \\ 3x+7y=2; \end{cases}$　(2) $\begin{cases} 5x-7y=1, \\ x-2y=0; \end{cases}$　(3) $\begin{cases} x_2+2x_3=1, \\ x_1+x_2+4x_3=1, \\ 2x_1-x_2=2。 \end{cases}$

4. a为何值，齐次线性方程组$\begin{cases} ax_1+x_2-x_3=0, \\ x_1-3x_2+x_3=0, \\ ax_1-x_2+x_3=0 \end{cases}$有非零解？

5. 用克莱姆法则解线性方程组：

$$\begin{cases} 2x_1+x_2-5x_3+x_4=8, \\ x_1-3x_2-5x_3+x_4=9, \\ 2x_2-x_3+2x_4=-5, \\ x_1+4x_2-7x_3+6x_4=0。 \end{cases}$$

10.3　矩阵的概念及运算

10.3.1　矩阵的概念

先讨论几个矩阵在实际问题中应用的例子。

例 13　含有n个未知数m个方程的线性方程组

$$\begin{cases} a_{11}x_1+a_{12}x_2+\cdots+a_{1n}x_n=b_1, \\ a_{21}x_1+a_{22}x_2+\cdots+a_{2n}x_n=b_2, \\ \qquad\qquad\qquad\qquad\vdots \\ a_{m1}x_1+a_{m2}x_2+\cdots+a_{mn}x_n=b_m \end{cases}$$

的系数可以排成一个矩形数表

$$\begin{bmatrix} a_{11} & a_{12} & \cdots & a_{1n} \\ a_{21} & a_{22} & \cdots & a_{2n} \\ \vdots & \vdots & & \vdots \\ a_{m1} & a_{m2} & \cdots & a_{mn} \end{bmatrix}, \tag{10-14}$$

常数项也排成一个表$\begin{bmatrix} b_1 \\ b_2 \\ \vdots \\ b_m \end{bmatrix}$,有了这两个数表,方程组就完全确定了。

例 14 在物资调运中,经常要考虑如何供应销售地,使物资的总运费最低。如果某个地区的煤有两个产地 x_1,x_2,有四个销地 y_1,y_2,y_3,y_4,可以用一个数表来表示煤的调运方案,如表 10-1 所示。

表 10-1

销　地	产　地	
	x_1	x_2
y_1	a_{11}	a_{12}
y_2	a_{21}	a_{22}
y_3	a_{31}	a_{32}
y_4	a_{41}	a_{42}

表中数字 a_{ij} 表示由产地 x_i 运到销地 y_i 的数量。这个按一定次序排列的数表

$$\begin{bmatrix} a_{11} & a_{12} \\ a_{21} & a_{22} \\ a_{31} & a_{32} \\ a_{41} & a_{42} \end{bmatrix}$$

表示了煤的调运方案。

类似这种矩形表,在自然科学、工程技术及经济领域中常常被应用。这种数表在数学上就叫做矩阵。

定义 10.2 由 $m\times n$ 个数 $a_{ij}(i=1,2,\cdots,m;j=1,2,\cdots,n)$排成的 m 行 n 列矩形数表(10-14)称为 m 行 n 列矩阵,简称 $m\times n$ 矩阵。

这 $m\times n$ 个数称为矩阵 $\boldsymbol{A}$ 的元素，简称为元，a_{ij} 叫做矩阵 $\boldsymbol{A}$ 的第 i 行第 j 列元素。元素是实数的矩阵称为实矩阵，元素是复数的矩阵称为复矩阵。本章只讨论实矩阵，矩阵(10-14)也可简记为 $\boldsymbol{A}=(a_{ij})_{m\times n}$ 或 $\boldsymbol{A}=(a_{ij})$（矩阵常用大写字母 $\boldsymbol{A},\boldsymbol{B},\boldsymbol{C},\cdots$ 表示），$m\times n$ 矩阵 $\boldsymbol{A}$ 也记作 $\boldsymbol{A}_{m\times n}$。

注意　矩阵和行列式是不一样的，不要混淆了它们的实质及形式上的不同。

对于矩阵 $\boldsymbol{A}$ 有如下四种特例：

(1) 当 $m=n$ 时，矩阵 $\boldsymbol{A}$ 称为 n 阶方阵；

(2) 当 $m=1$ 时，矩阵 $\boldsymbol{A}$ 称为行矩阵，此时 $\boldsymbol{A}=(a_{11},a_{12},\cdots,a_{1n})$；

(3) 当 $n=1$ 时，矩阵 $\boldsymbol{A}$ 称为列矩阵，此时 $\boldsymbol{A}=\begin{bmatrix}a_{11}\\a_{12}\\\vdots\\a_{m1}\end{bmatrix}$；

(4) 当 $a_{ij}=0(i=1,2,\cdots,m;j=1,2,\cdots,n)$ 时，称矩阵 $\boldsymbol{A}$ 为零矩阵，一般记为 $\boldsymbol{O}_{m\times n}$；

(5) 在 n 阶方阵中，主对角线左下方元素全为零的矩阵称为上三角矩阵。如

$$\begin{bmatrix}1&3&5&7\\0&-2&4&3\\0&0&3&6\\0&0&0&5\end{bmatrix};$$

(6) 主对角线右上方的元素全为零的矩阵称为下三角矩阵。如

$$\begin{bmatrix}3&0&0&0\\2&-2&0&0\\3&4&3&0\\1&2&3&5\end{bmatrix};$$

(7) 如果方阵主对角线以外的元素都为零，则这个方阵称为对角方阵。如

$$\begin{bmatrix}a_{11}&0&\cdots&0\\0&a_{22}&\cdots&0\\\vdots&\vdots&&\vdots\\0&0&\cdots&a_{nn}\end{bmatrix}。$$

10.3.2　矩阵的运算

两个矩阵的行数相等，列数也相等，称它们是同型矩阵。

定义 10.3　若矩阵 $\boldsymbol{A}=(a_{ij})$，$\boldsymbol{B}=(b_{ij})$ 为同型矩阵，并且对应的元素相等，即 $a_{ij}=b_{ij}(i=1,2,\cdots,m;j=1,2,\cdots,n)$，则称矩阵 $\boldsymbol{A}$ 和矩阵 $\boldsymbol{B}$ 相等，记为 $\boldsymbol{A}=\boldsymbol{B}$。

1. 矩阵的加减法

定义 10.4　两个 $m\times n$ 矩阵 $\boldsymbol{A}=(a_{ij})$，$\boldsymbol{B}=(b_{ij})$ 对应位置元素相加得到的 $m\times n$

矩阵,称为矩阵 $\boldsymbol{A}$ 与矩阵 $\boldsymbol{B}$ 的和,记作 $\boldsymbol{A}+\boldsymbol{B}$,即 $\boldsymbol{A}+\boldsymbol{B}=(a_{ij}+b_{ij})$。

注意:只有当两个矩阵是同型矩阵时,这两个矩阵才能进行加法运算。

矩阵的加法运算满足下列运算规律(设 $\boldsymbol{A},\boldsymbol{B},\boldsymbol{C}$ 都是 $m\times n$ 矩阵):

(1) 交换律:$\boldsymbol{A}+\boldsymbol{B}=\boldsymbol{B}+\boldsymbol{A}$;

(2) 结合律:$\boldsymbol{A}+(\boldsymbol{B}+\boldsymbol{C})=(\boldsymbol{A}+\boldsymbol{B})+\boldsymbol{C}$。

设矩阵 $\boldsymbol{A}=(a_{ij})$,记 $-\boldsymbol{A}=(-a_{ij})$,$-\boldsymbol{A}$ 称为矩阵 $\boldsymbol{A}$ 的负矩阵,显然有

$$\boldsymbol{A}+(-\boldsymbol{A})=\boldsymbol{O}。$$

由此规定矩阵的减法运算为 $\boldsymbol{A}-\boldsymbol{B}=\boldsymbol{A}+(-\boldsymbol{B})$。

2. 数与矩阵的相乘(数乘矩阵)

定义 10.5 以数 λ 乘以矩阵 $\boldsymbol{A}$ 的每一个元素所得到的矩阵,称为数 λ 与矩阵 $\boldsymbol{A}$ 的积,记作 $\lambda\boldsymbol{A}$ 或 $\boldsymbol{A}\lambda$。如果 $\boldsymbol{A}=(a_{ij})$,那么

$$\lambda\boldsymbol{A}=\boldsymbol{A}\lambda=(\lambda a_{ij})。$$

例如
$$2\begin{bmatrix}2 & 4 & 1\\3 & 5 & -2\end{bmatrix}=\begin{bmatrix}4 & 8 & 2\\6 & 10 & -4\end{bmatrix}。$$

数乘矩阵满足下列运算规律(设 $\boldsymbol{A},\boldsymbol{B}$ 为同型矩阵,λ,μ 是数):

(1) 结合律:$(\lambda\mu)\boldsymbol{A}=\lambda(\mu\boldsymbol{A})$;

(2) 分配率:$(\lambda+\mu)\boldsymbol{A}=\lambda\boldsymbol{A}+\mu\boldsymbol{A}$,$\lambda(\boldsymbol{A}+\boldsymbol{B})=\lambda\boldsymbol{A}+\lambda\boldsymbol{B}$。

3. 矩阵与矩阵相乘(矩阵乘法)

例 15 某体育用品厂有三个车间生产足球和篮球,用矩阵 $\boldsymbol{A}$ 表示该厂三个车间一天内足球和篮球的产量,矩阵 $\boldsymbol{B}$ 表示足球和篮球的单价和单位利润,求该厂三个车间的总产值和总利润。

$$\boldsymbol{A}=\begin{matrix} \text{足球} & \text{篮球} & \\ \begin{bmatrix}100 & 200\\150 & 180\\120 & 210\end{bmatrix} & \begin{matrix}\text{1 车间}\\\text{2 车间}\\\text{3 车间}\end{matrix}\end{matrix},\quad \boldsymbol{B}=\begin{matrix}\text{单价} \quad \text{利润}\\ \begin{bmatrix}50 & 20\\45 & 15\end{bmatrix}\end{matrix}。$$

解

$$\boldsymbol{C}=\boldsymbol{A}\boldsymbol{B}=\begin{bmatrix}100\times50+200\times45 & 100\times20+200\times15\\150\times50+180\times45 & 150\times20+180\times15\\120\times50+210\times45 & 120\times20+210\times15\end{bmatrix}\begin{matrix}\text{1 车间}\\\text{2 车间}\\\text{3 车间}\end{matrix}$$
（第一列：总产值；第二列：总利润）

$$=\begin{bmatrix}14000 & 5000\\15600 & 5700\\15450 & 5550\end{bmatrix}。$$

定义 10.6 设 $\boldsymbol{A}=(a_{ij})$ 是一个 $m\times s$ 矩阵,$\boldsymbol{B}=(b_{ij})$ 是一个 $s\times n$ 矩阵,规定矩阵 $\boldsymbol{A}$ 与矩阵 $\boldsymbol{B}$ 的乘积是一个 $m\times n$ 矩阵

$$\boldsymbol{C}=(c_{ij}),$$

其中，

$$c_{ij} = a_{i1}b_{1j} + a_{i2}b_{2j} + \cdots + a_{is}b_{sj} = \sum_{k=1}^{s} a_{ik}b_{kj}(i = 1,2,\cdots,m;j = 1,2,\cdots,n)$$

并把此乘积记作 $\boldsymbol{C}=\boldsymbol{AB}$。

例如，要计算 c_{23} 这个元素，就是用 $\boldsymbol{A}$ 的第二行元素分别乘以 $\boldsymbol{B}$ 的第 3 列的对应元素，然后相加。

注意：(1) 只有当左边矩阵 $\boldsymbol{A}$ 的列数与右边矩阵 $\boldsymbol{B}$ 的行数相等时，$\boldsymbol{A}$ 与 $\boldsymbol{B}$ 才能相乘；

(2) $\boldsymbol{AB}$ 仍为矩阵，它的行数等于 $\boldsymbol{A}$ 的列数，它的列数等于 $\boldsymbol{B}$ 的行数。

例 16　设矩阵 $\boldsymbol{A}=\begin{bmatrix}1 & 2\\3 & -1\\0 & 4\end{bmatrix}$，$\boldsymbol{B}=\begin{bmatrix}2 & 4\\3 & 1\end{bmatrix}$，求 $\boldsymbol{AB}$。

解

$$\boldsymbol{AB}=\begin{bmatrix}1\times2+2\times3 & 1\times4+2\times1\\3\times2+(-1)\times3 & 3\times4+(-1)\times1\\0\times2+4\times3 & 0\times4+4\times1\end{bmatrix}=\begin{bmatrix}8 & 6\\3 & 11\\12 & 4\end{bmatrix}。$$

这里 $\boldsymbol{A}$ 为 3×2 矩阵，$\boldsymbol{B}$ 为 2×2 矩阵，故 $\boldsymbol{AB}$ 为 3×2 矩阵，而 $\boldsymbol{BA}$ 没有意义。称 $\boldsymbol{B}$ 与 $\boldsymbol{A}$ 不可乘。

例 17　设 $\boldsymbol{A}=\begin{bmatrix}1 & 2\\0 & 1\end{bmatrix}$，$\boldsymbol{B}=\begin{bmatrix}-1 & 1\\1 & -1\end{bmatrix}$，求 $\boldsymbol{AB}$ 和 $\boldsymbol{BA}$。

解

$$\boldsymbol{AB}=\begin{bmatrix}1 & 2\\0 & 1\end{bmatrix}\begin{bmatrix}-1 & 1\\1 & -1\end{bmatrix}=\begin{bmatrix}1 & -1\\1 & -1\end{bmatrix},$$

$$\boldsymbol{BA}=\begin{bmatrix}-1 & 1\\1 & -1\end{bmatrix}\begin{bmatrix}1 & 2\\0 & 1\end{bmatrix}=\begin{bmatrix}-1 & -1\\1 & 1\end{bmatrix}。$$

显然 $\boldsymbol{AB}\neq\boldsymbol{BA}$，即矩阵乘法不满足交换律。

矩阵的乘法满足如下运算规律（假设运算都是可行的）：

(1) 结合律 $(\boldsymbol{ABC})=\boldsymbol{A}(\boldsymbol{BC})$，$\lambda(\boldsymbol{AB})=(\lambda\boldsymbol{A})\boldsymbol{B}=\boldsymbol{A}(\lambda\boldsymbol{B})$（其中 λ 为数）；

(2) 分配律 $\boldsymbol{A}(\boldsymbol{B}+\boldsymbol{C})=\boldsymbol{AB}+\boldsymbol{AC}$，$(\boldsymbol{B}+\boldsymbol{C})\boldsymbol{A}=\boldsymbol{BA}+\boldsymbol{CA}$。

定义 10.7　主对角线（左上角到右下角的对角线）上的元素都等于 1，其余元素全为零的 n 阶方阵，称为 n 阶单位阵，记作 $\boldsymbol{E}_n$ 或 $\boldsymbol{E}$，即

$$\boldsymbol{E}_n=\begin{bmatrix}1 & 0 & \cdots & 0\\0 & 1 & \cdots & 0\\\vdots & \vdots & & \vdots\\0 & 0 & \cdots & 1\end{bmatrix}。$$

当 $n=2,3$ 时，

$$E_2=\begin{bmatrix}1&0\\0&1\end{bmatrix},\quad E_3=\begin{bmatrix}1&0&0\\0&1&0\\0&0&1\end{bmatrix},$$

就是二阶、三阶单位矩阵。

单位矩阵满足：

(1) $E_m A_{m\times n}=A_{m\times n}, A_{m\times n}E_n=A_{m\times n}$；

(2) 当 A 与 E 是同阶的方阵时，$EA=AE=A$。

显然，单位矩阵 E 在矩阵乘法中的作用类似于数 1 在数的乘法中的作用。

例 18　设 $A=\begin{bmatrix}1&1\\-1&-1\end{bmatrix}, B=\begin{bmatrix}1&-1\\-1&1\end{bmatrix}$，求 AB。

解　$$AB=\begin{bmatrix}1&1\\-1&-1\end{bmatrix}\begin{bmatrix}1&-1\\-1&1\end{bmatrix}$$

$$=\begin{bmatrix}1\times1+1\times(-1)&1\times(-1)+1\times1\\(-1)\times1+(-1)\times(-1)&(-1)\times(-1)+(-1)\times1\end{bmatrix}$$

$$=\begin{bmatrix}0&0\\0&0\end{bmatrix}。$$

此例说明，两个非零矩阵的乘积可能是零矩阵，这种现象在数的乘法运算中是不可能出现的。

同时还容易得到：当矩阵 $A\neq O$ 时，一般不能由 $AB=AC$ 得到 $B=C$。这又是和数的乘法运算的区别。

例如，设 $A=\begin{bmatrix}1&0\\0&0\end{bmatrix}, B=\begin{bmatrix}3&2\\4&6\end{bmatrix}, C=\begin{bmatrix}3&2\\2&-1\end{bmatrix}$。显然，$B\neq C$，但 $AB=AC$。即矩阵的乘法不满足消去律。

通过矩阵的乘法还可以定义方阵的幂。

定义 10.8　设 A 是 n 阶方阵，k 是正整数，则规定

$$A^1=A,\quad A^2=A^1A^1,\quad \cdots,\quad A^k=A^{k-1}A,$$

称 A^k 为方阵 A 的 k 次幂，并规定，n 阶方阵的零次幂为单位矩阵 E，即 $A^0=E$。

显然，$E^n=E$。

由于矩阵乘法适合结合律，所以方阵的幂满足以下运算规律：

$$A^kA^l=A^{k+l},\quad (A^k)^l=A^{kl},$$

其中 k,l 为正整数。

又因为矩阵乘法不满足交换律，因此一般地，

$$(AB)^k\neq A^kB^k\ (k\text{ 为正整数})。$$

4. 矩阵的转置

定义 10.9　把矩阵 A 的行与同序号的列互换所得到的矩阵，称为矩阵 A 的转置

矩阵,记作 $\boldsymbol{A}^{\mathrm{T}}$。

例如,矩阵 $\boldsymbol{A}=\begin{bmatrix}2 & 6 & 3\\5 & -4 & 1\end{bmatrix}$的转置矩阵为

$$\boldsymbol{A}^{\mathrm{T}}=\begin{bmatrix}2 & 5\\6 & -4\\3 & 1\end{bmatrix}。$$

显然,$\boldsymbol{E}^{\mathrm{T}}=\boldsymbol{E}$。

矩阵的转置满足下列运算规律(假设运算都是可行的):

(1) $(\boldsymbol{A}^{\mathrm{T}})^{\mathrm{T}}=\boldsymbol{A}$;

(2) $(\boldsymbol{A}+\boldsymbol{B})^{\mathrm{T}}=\boldsymbol{A}^{\mathrm{T}}+\boldsymbol{B}^{\mathrm{T}}$;

(3) $(\lambda\boldsymbol{A})^{\mathrm{T}}=\lambda\boldsymbol{A}^{\mathrm{T}}$;

(4) $(\boldsymbol{A}\boldsymbol{B})^{\mathrm{T}}=\boldsymbol{B}^{\mathrm{T}}\boldsymbol{A}^{\mathrm{T}}$。

例 19　设 $\boldsymbol{A}=\begin{bmatrix}1 & 1 & 0\\-1 & 2 & 3\\0 & 3 & 2\end{bmatrix}$,$\boldsymbol{B}=\begin{bmatrix}1 & 2\\3 & 2\\1 & -1\end{bmatrix}$,计算$(\boldsymbol{A}\boldsymbol{B})^{\mathrm{T}}$,$\boldsymbol{B}^{\mathrm{T}}\boldsymbol{A}^{\mathrm{T}}$。

解　由于 $\boldsymbol{A}\boldsymbol{B}=\begin{bmatrix}4 & 4\\8 & -1\\11 & 4\end{bmatrix}$,所以

$$(\boldsymbol{A}\boldsymbol{B})^{\mathrm{T}}=\begin{bmatrix}4 & 8 & 11\\4 & -1 & 4\end{bmatrix},$$

又
$$\boldsymbol{B}^{\mathrm{T}}=\begin{bmatrix}1 & 3 & 1\\2 & 2 & -1\end{bmatrix},\quad \boldsymbol{A}^{\mathrm{T}}=\begin{bmatrix}1 & -1 & 0\\1 & 2 & 3\\0 & 3 & 2\end{bmatrix},$$

所以
$$\boldsymbol{B}^{\mathrm{T}}\boldsymbol{A}^{\mathrm{T}}=\begin{bmatrix}1 & 3 & 1\\2 & 2 & -1\end{bmatrix}\begin{bmatrix}1 & -1 & 0\\1 & 2 & 3\\0 & 3 & 2\end{bmatrix}=\begin{bmatrix}4 & 8 & 11\\4 & -1 & 4\end{bmatrix},$$

从而,我们看到

$$(\boldsymbol{A}\boldsymbol{B})^{\mathrm{T}}=\boldsymbol{B}^{\mathrm{T}}\boldsymbol{A}^{\mathrm{T}}。$$

5. 方阵的行列式

定义 10.10　由 n 阶方阵 $\boldsymbol{A}$ 的元素所构成的行列式(各元素的位置不变),称为方阵 $\boldsymbol{A}$ 的行列式,记作$|\boldsymbol{A}|$或 $\det\boldsymbol{A}$。

显然,$|\boldsymbol{E}|=1$。

注意:方阵和行列式是两个不同的概念,n 阶方阵是 n^2 个数按一定的方式排成的数表,而 n 阶行列式则是这些数按一定的运算法则所确定的一个数值。

由 $\boldsymbol{A}$ 确定$|\boldsymbol{A}|$的这个运算满足下列运算规律(设 $\boldsymbol{A}$,$\boldsymbol{B}$ 为 n 阶方阵,λ 为数):

(1) $|\boldsymbol{A}^{\mathrm{T}}|=|\boldsymbol{A}|$(行列式性质 1);

(2) $|\lambda\boldsymbol{A}|=\lambda^{n}|\boldsymbol{A}|$;

(3) $|\boldsymbol{AB}|=|\boldsymbol{A}||\boldsymbol{B}|$。

由(3)知,对于 n 阶方阵 $\boldsymbol{A},\boldsymbol{B}$,一般来说 $\boldsymbol{AB}\neq\boldsymbol{BA}$,但总有

$$|\boldsymbol{AB}|=|\boldsymbol{BA}|。$$

例 20 设 $\boldsymbol{A}=\begin{bmatrix}2&3&4\\0&1&2\\0&0&-3\end{bmatrix}$,$\boldsymbol{B}=\begin{bmatrix}1&10&-5\\0&2&3\\0&0&4\end{bmatrix}$,求 $|\boldsymbol{AB}|$,$|\boldsymbol{A}+\boldsymbol{B}|$,$|\boldsymbol{A}|+|\boldsymbol{B}|$,$|3\boldsymbol{A}|$。

解 $$|\boldsymbol{AB}|=|\boldsymbol{A}||\boldsymbol{B}|=2\times1\times(-3)\times1\times2\times4=-48;$$

$$|\boldsymbol{A}+\boldsymbol{B}|=\begin{vmatrix}3&13&-1\\0&3&5\\0&0&1\end{vmatrix}=3\times3\times1=9;$$

$$|\boldsymbol{A}|+|\boldsymbol{B}|=-6+8=2;$$

$$|3\boldsymbol{A}|=\begin{vmatrix}6&9&12\\0&3&6\\0&0&-9\end{vmatrix}=6\times3\times(-9)=-162。$$

一般地,$|\boldsymbol{A}+\boldsymbol{B}|\neq|\boldsymbol{A}|+|\boldsymbol{B}|$。

习 题 10.3

1. 已知 $\boldsymbol{A}=\begin{bmatrix}-1&2&3\\x_1+x_2&-1&0\end{bmatrix}$,$\boldsymbol{B}=\begin{bmatrix}-1&2&x_1-x_2\\2&-1&0\end{bmatrix}$,若 $\boldsymbol{A}=\boldsymbol{B}$,求 x_1,x_2。

2. 设 $\boldsymbol{A}=\begin{bmatrix}1&3\\2&-1\end{bmatrix}$,$\boldsymbol{B}=\begin{bmatrix}3&0\\1&2\end{bmatrix}$。计算(1) $2\boldsymbol{A}-3\boldsymbol{B}$;(2) $\boldsymbol{AB}+\boldsymbol{BA}$;(3) $\boldsymbol{A}^2+\boldsymbol{B}^2$;(4)若 $\boldsymbol{X}$ 满足 $\boldsymbol{A}+2\boldsymbol{X}=\boldsymbol{B}$,求 $\boldsymbol{X}$。

3. 计算下列矩阵的乘积:

(1) $\begin{bmatrix}4&3&1\\1&-2&3\\5&7&0\end{bmatrix}\begin{bmatrix}7\\2\\1\end{bmatrix}$; (2) $\begin{bmatrix}1&2&3\end{bmatrix}\begin{bmatrix}3\\2\\1\end{bmatrix}$; (3) $\begin{bmatrix}2\\1\\3\end{bmatrix}(-1\quad 2)$。

10.4 逆矩阵与初等变换

10.4.1 逆矩阵

1. 逆矩阵的概念

解一元线性方程 $ax=b$,当 $a\neq0$ 时,存在一个数 a^{-1},使 $x=a^{-1}b$ 为方程的解;那

么在解矩阵方程 $\boldsymbol{AX}=\boldsymbol{B}$（$\boldsymbol{A},\boldsymbol{B}$ 为已知矩阵）时，能否求出矩阵 $\boldsymbol{X}$，使 $\boldsymbol{AX}=\boldsymbol{B}$，这就是我们要讨论的逆矩阵问题。

定义 10.11　对于 n 阶方阵 $\boldsymbol{A}$，如果存在 n 阶方阵 $\boldsymbol{B}$，使

$$\boldsymbol{AB}=\boldsymbol{BA}=\boldsymbol{E},$$

则称方阵 $\boldsymbol{A}$ 是可逆的（简称 $\boldsymbol{A}$ 可逆），而 $\boldsymbol{B}$ 称为 $\boldsymbol{A}$ 的逆矩阵（简称为 $\boldsymbol{A}$ 的逆阵，或 $\boldsymbol{A}$ 的逆）。

一般地，$\boldsymbol{A}$ 的逆矩阵记作 $\boldsymbol{A}^{-1}$，满足

$$\boldsymbol{A}^{-1}\boldsymbol{A}=\boldsymbol{AA}^{-1}=\boldsymbol{E}。$$

例 21　设 $\boldsymbol{A}=\begin{bmatrix}1 & 2\\ 2 & 3\end{bmatrix}$，$\boldsymbol{B}=\begin{bmatrix}-3 & 2\\ 2 & -1\end{bmatrix}$，验证 $\boldsymbol{B}$ 是否为 $\boldsymbol{A}$ 的逆矩阵。

解　因为

$$\boldsymbol{AB}=\begin{bmatrix}1 & 2\\ 2 & 3\end{bmatrix}\begin{bmatrix}-3 & 2\\ 2 & -1\end{bmatrix}=\begin{bmatrix}1 & 0\\ 0 & 1\end{bmatrix},$$

$$\boldsymbol{BA}=\begin{bmatrix}-3 & 2\\ 2 & -1\end{bmatrix}\begin{bmatrix}1 & 2\\ 2 & 3\end{bmatrix}=\begin{bmatrix}1 & 0\\ 0 & 1\end{bmatrix},$$

即有

$$\boldsymbol{AB}=\boldsymbol{BA}=\boldsymbol{E},$$

故 $\boldsymbol{B}$ 是 $\boldsymbol{A}$ 的逆矩阵。

2. 逆矩阵的性质

由定义可直接证明可逆矩阵具有下列性质：

性质 1　若 $\boldsymbol{A}$ 可逆，则 $\boldsymbol{A}^{-1}$ 是唯一的。

性质 2　若 $\boldsymbol{A}$ 可逆，则 $\boldsymbol{A}^{-1}$ 也可逆，并且 $(\boldsymbol{A}^{-1})^{-1}=\boldsymbol{A}$。

性质 3　若 $\boldsymbol{A},\boldsymbol{B}$ 为同阶方阵且均可逆，则 $\boldsymbol{AB}$ 也可逆，且 $(\boldsymbol{AB})^{-1}=\boldsymbol{B}^{-1}\boldsymbol{A}^{-1}$。

性质 4　若 $\boldsymbol{A}$ 可逆，则 $\boldsymbol{A}^{\mathrm{T}}$ 也可逆，并且 $(\boldsymbol{A}^{\mathrm{T}})^{-1}=(\boldsymbol{A}^{-1})^{\mathrm{T}}$。

3. 逆矩阵的求法

当方阵 $\boldsymbol{A}$ 满足什么条件时，$\boldsymbol{A}$ 一定是可逆的？而当 $\boldsymbol{A}$ 可逆时，又如何求 $\boldsymbol{A}$ 的逆矩阵呢？

定理 10.3　如果方阵 $\boldsymbol{A}$ 是可逆的，则 $|\boldsymbol{A}|\neq 0$。

由定理知，因为 $\boldsymbol{A}$ 是可逆的，所以 $|\boldsymbol{A}|\neq 0$，那么反过来是否成立呢？为了回答这个问题，先引入伴随矩阵的概念。

定义 10.12　设有 n 阶方阵

$$\boldsymbol{A}=\begin{bmatrix}a_{11} & a_{12} & \cdots & a_{1n}\\ a_{21} & a_{22} & \cdots & a_{2n}\\ \vdots & \vdots & & \vdots\\ a_{n1} & a_{n2} & \cdots & a_{nn}\end{bmatrix},$$

则以 $\boldsymbol{A}$ 的行列式 $|\boldsymbol{A}|$ 中的元素 a_{ij} 的代数余子式 A_{ij} 为元素所构成的 n 阶方阵

$$\begin{bmatrix} A_{11} & A_{12} & \cdots & A_{1n} \\ A_{21} & A_{22} & \cdots & A_{2n} \\ \vdots & \vdots & & \vdots \\ A_{n1} & A_{n2} & \cdots & A_{nn} \end{bmatrix}$$

称为 $\boldsymbol{A}$ 的伴随矩阵，记作 $\boldsymbol{A}^*$，即

$$\boldsymbol{A}^* = \begin{bmatrix} A_{11} & A_{12} & \cdots & A_{1n} \\ A_{21} & A_{22} & \cdots & A_{2n} \\ \vdots & \vdots & & \vdots \\ A_{n1} & A_{n2} & \cdots & A_{nn} \end{bmatrix}。$$

定理 10.4　若 $\boldsymbol{A}$ 为 n 阶方阵，且 $|\boldsymbol{A}| \neq 0$，则 $\boldsymbol{A}$ 可逆，并且

$$\boldsymbol{A}^{-1} = \frac{1}{|\boldsymbol{A}|}\boldsymbol{A}^*。$$

定义 10.13　设 $\boldsymbol{A}$ 为 n 阶方阵，若 $|\boldsymbol{A}| \neq 0$，则称 $\boldsymbol{A}$ 为非奇异矩阵；否则，称 $\boldsymbol{A}$ 为奇异矩阵。

例 22　求矩阵 $\boldsymbol{A} = \begin{bmatrix} 2 & 1 & 1 \\ 3 & 1 & 2 \\ 1 & -1 & 0 \end{bmatrix}$ 的伴随矩阵 $\boldsymbol{A}^*$。

解

$$A_{11} = (-1)^{1+1}\begin{vmatrix} 1 & 2 \\ -1 & 0 \end{vmatrix} = 2,$$

$$A_{12} = (-1)^{1+2}\begin{vmatrix} 3 & 2 \\ 1 & 0 \end{vmatrix} = 2,$$

$$A_{13} = (-1)^{1+3}\begin{vmatrix} 3 & 1 \\ 1 & -1 \end{vmatrix} = -4,$$

$$A_{21} = (-1)^{2+1}\begin{vmatrix} 1 & 1 \\ -1 & 0 \end{vmatrix} = -1,$$

$$A_{22} = (-1)^{2+2}\begin{vmatrix} 2 & 1 \\ 1 & 0 \end{vmatrix} = -1,$$

$$A_{23} = (-1)^{2+3}\begin{vmatrix} 2 & 1 \\ 1 & -1 \end{vmatrix} = 3,$$

$$A_{31} = (-1)^{3+1}\begin{vmatrix} 1 & 1 \\ 1 & 2 \end{vmatrix} = 1,$$

$$A_{32} = (-1)^{3+2}\begin{vmatrix} 2 & 1 \\ 3 & 2 \end{vmatrix} = -1,$$

$$A_{33} = (-1)^{3+3}\begin{vmatrix} 2 & 1 \\ 3 & 1 \end{vmatrix} = -1。$$

由定义 10.12 可得

$$A^* = \begin{bmatrix} A_{11} & A_{21} & A_{31} \\ A_{12} & A_{22} & A_{32} \\ A_{13} & A_{23} & A_{33} \end{bmatrix} = \begin{bmatrix} 2 & -1 & 1 \\ 2 & -1 & -1 \\ -4 & 3 & -1 \end{bmatrix}。$$

定理 10.3 和定理 10.4 不仅给出了如何判定一个方阵是否可逆，同时还给出了一种求逆矩阵的方法——伴随矩阵法。下面给出判别一个方阵是否可逆的更简单的方法。

定理 10.5　设 $\boldsymbol{A},\boldsymbol{B}$ 为同阶矩阵，若 $\boldsymbol{AB}=\boldsymbol{E}$（或 $\boldsymbol{BA}=\boldsymbol{E}$），则 $\boldsymbol{A}$ 与 $\boldsymbol{B}$ 均可逆，并且 $\boldsymbol{A}^{-1}=\boldsymbol{B}, \boldsymbol{B}^{-1}=\boldsymbol{A}$。

例 23　设 $\boldsymbol{A}=\begin{bmatrix} 1 & 2 \\ 3 & 5 \end{bmatrix}$，问 $\boldsymbol{A}$ 是否可逆？若可逆，求 $\boldsymbol{A}^{-1}$。

解　因为

$$|\boldsymbol{A}| = \begin{vmatrix} 1 & 2 \\ 3 & 5 \end{vmatrix} = -1 \neq 0,$$

所以 $\boldsymbol{A}$ 可逆。又

$$A_{11} = (-1)^{1+1}|5| = 5, \qquad A_{12} = (-1)^{1+2}|3| = -3,$$
$$A_{21} = (-1)^{2+1}|2| = -2, \quad A_{22} = (-1)^{2+2}|1| = 1,$$

故

$$\boldsymbol{A}^{-1} = \frac{1}{|\boldsymbol{A}|}\boldsymbol{A}^* = \frac{1}{-1}\begin{bmatrix} 5 & -2 \\ -3 & 1 \end{bmatrix} = -\begin{bmatrix} 5 & -2 \\ -3 & 1 \end{bmatrix} = \begin{bmatrix} -5 & 2 \\ 3 & -1 \end{bmatrix}。$$

有了逆矩阵的概念，本节开始提出的问题就可以得到解决了。只要矩阵 $\boldsymbol{A}$ 是可逆矩阵，且矩阵 $\boldsymbol{B}$ 的行数等于方阵的阶数，则一定存在矩阵 $\boldsymbol{X}$，使 $\boldsymbol{AX}=\boldsymbol{B}$。

事实上，若 $\boldsymbol{A}$ 可逆，则 $\boldsymbol{A}^{-1}$ 存在，用 $\boldsymbol{A}^{-1}$ 左乘 $\boldsymbol{AX}=\boldsymbol{B}$，得

$$\boldsymbol{A}^{-1}\boldsymbol{AX} = \boldsymbol{A}^{-1}\boldsymbol{B}, \quad 即 \quad \boldsymbol{EX} = \boldsymbol{A}^{-1}\boldsymbol{B},$$

所以

$$\boldsymbol{X} = \boldsymbol{A}^{-1}\boldsymbol{B}。$$

例 24　解矩阵方程 $\begin{bmatrix} 1 & 2 \\ 3 & 5 \end{bmatrix}\boldsymbol{X} = \begin{bmatrix} 0 & 1 \\ 1 & 0 \end{bmatrix}$。

解　记

$$\boldsymbol{A} = \begin{bmatrix} 1 & 2 \\ 3 & 5 \end{bmatrix}, \quad \boldsymbol{B} = \begin{bmatrix} 0 & 1 \\ 1 & 0 \end{bmatrix}$$

则

$$\boldsymbol{AX} = \boldsymbol{B},$$

由例 23 可知

$$\boldsymbol{A}^{-1} = \begin{bmatrix} -5 & 2 \\ 3 & -1 \end{bmatrix}$$

于是可得

$$X=A^{-1}B=\begin{bmatrix}-5 & 2\\ 3 & -1\end{bmatrix}\begin{bmatrix}0 & 1\\ 1 & 0\end{bmatrix}=\begin{bmatrix}2 & -5\\ -1 & 3\end{bmatrix}。$$

例 25 用逆矩阵求线性方程组的解。

$$\begin{cases}2x_1+x_2+x_3=-2,\\ 3x_1+x_2+2x_3=2,\\ x_1-x_2=4。\end{cases}$$

解 记

$$A=\begin{bmatrix}2 & 1 & 1\\ 3 & 1 & 2\\ 1 & -1 & 0\end{bmatrix},\quad X=\begin{bmatrix}x_1\\ x_2\\ x_3\end{bmatrix},\quad B=\begin{bmatrix}-2\\ 2\\ 4\end{bmatrix},$$

此线性方程组可写成矩阵方程

$$AX=B。$$

由于$|A|=2\neq 0$,且由例 22 可知,

$$A^*=\begin{bmatrix}2 & -1 & 1\\ 2 & -1 & -1\\ -4 & 3 & -1\end{bmatrix},$$

故可得

$$A^{-1}=\begin{bmatrix}1 & -1/2 & 1/2\\ 1 & -1/2 & -1/2\\ -2 & 3/2 & 0\end{bmatrix},$$

从而

$$X=A^{-1}B=\begin{bmatrix}1 & -1/2 & 1/2\\ 1 & -1/2 & -1/2\\ -2 & 3/2 & 0\end{bmatrix}\begin{bmatrix}-2\\ 2\\ 4\end{bmatrix}=\begin{bmatrix}-1\\ -5\\ 7\end{bmatrix},$$

即线性方程组的解为

$$x_1=-1,\quad x_2=-5,\quad x_3=7。$$

10.4.2 矩阵的初等变换

1. 矩阵初等变换的概念

用消元法解线性方程组时,经常用到以下三种变换:

(1) 将两个方程位置互换;

(2) 将一个方程两边乘以一个非零常数;

(3) 将一个方程两边乘以一个常数加到另一个方程上。

由于这三种变换都是可逆的,因此变换前和变换后的方程组是同解的。将这三种变换称为方程组的初等变换。

类似于方程组的初等变换，可得到矩阵的初等行变换的概念。

定义 10.14　下面三种变换称为矩阵的初等行变换：

(1) 对调两行(对调 i,j 两行，记作 $r_i \leftrightarrow r_j$)；

(2) 以非零常数乘某一行中的所有元素(第 i 行乘 k，记作 kr_i)；

(3) 把某一行的所有元素的同一常数倍数加到另一行的对应元素上(第 i 行的 k 倍加到第 j 行上，记作 kr_i+r_j)。

把定义中的“行”换成“列”，即得到矩阵的初等列变换的定义(所用记号是把“r”换成“c”)。

矩阵的初等行变换与初等列变换，统称为矩阵的初等变换。

2. 用矩阵的初等变换求逆矩阵

运用矩阵的初等变换求逆矩阵的方法(假设 n 阶方阵 $\boldsymbol{A}$ 是可逆的)：

在方阵 $\boldsymbol{A}$ 的右边同时写出与它同阶的单位矩阵 $\boldsymbol{E}$，构成一个 $n\times 2n$ 矩阵 $(\boldsymbol{A}\,\vdots\,\boldsymbol{E})$，然后对 $(\boldsymbol{A}\,\vdots\,\boldsymbol{E})$ 进行初等变换，当左边的子块化成单位矩阵 $\boldsymbol{E}$ 时，右边的子块即为 $\boldsymbol{A}^{-1}$。即

$$(\boldsymbol{A}\,\vdots\,\boldsymbol{E})\xrightarrow{\text{初等行变换}}(\boldsymbol{E}\,\vdots\,\boldsymbol{A}^{-1})$$

例 26　设 $\boldsymbol{A}=\begin{bmatrix}1&3&3\\1&4&3\\1&3&4\end{bmatrix}$，求 $\boldsymbol{A}^{-1}$。

解　$$(\boldsymbol{A}\,\vdots\,\boldsymbol{E})=\left[\begin{array}{ccc:ccc}1&3&3&1&0&0\\1&4&3&0&1&0\\1&3&4&0&0&1\end{array}\right]\xrightarrow[r_3-r_1]{r_2-r_1}\left[\begin{array}{ccc:ccc}1&3&3&1&0&0\\0&1&0&-1&1&0\\0&0&1&-1&0&1\end{array}\right]$$

$$\xrightarrow{r_1-3r_2}\left[\begin{array}{ccc:ccc}1&0&3&4&-3&0\\0&1&0&-1&1&0\\0&0&1&-1&0&1\end{array}\right]\xrightarrow{r_1-3r_3}\left[\begin{array}{ccc:ccc}1&0&0&7&-3&-3\\0&1&0&-1&1&0\\0&0&1&-1&0&1\end{array}\right],$$

所以

$$\boldsymbol{A}^{-1}=\begin{bmatrix}7&-3&-3\\-1&1&0\\-1&0&1\end{bmatrix}。$$

例 27　设 $\boldsymbol{A}=\begin{bmatrix}1&2&3\\2&2&1\\3&4&3\end{bmatrix}$，求 $\boldsymbol{A}^{-1}$。

解　$$(\boldsymbol{A}\,\vdots\,\boldsymbol{E})=\left[\begin{array}{ccc:ccc}1&2&3&1&0&0\\2&2&1&0&1&0\\3&4&3&0&0&1\end{array}\right]\xrightarrow[r_3-3r_1]{r_2-2r_1}\left[\begin{array}{ccc|ccc}1&2&3&1&0&0\\0&-2&-5&-2&1&0\\0&-2&-6&-3&0&1\end{array}\right]$$

$$\xrightarrow[r_3-r_2]{r_1+r_2}\left[\begin{array}{ccc|ccc}1 & 0 & -2 & -1 & 1 & 0\\ 0 & -2 & -5 & -2 & 1 & 0\\ 0 & 0 & -1 & -1 & -1 & 1\end{array}\right]$$

$$\xrightarrow[r_2-5r_3]{r_1-2r_3}\left[\begin{array}{ccc|ccc}1 & 0 & 0 & 1 & 3 & -2\\ 0 & -2 & 0 & 3 & 6 & -5\\ 0 & 0 & -1 & -1 & -1 & 1\end{array}\right]$$

$$\xrightarrow[r_3\times(-1)]{r_2\times\left(-\frac{1}{2}\right)}\left[\begin{array}{ccc|ccc}1 & 0 & 0 & 1 & 3 & -2\\ 0 & 1 & 0 & -\frac{3}{2} & -3 & \frac{5}{2}\\ 0 & 0 & 1 & 1 & 1 & -1\end{array}\right],$$

所以

$$\boldsymbol{A}^{-1}=\begin{bmatrix}1 & 3 & -2\\ -\frac{3}{2} & -3 & \frac{5}{2}\\ 1 & 1 & -1\end{bmatrix}。$$

习　题　10.4

1. 试利用矩阵的初等变换，求下列方阵的逆矩阵：

(1) $\begin{bmatrix}1 & -1 & 3\\ 0 & 1 & 2\\ 0 & 0 & 1\end{bmatrix}$；　　(2) $\begin{bmatrix}1 & 1 & 1 & 1\\ 1 & 1 & -1 & -1\\ 1 & -1 & 1 & -1\\ 1 & -1 & -1 & 1\end{bmatrix}$。

2. 设 $\boldsymbol{A}=\begin{bmatrix}0 & 2 & 1\\ 2 & -1 & 3\\ -3 & 3 & -4\end{bmatrix}$，$\boldsymbol{B}=\begin{bmatrix}1 & 2 & 3\\ 2 & -3 & 1\end{bmatrix}$，求 $\boldsymbol{X}$，使得 $\boldsymbol{XA}=\boldsymbol{B}$。

10.5　一般线性方程组求解

对于线性方程组，当方程的个数与未知数的个数相等且系数行列式不等于零时，可以用克莱姆法则求出其解。对于一般线性方程组的求解，给出高斯消元法。

考虑线性方程组的一般形式

$$\begin{cases}a_{11}x_1+a_{12}x_2+\cdots+a_{1n}x_n=b_1,\\ a_{21}x_1+a_{22}x_2+\cdots+a_{2n}x_n=b_2,\\ \qquad\vdots\\ a_{m1}x_1+a_{m2}x_2+\cdots+a_{mn}x_n=b_m,\end{cases}\tag{10-15}$$

式中，系数 $a_{ij}(i=1,2,\cdots,m;j=1,2,\cdots,n)$，常数项 $b_i(i=1,2,\cdots,m)$ 都是已知数，x_j $(j=1,2,\cdots,n)$ 是未知数（也称为元）。当 $b_i(i=1,2,\cdots,m)$ 不全为零时，称方程组(10-15)为非齐次线性方程组；当 $b_i(i=1,2,\cdots,m)$ 全为零时，即

$$\begin{cases} a_{11}x_1+a_{12}x_2+\cdots+a_{1n}x_n=0, \\ a_{21}x_1+a_{22}x_2+\cdots+a_{2n}x_n=0, \\ \qquad\qquad\vdots \\ a_{m1}x_1+a_{m2}x_2+\cdots+a_{mn}x_n=0, \end{cases} \tag{10-16}$$

称方程组(10-16)为齐次线性方程组。

线性方程组(10-15)的矩阵表达式为

$$\boldsymbol{AX}=\boldsymbol{B},$$

式中 $\boldsymbol{A}=\begin{bmatrix} a_{11} & a_{12} & \cdots & a_{1n} \\ a_{21} & a_{22} & \cdots & a_{2n} \\ \vdots & \vdots & & \vdots \\ a_{m1} & a_{m2} & \cdots & a_{mn} \end{bmatrix}$ 为系数矩阵，$\boldsymbol{X}=\begin{bmatrix} x_1 \\ x_2 \\ \vdots \\ x_n \end{bmatrix}$ 为未知数矩阵，$\boldsymbol{B}=\begin{bmatrix} b_1 \\ b_2 \\ \vdots \\ b_n \end{bmatrix}$ 为常数矩阵。

把矩阵 $(\boldsymbol{A} \,\vdots\, \boldsymbol{B})$，即 $\left(\begin{array}{cccc:c} a_{11} & a_{12} & \cdots & a_{1n} & b_1 \\ a_{21} & a_{22} & \cdots & a_{2n} & b_2 \\ \vdots & \vdots & & \vdots & \vdots \\ a_{m1} & a_{m2} & \cdots & a_{mn} & b_m \end{array}\right)$ 称为线性方程组(10-15)的增广矩阵，记为 $\widetilde{\boldsymbol{A}}$。显然，线性方程组(10-15)的解完全由它的增广矩阵所决定。

下面通过例题介绍高斯消元法解线性方程组。

例 28　解线性方程组

$$\begin{cases} x_1-x_2+x_3-x_4=0, \\ 2x_1-x_2+3x_3-2x_4=-1, \\ 3x_1-2x_2-x_3+2x_4=4。 \end{cases}$$

解　$\widetilde{\boldsymbol{A}}=\left[\begin{array}{cccc:c} 1 & -1 & 1 & -1 & 0 \\ 2 & -1 & 3 & -2 & -1 \\ 3 & -2 & -1 & 2 & 4 \end{array}\right] \xrightarrow[r_3-3r_1]{r_2-2r_1} \left[\begin{array}{cccc:c} 1 & -1 & 1 & -1 & 0 \\ 0 & 1 & 1 & 0 & -1 \\ 0 & 1 & -4 & 5 & 4 \end{array}\right]$

$$\xrightarrow{r_3-r_2} \left[\begin{array}{cccc:c} 1 & -1 & 1 & -1 & 0 \\ 0 & 1 & 1 & 0 & -1 \\ 0 & 0 & -5 & 5 & 5 \end{array}\right] \xrightarrow{r_3\times\left(-\frac{1}{5}\right)} \left[\begin{array}{cccc:c} 1 & -1 & 1 & -1 & 0 \\ 0 & 1 & 1 & 0 & -1 \\ 0 & 0 & -1 & 1 & 1 \end{array}\right]$$

$$\xrightarrow{r_1+r_2} \left[\begin{array}{cccc:c} 1 & 0 & 2 & -1 & -1 \\ 0 & 1 & 1 & 0 & -1 \\ 0 & 0 & 1 & -1 & -1 \end{array}\right] \xrightarrow[r_2-r_3]{r_1-2r_3} \left[\begin{array}{cccc:c} 1 & 0 & 0 & 1 & 1 \\ 0 & 1 & 0 & 1 & 0 \\ 0 & 0 & 1 & -1 & -1 \end{array}\right]。$$

对应的线性方程组为

$$\begin{cases} x_1 = -x_4 + 1, \\ x_2 = -x_4, \\ x_3 = x_4 - 1, \\ x_4 = x_4, \end{cases}$$

令 $x_4 = k$(k 为任意常数),得原方程组的一般解为

$$\begin{pmatrix} x_1 \\ x_2 \\ x_3 \\ x_4 \end{pmatrix} = k\begin{pmatrix} -1 \\ -1 \\ 1 \\ 1 \end{pmatrix} + \begin{pmatrix} 1 \\ 0 \\ -1 \\ 0 \end{pmatrix}。$$

例 29 解非齐次线性方程组

$$\begin{cases} 2x_1 + x_2 + 3x_3 = 6, \\ 3x_1 + 2x_2 + x_3 = 1, \\ 5x_1 + 3x_2 + 4x_3 = 27。 \end{cases}$$

解 $$\widetilde{\boldsymbol{A}} = \left[\begin{array}{ccc:c} 2 & 1 & 3 & 6 \\ 3 & 2 & 1 & 1 \\ 5 & 3 & 4 & 27 \end{array}\right] \xrightarrow{r_1 - r_2} \left[\begin{array}{ccc:c} -1 & -1 & 2 & 5 \\ 3 & 2 & 1 & 1 \\ 5 & 3 & 4 & 27 \end{array}\right]$$

$$\xrightarrow[r_3 + 5r_1]{r_2 + 3r_1} \left[\begin{array}{ccc:c} -1 & -1 & 2 & 5 \\ 0 & -1 & 7 & 16 \\ 0 & -2 & 14 & 52 \end{array}\right] \xrightarrow{r_3 - 2r_2} \left[\begin{array}{ccc:c} -1 & -1 & 2 & 5 \\ 0 & -1 & 7 & 16 \\ 0 & 0 & 0 & 20 \end{array}\right]$$

$$\xrightarrow[r_2 \times (-1)]{r_1 \times (-1)} \left[\begin{array}{ccc:c} 1 & 1 & -2 & -5 \\ 0 & 1 & -7 & -16 \\ 0 & 0 & 0 & 20 \end{array}\right] = \widetilde{\boldsymbol{B}}。$$

矩阵 $\widetilde{\boldsymbol{B}}$ 所对应的方程组为

$$\begin{cases} x_1 + x_2 - 2x_3 = -5, \\ x_2 - 7x_3 = -16, \\ 0 \cdot x_1 + 0 \cdot x_2 + 0 \cdot x_3 = 20。 \end{cases}$$

显然,不可能有 x_1, x_2, x_3 的值满足第三个方程,即方程组无解。

通过上面的例子,可归纳出解线性方程组(10-15)的一般步骤:

(1) 将线性方程组(10-15)的增广矩阵 $\widetilde{\boldsymbol{A}}$ 通过初等行变换化为行最简阶梯矩阵;

(2) 将最简阶梯矩阵非零行的首个非零元素 1 所在列的未知数称为基本未知数,设为 r 个,其余 $n-r$ 个即为自由未知数;

(3) 把 $n-r$ 个自由未知数依次令为(任意)常数 $k_1, k_2, \cdots, k_{n-r}$,即可得线性方程组(10-15)的一般解的矩阵形式。

习　题　10.5

1. 利用高斯消元法解下列方程组：

(1) $\begin{cases} x_1+x_2+3x_3=1, \\ x_2-x_3=2, \\ 2x_1-x_2+x_3=4; \end{cases}$

(2) $\begin{cases} x_2+2x_3=1, \\ x_1+x_2+4x_3=2, \\ 2x_1-x_2=4; \end{cases}$

(3) $\begin{cases} x_1-2x_2+3x_3-x_4+2x_5=2, \\ 3x_1-x_2+5x_3-3x_4-x_5=6, \\ 2x_1+x_2+2x_3-2x_4-3x_5=8; \end{cases}$

(4) $\begin{cases} x_1+x_2+2x_3+4x_4=3, \\ 3x_1+x_2+6x_3+2x_4=3, \\ -x_1+2x_2-2x_3+x_4=1。 \end{cases}$

习题答案

第 1 章

习题 1.1

1. $A\cap B=\{x\mid -1<x<4\}$，$A\cup B=\{x\mid x\in \mathbf{R}\}$。　**2.** $\overline{A\cap B}=\Omega$，$\overline{A\cup B}=\varnothing$。

3. $\overline{M}=\{x\mid -2<x<0,4<x<6\}$。　**4.** (1) $A\cup B$；(2) $A\cap B$；(3) $\overline{A\cup B}$；(4) $\overline{A\cap B}$。

习题 1.2

1. (1) 是；(2) 不是，因为定义域不同。　**2.** (1) $\{x\mid x\geqslant 3$ 或 $x\leqslant 1\}$；(2) $\{x\mid -1<x\leqslant 2\}$。

3. 定义域：$\{x\mid x\leqslant 4\}$，$f(-1)=1$，$f(2)=3$，图像略。

4. (1) 偶函数；(2) 奇函数；(3) 奇函数。

5. (1) $f^{-1}(x)=\dfrac{2x+1}{x-1}$，$x\neq 1$；(2) $f^{-1}(x)=(x-1)^2$，$x\geqslant 1$；(3) $f^{-1}(x)=\dfrac{1}{k}(x-1)$，$x\in\mathbf{R}$；

(4) $f^{-1}(x)=\sqrt{x}$，$x\geqslant 0$。

6. $A=2\pi r^2+\dfrac{2v}{r}$，$r>0$。　**7.** $f=-1.96\times 10^{-2}v$。

习题 1.3

1. (1) $-\dfrac{1}{3}x^{-\frac{2}{3}}$；(2) $x^{\frac{17}{4}}y^{\frac{3}{2}}$。　**2.** (1) $>$；(2) $<$。　**3.** (1) $<$；(2) $>$。

4. $x>3$ 或 $x<-1$。　**5.** (1) $x>10$；(2) $x>3$ 或 $x<2$；(3) $x<0$。

6. $x>\dfrac{4}{3}$。　**7.** 证明略。　**8.** (1) 偶函数；(2) 奇函数；(3) 非奇非偶。

第 2 章

习题 2.1

1. (1) B；(2) A；(3) B；(4) A。　**2.** 略。　**3.** 1125 厘米。　**4.** 14.3 厘米。

习题 2.2

1. (1) $\sin 150^\circ=\dfrac{1}{2}$，$\cos 150^\circ=-\dfrac{\sqrt{3}}{2}$，$\tan 150^\circ=-\dfrac{\sqrt{3}}{3}$，$\cot 150^\circ=-\sqrt{3}$；

(2) $\sin\left(-\dfrac{\pi}{4}\right)=-\dfrac{\sqrt{2}}{2}$，$\cos\left(-\dfrac{\pi}{4}\right)=\dfrac{\sqrt{2}}{2}$，$\tan\left(-\dfrac{\pi}{4}\right)=-1$，$\cot\left(-\dfrac{\pi}{4}\right)=-1$。

2. (1) 一或三；(2) 一或四；(3) 一或四。

3. (1) -1；(2) $\dfrac{10}{3}$。　**4.** (1) $(p-q)^2$；(2) $(a+b)^2$。

习题 2.3

1. (1) 1；(2) $\sin^2\alpha$；(3) -1。

2. (1) $\sin\alpha=\dfrac{4}{5}$，$\tan\alpha=-\dfrac{4}{3}$，$\cot\alpha=-\dfrac{3}{4}$；(2) $\sin\theta=\pm\dfrac{4}{5}$，$\cos\theta=\pm\dfrac{3}{5}$，$\tan\theta=-\dfrac{4}{3}$。

3. $\cot\frac{\pi}{5}$。 **4.** 证明略。

第3章

习题 3.1

1. (1) $\frac{\sqrt{6}+\sqrt{2}}{4}$； (2) $-\frac{\sqrt{2}}{2}$； (3) $\frac{\sqrt{6}-\sqrt{2}}{4}$； (4) $-\frac{\sqrt{2}}{2}$； (5) $\frac{3-\sqrt{3}}{3+\sqrt{3}}$； (6) $-\frac{3+\sqrt{3}}{3-\sqrt{3}}$； (7) $\frac{\sqrt{3}}{3}$；

(8) 1。

2. (1) $\sin\left(x+\frac{\pi}{5}\right)$； (2) $\sqrt{2}\sin\left(x-\frac{\pi}{4}\right)$。 **3.** -1。

4. $\tan(\alpha+\beta)=1, \sin(\alpha+\beta)=\cos(\alpha+\beta)=\pm\frac{\sqrt{2}}{2}$。

习题 3.2

1. (1) $\sin 2\alpha=\pm\frac{24}{25}, \cos 2\alpha=-\frac{7}{25}$； (2) $\sin 2\alpha=\pm\frac{24}{25}, \cos 2\alpha=-\frac{7}{25}$。

2. $\sin 2\alpha=\frac{24}{25}, \cos 2\alpha=\frac{7}{25}, \tan 2\alpha=\frac{24}{7}$。 **3.** $\tan 2\alpha=\frac{12}{5}, \cot 2\alpha=\frac{5}{12}$。

4. $\sin\frac{\alpha}{2}=\pm\frac{\sqrt{30}}{10}, \cos\frac{\alpha}{2}=\pm\frac{\sqrt{70}}{10}, \tan\frac{\alpha}{2}=\pm\frac{\sqrt{21}}{7}$。

习题 3.4

1. $5\sqrt{6}$。 **2.** $\frac{\pi}{4}$。 **3.** $\sqrt{59}, 10\sqrt{3}$。

习题 3.5

(1) $A=1, T=4\pi$,起点坐标$(0,0)$； (2) $A=1, T=2\pi$,起点坐标$\left(\frac{\pi}{2},0\right)$；

(3) $A=1, T=\pi$,起点坐标$\left(-\frac{\pi}{8},0\right)$； (4) $A=2, T=4\pi$,起点坐标$\left(\frac{\pi}{3},0\right)$。

第4章

习题 4.1

1. (1) $\frac{\pi}{4}$； (2) $\frac{\sqrt{3}}{2}$； (3) π； (4) $\frac{\pi}{3}$； (5) $\frac{\pi}{6}$； (6) $\frac{3\pi}{4}$。

2. (1) 定义域:$\frac{1}{3}\leqslant x\leqslant 1$,值域:$-\frac{3\pi}{2}\leqslant y\leqslant\frac{3\pi}{2}$； (2) 定义域:$-1\leqslant x\leqslant 4$,值域:$0\leqslant y\leqslant\frac{3\pi}{5}$；

(3) 定义域:$x\geqslant 0$,值域:$0\leqslant y\leqslant\sqrt{\frac{\pi}{2}}$； (4) 定义域:$x\leqslant 6$,值域:$\frac{\pi}{2}\leqslant y\leqslant\pi$。

习题 4.2

1. (1) $x=2k\pi+\frac{\pi}{6}$或$x=2k\pi+\frac{5\pi}{6}$； (2) $x=2k\pi\pm\frac{3}{4}\pi$； (3) $k\pi-\frac{\pi}{4}$； (4) $x=k\pi+\frac{\pi}{3}$。

2. (1) $x=\frac{1}{3}k\pi+\frac{5}{18}\pi$； (2) $x=\frac{1}{2}k\pi+\frac{\pi}{24}$； (3) $x=2k\pi+\frac{\pi}{12}$或$x=2k\pi+\frac{7\pi}{6}$。

第 5 章

习题 5.1

1. 略。　**2.** (1) $k=2$；(2) $k=-\sqrt{3}, \alpha=120°$；(3) $k=1, \alpha=45°$。

3. (1) 0；(2) 90°；(3) 45°。　**4.** 2 或 $\frac{2}{9}$。

习题 5.2

1. (1) $y+4=-\frac{1}{3}(x-1)$；(2) $y+\frac{1}{2}=-\sqrt{3}(x-1)$；(3) $y-4=3(x-5)$。

2. (1) $y=6x-2$；(2) $y=-3x+12$。

3. (1) $C=0$；(2) $k=-\frac{A}{B}$；(3) k 不存在,直线垂直于 x 轴。

习题 5.3

1. $3x-5y+21=0$。　**2.** $2x-3y+17=0$。

3. $d=\frac{2\sqrt{13}}{13}$。　**4.** $a=2$ 或 $a=\frac{46}{3}$。　**5.** $d=\frac{\sqrt{10}}{20}$。

习题 5.4

1. (1) $4x-2y-7=0$；(2) $y=4x^2$；(3) $\frac{x^2}{16}+\frac{y^2}{12}=1$；(4) $xy+3y-6x=0$。

2. $3x^2+4y^2-48=0$,椭圆。

3. (1) $(x+2)^2+(y-1)^2=9$；(2) $(x-3)^2+(y-3)^2=8$；

(3) $\left(x-\frac{3}{2}\right)^2+(y-2)^2=\left(\frac{5}{2}\right)^2$。

4. $x^2+(y-3)^2=5$ 或 $(x-2)^2+(y+1)^2=5$。　**5.** (1) $\frac{x^2}{16}+\frac{y^2}{1}=1$；(2) $\frac{y^2}{16}+\frac{x^2}{1}=1$。

6. (1) $a=7, b=5, c=2\sqrt{6}, 2a=14, 2b=10$,顶点$(\pm 7,0)$,$(0,\pm 5)$,$e=\frac{2\sqrt{6}}{7}$；

(2) $a=9, b=3, c=6\sqrt{2}, 2a=18, 2b=6$,顶点$(\pm 9,0)$,$(0,\pm 3)$,$e=\frac{2\sqrt{2}}{3}$。

7. (1) $\frac{x^2}{25}-\frac{y^2}{36}=1$；(2) $\frac{y^2}{11}-\frac{x^2}{16}=1$。

8. (1) $a=8, b=6, c=10$,焦点$(\pm 10,0)$,顶点$(\pm 8,0)$,$e=\frac{5}{4}$,渐进线 $y=\pm\frac{3}{4}x$；

(2) $a=3, b=1, c=\sqrt{10}$,焦点$(\pm\sqrt{10},0)$,顶点$(\pm 3,0)$,$e=\frac{\sqrt{10}}{3}$,渐进线 $y=\pm\frac{1}{3}x$。

9. (1) 焦点$(3,0)$,准线 $x=-3$；(2) 焦点$\left(0,-\frac{3}{20}\right)$,准线 $y=\frac{3}{2}$。

第 6 章

习题 6.1

1. (1) $a_n=5n+10, a_8=50$；(2) $a_n=\frac{1}{n(n+1)}, a_8=\frac{1}{72}$。

2. (1) $a_1=5,a_2=7,a_3=9,a_4=11,a_5=13$； (2) $a_1=1,a_2=2,a_3=\frac{5}{2},a_4=\frac{29}{10},a_5=\frac{941}{290}$。

3. (1) 无穷、递减、有界； (2) 无穷、摆动、无界； (3) 无穷、递增、无界；
(4) 有穷、常数列、有界数列。

4. 0,4,−4。 **5.** −1,−4,2。 **6.** 10,20,40。 **7.** 1,3,9。

8. (1) 0； (2) 1； (3) 无极限； (4) 无极限。 **9.** (1) 1； (2) −5。

习题 6.2

1. (1) $(-\infty,1]\cup[3,+\infty)$； (2) $(-1,2]$； (3) $(-2,+\infty)$；
(4) $\{x|2k\pi<x<(2k+1)\pi,k\in\mathbf{Z}\}$； (5) $[-1,0)\cup(0,3]$。

2. 定义域$(-\infty,4]$，$f(-1)=1,f(2)=3$。

3. (1) 能，$y=(3x-1)^2,x\in\mathbf{R}$； (2) 能，$y=\lg(1-x^2),x\in(-1,1)$； (3) 不能。

4. (1) $y=u^3,u=\sin v,v=8x+5$； (2) $y=\tan u,u=v^{\frac{1}{3}},v=x^2+5$。

5. (1) 0； (2) 0； (3) 0； (4) c； (5) 不存在； (6) 不存在； (7) 3； (8) −4； (9) 0；
(10) 0； (11) 不存在； (12) 不存在。

6. $f(3-0)=9,f(3+0)=5$。

7. $f(0-0)=1,f(0+0)=1$，$\varphi(0-0)=-1,\varphi(0+0)=1$；$\lim\limits_{x\to0}f(x)=1$，$\lim\limits_{x\to0}\varphi(x)$不存在。

习题 6.3

1. (1) 错； (2) 错； (3) 错； (4) 错。

2. (1) 无穷小； (2) 无穷小； (3) 无穷大； (4) 无穷大； (5) 都不是； (6) 无穷小。

3. (1) 0； (2) 12； (3) 1/4。

4. (1) 高阶； (2) 同阶； (3) 低阶； (4) 等价。

习题 6.4

1. (1) 21； (2) 5； (3) 1/3； (4) 1/2； (5) 3/4； (6) 0； (7) 1/2； (8) −2； (9) $\frac{2\sqrt{2}}{3}$；
(10) 1/4； (11) 0； (12) 1。

2. (1) 4/5； (2) m/n； (3) 1； (4) e^{-3}； (5) e^3； (6) e^{-1}。

习题 6.5

1. $f(x)$在$x=1$处不连续，其连续区间为$(0,1)$及$(1,2)$。

2. (1) $x=0$处间断，可去间断点； (2) $x=-1$处间断，无穷间断点；
(3) $x=1$处间断，跳跃间断点。

3. (1) $k=0$或$k=1$； (2) $k=2$。 **4.** 证明略。

第 7 章

习题 7.1

1. (1) $7+3\Delta t$； (2) 7 m/s； (3) $3t+6t_0-5$； (4) $6t_0-5$。 **2.** 略。

3. (1) $\frac{2}{3}x^{-\frac{1}{3}}$； (2) $-\frac{1}{2}x^{-\frac{3}{2}}$； (3) $-3x^{-4}$； (4) $\frac{7}{3}x^{\frac{4}{3}}$； (5) $\frac{9}{4}x^{\frac{5}{4}}$。

4. (1) $y-1=3(x-1)$； (2) $y-1=e(x-e)$。 **5.** (2,4)。

习题 7.2

1. (1) $\frac{\sqrt{2}}{2}\left(\frac{1}{2}+\frac{\pi}{4}\right)$； (2) 0。

2. (1) $\frac{7}{2}\sqrt{x^5}+\frac{3}{2}\sqrt{x}-\frac{1}{2\sqrt{x^3}}$； (2) $\frac{2}{3\sqrt[3]{x}}-3\sec^2 x$； (3) $3x^2\ln x+x^2$； (4) $\frac{1}{(\sin x+\cos x)^2}$。

3. (1) $4(x^2-3x-5)^3(2x-3)$； (2) $6x\cos(x^2+1)$； (3) $4\cot(5-2x)\csc^2(5-2x)$；

(4) $-\frac{1}{a^2}\left(1+\frac{x}{\sqrt{x^2+a^2}}\right)$； (5) $\frac{6x}{1+9x^4}$； (6) $\frac{2^{\ln x}}{x}\ln 2$； (7) $10x^9+10^x\ln 10$； (8) $3\cot 3x$；

(9) $\frac{\frac{1}{2}x^{-\frac{1}{2}}}{1+x}e^{\arctan\sqrt{x}}$； (10) $\frac{2\ln x+2}{x}$； (11) $\sin^2 x+x\sin 2x+2x\sin x^2$。

习题 7.3

1. (1) $6x(3+2x^2)e^{x^2}$； (2) $-\frac{2(1+x^2)}{(x^2-1)^2}$； (3) $2\arctan x+\frac{2x}{1+x^2}$； (4) $-\frac{a^2}{\sqrt{(a^2-x^2)^3}}$。

2. $\frac{1}{e^2}(\sin 1-\cos 1)$。

习题 7.4

1. (1) 1； (2) $\frac{m}{n}a^{m-n}$； (3) $\frac{\sqrt{3}}{3}$； (4) 2； (5) 1/2； (6) $+\infty$。

习题 7.5

1. (1) 单调减区间$\left(0,\frac{1}{2}\right)$,单调增区间$\left(\frac{1}{2},+\infty\right)$；

(2) 单调减区间$[-1,3]$,单调增区间$(-\infty,-1)\cup(3,+\infty)$；

(3) 单调减区间$\left(-\infty,\frac{1}{2}\right)$,单调增区间$\left(\frac{1}{2},+\infty\right)$；

(4) 单调减区间$\left(\frac{\pi}{2},\frac{3\pi}{2}\right)$,单调增区间$\left(-\frac{\pi}{2},\frac{\pi}{2}\right)$。

习题 7.6

1. (1) 极大值 $y(-1)=5$,极小值 $y(1)=1$； (2) 极小值 $y(0)=0$； (3) 极小值 $y\left(-\frac{1}{2}\ln 2\right)=0$。

2. (1) 最小值 $f(0)=0$,最大值 $f(4)=8$； (2) 最小值 $f\left(\frac{\pi}{4}\right)=\frac{\pi}{2}-1$,最大值 $f(\pi)=2\pi$。

3. $\sqrt[3]{36}$ cm,$2\sqrt[3]{36}$ cm,$\frac{8}{\sqrt[3]{6}}$ cm^3。

习题 7.7

1. (1) $dy=12(x^2-x+1)(2x^3-3x^2+6x)dx$； (2) $dy=3e^{\sin 3x}\cos 3x dx$；

(3) $dy=2\sin(4x+6)dx$； (4) $dy=2(e^{2x}-e^{-2x})dx$。

2. (1) $\frac{1}{\omega}\sin\omega t+C$； (2) $-\frac{1}{2}e^{-2x}+C$； (3) $4\sin^3 x\cos x$； (4) $4\cos 4x$。

3. (1) 1.2； (2) 0.04； (3) 9.993； (4) 0.5076。

4. 2π cm^2,2.01π cm^2。

第 8 章

习题 8.1

1. (1) 正；(2) 负；(3) 正。　　**2.** 略。

3. (1) $\int_{-\frac{\pi}{2}}^{\frac{\pi}{2}}\cos x\mathrm{d}x-\int_{0}^{\pi}\cos x\mathrm{d}x$；(2) $\int_{a}^{b}[f(x)-g(x)]\mathrm{d}x$；(3) $\int_{-1}^{1}(\sqrt{2-x^2}-x^2)\mathrm{d}x$；

(4) $a^3-\int_0^a x^2\mathrm{d}x$。

习题 8.2

1. 略。　　**2.** (1) $\frac{1}{4}x^4+C$；(2) $-5\cos x+C$；(3) $-\cot x+C$；(4) $\frac{1}{2}\mathrm{e}^{2x}+C$。

3. (1) 1；(2) 0。

习题 8.3

1. (1) $4p+12(b-a)$；(2) $16q+q(b-a)+12p$。　　**2.** 53/2。

习题 8.4

1. (1) 1/5；(2) 1/6；(3) 1/2；(4) 1/8；(5) −1/4；(6) 1/8；(7) 1/3；(8) −2；
(9) 3/2；(10) 1/5；(11) −1/5；(12) 1/3；(13) 1/2；(14) 1/2。

2. (1) $\frac{1}{4}\sin 4x+C$；(2) $-3\cos\frac{x}{3}+C$；(3) $-\frac{1}{8}(3-2x)^4+C$；(4) $\frac{1}{4}(x^2-3x+2)^4+C$；

(5) $\sqrt{x^2-2}+C$；(6) $\sec x+C$；(7) $2\sqrt{\sin x}+C$；(8) $\frac{2}{3}(2+\mathrm{e}^x)^{\frac{3}{2}}+C$；

(9) $-\frac{1}{2\ln^2 x}+C$；(10) $\frac{1}{2}\mathrm{e}^{x^2}+C$；(11) $-\mathrm{e}^{-x}+C$；(12) $\mathrm{e}^{\sin x}+C$。

3. (1) $3\left[\frac{1}{2}(x+1)^{\frac{2}{3}}-(x+1)^{\frac{1}{3}}+\ln\left|1+(1+x)^{\frac{1}{3}}\right|\right]+C$；(2) $\ln\left|\frac{\sqrt{x+1}-1}{\sqrt{x+1}+1}\right|+C$。

4. (1) $-x\cos x+\sin x+C$；(2) $\frac{1}{2}x^2\ln x-\frac{1}{4}x^2+C$；(3) $x\arccos x-(1-x^2)^{\frac{1}{2}}+C$；

(4) $-x\mathrm{e}^{-x}-\mathrm{e}^{-x}+C$。

习题 8.5

1. (1) 4/3；(2) $3/2-\ln 2$；(3) 1/2。

2. (1) $\frac{32}{3}\pi$；(2) π。　　**3.** 12 m/s。　　**4.** $\frac{1}{2}\ln 2$。

第 9 章

习题 9.1

1. (1) 是；(2) 不是；(3) 是；(4) 不是；(5) 是；(6) 是。

2. 略。　　**3.** (1) $y=\sqrt{x^2+25}$；(2) $y=x\mathrm{e}^{2x}$。

习题 9.2

1. (1) $\ln y=C\mathrm{e}^{\arctan x}$；(2) $(\mathrm{e}^x+1)(\mathrm{e}^y-1)=C$；(3) $y=C\mathrm{e}^{\sqrt{4-x^2}}$；(4) $\ln^2 x+\ln^2 y=C$；

(5) $\tan^2 x-\cot^2 y=C$； (6) $y^2=x^2$。

2. (1) $y=e^{-x}(x+C)$； (2) $xy^2+\frac{y^3}{3}=C$； (3) $y=x^2\left(-\frac{1}{3}\cos 3x+C\right)$；

(4) $s=(1+t^2)(t+C)$； (5) $y=\frac{\sin x-\cos x+e^x}{2}$； (6) $y=\frac{1}{x}(e^x+ab-e^a)$。

习题 9.3

1. (1) $y=C_1e^{-2x}+C_2e^x$； (2) $y=C_1e^{3x}+C_2e^{-3x}$； (3) $y=C_1+C_2e^{4x}$；

(4) $y=C_1\cos x+C_2\sin x$； (5) $y=e^{-3x}(C_1\cos 2x+C_2\sin 2x)$； (6) $y=(C_1+C_2x)e^x$；

(7) $y=C_1e^{(1+a)x}+C_2e^{(1-a)x}$； (8) $y=e^{2x}(C_1\cos x+C_2\sin x)$。

2. (1) $y^*=-2e^{-2x}+3e^{-x}$； (2) $y^*=e^{-\frac{x}{2}}\left(2\cos\frac{\sqrt{5}}{2}x+\frac{2\sqrt{5}}{2}\sin\frac{\sqrt{5}}{2}x\right)$； (3) $y^*=2e^{2x}-e^{3x}$；

(4) $s=e^{-t}(4+6t)$； (5) $y^*=2\cos 5x+\sin 5x$； (6) $y^*=3e^{2x}\cos 3x$。

习题 9.4

1. $y=-\cos x+1$。 **2.** $s(t)=2\sin t+10-\sqrt{2}$。 **3.** $v=\frac{mg}{k}(1-e^{-\frac{k}{m}t})$。

4. 0.2634 m/s。 **5.** $v=\frac{k_1}{k_2}\left(t-\frac{m}{k_2}+\frac{m}{k_2}e^{-\frac{k_1}{m}t}\right)$。

第 10 章

习题 10.1

1. (1) 1； (2) 5； (3) $ab(b-a)$； (4) -18。 **2.** $a=0,b=0$。

3. $k\neq 3$ 且 $k\neq -1$。 **4.** -2。

习题 10.2

1. (1) 1； (2) 8。 **2.** $x=1,y=2,z=3$。

3. (1) $x=3,y=-1$； (2) $x=-\frac{2}{3},y=\frac{1}{3}$； (3) $x_1=3,x_2=4,x_3=-\frac{3}{2}$。

4. $a=-\frac{1}{5}$。 **5.** $x_1=-\frac{75}{23},x_2=-\frac{76}{23},x_3=-\frac{87}{23},x_4=-\frac{65}{23}$。

习题 10.3

1. $x_1=\frac{5}{2},x_2=-\frac{1}{2}$。

2. (1) $\begin{bmatrix}-7 & 6\\ 1 & -8\end{bmatrix}$； (2) $\begin{bmatrix}9 & 15\\ 10 & -1\end{bmatrix}$； (3) $\begin{bmatrix}16 & 0\\ 5 & 11\end{bmatrix}$； (4) $\begin{bmatrix}1 & -\frac{3}{2}\\ -\frac{1}{2} & \frac{3}{2}\end{bmatrix}$。

3. (1) $\begin{bmatrix}35\\ 6\\ 49\end{bmatrix}$； (2) 10； (3) $\begin{bmatrix}-2 & 4\\ -1 & 2\\ -3 & 6\end{bmatrix}$。

习题 10.4

1. (1) 9； (2) $\frac{1}{4}\begin{bmatrix}1 & 1 & 1 & 1\\ 1 & 1 & -1 & -1\\ 1 & -1 & 1 & -1\\ 1 & -1 & -1 & 1\end{bmatrix}$。 **2.** $\begin{bmatrix}2 & -1 & -1\\ -4 & 7 & 4\end{bmatrix}$。

习题 10.5

1. (1) 3,0,−2； (2) 3,4,$-\frac{3}{2}$； (3) 无解； (4) $k\begin{bmatrix}-2\\ 0\\ 1\\ 0\end{bmatrix}+\frac{1}{2}\begin{bmatrix}1\\ 1\\ 0\\ 1\end{bmatrix}$。